全国电力行业"十四五"规划教材

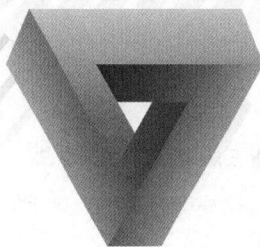

U0643066

DIANGONG JISHU JICHU

电工技术基础

主　编　陈　晶　侯金华
副主编　周　斌　张　艳
参　编　杨春玲　张雅雯
主　审　汪永华　熊泽群

中国电力出版社
CHINA ELECTRIC POWER PRESS

内 容 提 要

本书在内容选择上，以满足学生学习后续课程、培养必要的综合职业能力为依据，选择必需的、实用的内容，突出基本概念、基本原理和基本方法，将电工基础理论和电工实践紧密结合，力求做到知识学习与技能培养同步进行。本书分为直流电路及元件的测试、单相正弦交流电路的测试、三相正弦交流电路的测试、非正弦周期电路的分析与测试、线性动态电路的过渡过程测试和交流铁芯线圈的测试六个项目，共安排二十二个学习任务。在每个任务中，按照学生认识规律，又分了项目描述、学习目标、任务描述、相关知识、实践知识、思考题等学习环节。每个项目最后均安排有练习题，供学习者练习和测试。为了方便教学和学习，本书还配有视频动画等相关学习资料。

本书可作为高职高专相关专业电工技术基础课程的教材，也可供有关工程技术人员及自学者参考。

图书在版编目（CIP）数据

电工技术基础/陈晶，侯金华主编．—北京：中国电力出版社，2023.12
ISBN 978 - 7 - 5198 - 8401 - 7

Ⅰ．①电…　Ⅱ．①陈…②侯…　Ⅲ．①电工技术—高等职业教育—教材　Ⅳ．①TM

中国国家版本馆 CIP 数据核字（2023）第 236392 号

出版发行：中国电力出版社
地　　址：北京市东城区北京站西街 19 号（邮政编码 100005）
网　　址：http://www.cepp.sgcc.com.cn
责任编辑：周巧玲（010 - 63412539）
责任校对：黄　蓓　朱丽芳
装帧设计：郝晓燕
责任印制：吴　迪

印　　刷：北京九天鸿程印刷有限责任公司
版　　次：2023 年 12 月第一版
印　　次：2023 年 12 月北京第一次印刷
开　　本：787 毫米×1092 毫米　16 开本
印　　张：13.25
字　　数：326 千字
定　　价：46.00 元

前　言

电工技术基础课程是一门重要的专业基础课程。根据我国高等职业教育的特点以及社会对技能型人才的要求，本书确立以专业技能培养为目标，让学生通过对本课程的学习以及系列实践活动扎实地掌握电工技术基础知识和基本技能，培养学生的创新精神和实践能力，为后续专业课程的学习和从事与本课程有关的工程技术工作打好基础。本书以国家职业教育政策为指导，紧密结合《国家职业教育改革实施方案》和《职业教育提质培优行动计划（2020—2023 年）》等文件精神，致力于构建一个与产业需求对接、与工作实践相结合的电工技术项目化教学体系。

在本书编写的过程中，通过与企业的深度合作，引入企业专家参与教材编写和教学活动，对传统的电工技术课程进行改革，以项目为载体，通过完成具体的电路设计和实施任务，培养学生的工程实践能力和创新能力。根据新的课程模式，相应地将教材的内容整合为 6 个项目共 22 个任务，并在任务中安排了电工电路的测试内容，让学生有更多的实践操作的机会，增强动手能力，并在实践活动过程中加深对电工技术基础知识的理解。

为了顺利完成各学习任务，本书配套了部分实验操作动画、视频和微课等课程资源。在教材中，编者对教学的组织环节进行了如下安排：

第一是确立学习目标，让学生了解本次任务的学习要求，掌握学习基础知识和解决问题的正确方法。

第二是对任务进行描述，介绍任务的目的和所需要执行任务的结果，有助于学生更顺畅地完成课程任务的学习。

第三是介绍相关知识，即任务中涉及的新的理论知识。对相关知识的介绍，在编写时以够用为度，相对压缩了一些基础理论，避免烦琐的推导过程，弱化定理的证明，突出基本概念、基本原理和基本方法，做到文字精练，图表丰富。

第四是介绍实践知识，即介绍电工电路测试的目的、原理、设备、任务内容及实施方法等，帮助学生安全、正确地进行测试操作，并能正确地分析。

在完成任务学习之后，设计了若干思考题，供学生巩固所学知识；另外，在每个项目的后面还安排了一定数量的练习题，供学生复习和练习之用。

本书由陈晶和侯金华担任主编。具体编写分工如下：项目一由安徽电气工程职业技术学院周斌编写，项目二和项目三由安徽电气工程职业技术学院陈晶编写，项目四由安徽长龙电气集团有限公司侯金华编写，项目五由安徽电气工程职业技术学院杨春玲编写，项目六由安徽电气工程职业技术学院张艳编写，项目一至项目四课后练习题由安徽电气工程职业技术学院张雅雯编写。全书由陈晶统稿。

本书由安徽水利水电职业技术学院汪永华教授和国网安徽省超高压公司合肥运维分部党

支部书记熊泽群主审，并提出了许多宝贵意见，在此表示感谢。

　　由于编者水平所限，书中内容难免有不足之处，敬请广大读者批评指正。

编者

2023.11

目　　录

项目一　直流电路及元件的测试

项目描述

现代文明社会中，电可谓无处不在，各式各样的电路让人们领略到了电的作用与神奇。本项目将通过对电路进一步分析研究，学习更多的直流电路知识，特别是实践方面的知识，例如会使用基本电工设备及仪表测量常用电路元件，熟悉电工安全操作规则，通过直流电路的测试验证基尔霍夫定律、叠加原理、戴维南定理等。

任务一　电路的基本概念

学习目标

了解电路与电路模型区别，熟练掌握电压、电流参考方向的概念及其在电路中的应用，能计算电路的功率和电能，会使用万用表、电压表和电流表进行物理量的测量。

任务描述

在现代工程领域中存在着种类繁多、形式和结构各不同的电路，在电力生产、通信工程、控制系统等方面得到了广泛的应用。本任务将介绍电路的概念及组成，描述电路的物理量，以及各物理量的特点和关系。

相关知识

一、电路的组成和作用

电路是由某些电气设备或元件按照一定连接方式构成的电流通路，例如手电筒电路、电力系统电能传输电路、日常生活中的照明电路等。

在电工技术中，电路由电源、负载和中间环节（如导线、开关等）组成。电源是提供电能的设备，将其他形式的能量转换为电能；负载是取用电能的设备，将电能转换为其他形式的能量；中间环节是连接于电源和负载之间的部分，起着传输和分配电能等作用。

二、电路模型

实际电路是由电气设备或器件组成的。电路理论研究的电路是由实际电路抽象出来的理想化的电路模型，也就是由理想的电路元件按照特定方式相互连接而组成的电路。理想电路元件是具有某种确定的电磁性质、能够用数学的手段来精确地定义的基本模型。理想电路元件是人们为了模拟实际电路而构想出来的理想化的基本构造单元。基于对于电阻器、电感线圈、电容器、发电机等实际电路器件或设备的分析和认识，才建立了电阻元件、电感元件、电容元件、电压源、电流源等理想电路元件的基本概念。

在一定工作条件下，实际电路都可以用一个由理想电路元件组成的电路来模拟。例如，图1-1（a）所示电路是一个由干电池、开关、导线和小灯泡连接起来而构成的实际电路。将图1-1（a）所示电路中的干电池用理想电源U_S与电阻元件R_S的串联组合来模拟，将小灯泡、连接导线（设导线电阻为零）、实际开关分别用电阻元件R、理想导线、理想开关来模拟，便得到一个由理想电路元件组成的电路，如图1-1（b）所示。图1-1（b）所示电路就是图1-1（a）所示实际电路的电路模型。由以上分析可知，用理想电路元件或理想电路元件的组合来模拟实际电路中的电气设备和器件，从而得到一个由理想电路元件组成的电路，这种由理想电路元件所组成的电路称为对应的实际电路的电路模型。

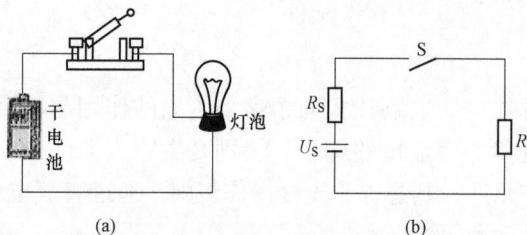

图1-1 实际电路与电路模型

电路模型是对一定的工作条件和精确度要求而言的，同一个设备或器件，在不同的工作条件下，可能采用不同的模型；在工作条件相同而精确度要求不同的情况下，所采用的模型也可能不同。

三、电路的物理量

用以描述电路性状的物理量有电流、电压、电动势、电功率、电能、电荷和磁链等。这里只讨论前五个物理量。

1. 电流

（1）电流的含义。在金属导体中，自由电子在导体中相对于导体做定向移动时形成电流。电流的大小是这样规定的：在Δt时间内通过导体任一横截面的电量为Δq，则电流强度为

$$i = \frac{\Delta q}{\Delta t} \tag{1-1}$$

电流强度简称电流。如果i不随时间而变化，就称为稳恒电流或称直流电流（DC），用大写字母I表示。本项目所研究的就是这类直流电。

如果i是随时间而变的，用瞬时电流强度来表示：

$$i = \lim_{\Delta t \to \infty} \frac{\Delta q}{\Delta t} = \frac{dq}{dt} \tag{1-2}$$

大小和方向都随时间呈周期性变化并且在一个周期内平均值为零的电流称为交变电流或交流电流（AC），大小变化、方向不变的电流称为脉动电流。

在国际单位制（SI）里电流的单位是安培（A），常用单位还有毫安（mA）、微安（μA）等，它们之间的换算关系是$1A = 10^3 mA = 10^6 μA$。

（2）电流的实际方向和参考方向。在分析计算电路时，需要明确电流形成的情况，因此人们给电流规定了方向。习惯上规定正电荷定向运动的方向为电流的实际方向。但是在复杂电路里并不能像简单电路那样直观地判定出电流的方向，而电路中无论哪一条支路，电流只有两个可能的方向，可以任选其中一个作为电流的参考方向，并以这个人为选定的参考方向为依据，建立电路方程，对电路进行分析计算。

标识电流参考方向有两种方式（见图1-2）：一是用实线箭头表示；二是用双下标表示，

i_{ab}表示电流参考方向由 a 指向 b，i_{ba}表示电流参考方向由 b 指向 a。两者方向相反，有 $i_{ab} = -i_{ba}$。

由参考方向的定义可知，电流数值的正负取决于参考方向的选择，当电流的实际方向与其参考方向一致时，电流为正值，见图 1-3（a）；当电流的实际方向与其参考方向相反时，电流为负值，见图 1-3（b）。反过来，电流数值的正负反映着电流的实际方向与其参考方向之间的关系。若电流为正值，则表明电流的实际方向与参考方向相同；若电流为负值，则表明电流的实际方向与其参考方向相反。

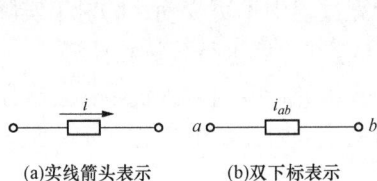

图 1-2 标识电流参考方向两种方式　　　图 1-3 电流的参考方向

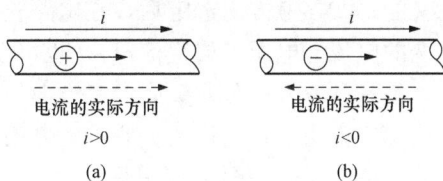

2. 电压

（1）电压的概念。金属导体中电流的形成是电场力对自由电子做功的结果，为了度量电场力移动电荷做功的能力，引入了电压 u 这一物理量。其定义是：如果在电场力作用下检验电荷 $\mathrm{d}q$ 从 a 点经任意路径移到 b 点，电场力对它做的功为 $\mathrm{d}w_{ab}$，则 a、b 两点间的电压为

$$u_{ab} = \frac{\mathrm{d}w_{ab}}{\mathrm{d}q} \tag{1-3}$$

在国际单位制（SI）里电压的单位是伏特（V），常用单位还有千伏（kV）、毫伏（mV）等，它们之间的换算关系是 $1\mathrm{kV} = 10^3\mathrm{V} = 10^6\mathrm{mV}$。

（2）电位的定义。电场中任选一点作为参考点，电场中某点与参考点之间的电压称为该点的电位。也就是说，电场中某一点的电位等于单位正电荷从该点移到参考点时电场力所做的功。根据电位的定义可确定参考点的电位为零，因此参考点又称为零电位点。参考点的选择不同，电场中各点的电位也将有不同的数值。

例如，在图 1-4 中，若选取 o 点作为参考点，用 v_a 表示 a 点的电位，则有

$$v_a = u_{ao} = \frac{\mathrm{d}w_{ao}}{\mathrm{d}q} \tag{1-4}$$

其中，$\mathrm{d}w_{ao}$ 为正电荷 $\mathrm{d}q$ 从 a 点移到 o 点时电场力对它所做的功。电位的单位与电压相同。

（3）电压和电位的关系。以上述电压定义中的 a、b 两点为例，任选一 o 点为参考点，则 a、b 点电位 v_a、v_b 分别为

$$v_a = u_{ao} \tag{1-5}$$
$$v_b = u_{bo} \tag{1-6}$$

a、b 两点的电位差 $v_a - v_b$ 就是 a、b 两点的电压 u_{ab}，即

$$u_{ab} = v_a - v_b = u_{ao} - u_{bo} \tag{1-7}$$

图 1-4 电压与电位

（4）电压的实际方向和参考方向。为了简便地确定电压数值的正负，确切地表达电压数值的正负的物理意义，人们给电压规定了方向。习惯上规定，两点间电压的方向为从高电位点指向低电位点。但是在复杂电路中，电压的实际方向往往不

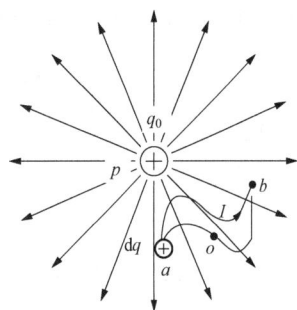

能直观地判断出来。为了便于分析计算，人为地给电压选定一个方向，并约定当物理量的实际方向与所选定的方向相同时，其值为正；当物理量的实际方向与所选定的方向相反时，其值为负。这个人为选定的方向称为物理量的参考方向。

如图 1-5 所示，电压参考方向标识有三种方法：一是用实线箭头表示；二是用双下标表示，u_{ab} 表示电压参考方向由 a 指向 b，u_{ba} 表示电压参考方向由 b 指向 a，有 $u_{ab}=-u_{ba}$；三是用"＋""－"极性表示电压参考方向由"＋"指向"－"。

应用参考方向要注意以下几点：①在没有规定参考方向的情况下，电流、电压的正、负是没意义的；②参考方向选定后，在电路整个分析和计算过程中不可变动；③对于实际方向不断改变的电流、电压（如交流电），也可以在设定其参考方向后进行分析和计算。

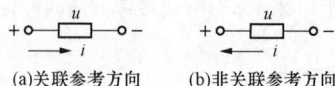

（5）关联参考方向和非关联参考方向。在进行电路分析和计算时，人们习惯上选用电流和电压的参考方向一致，称为关联参考方向；如果选用电流和电压的参考方向不一致，则称为非关联参考方向，如图 1-6 所示。

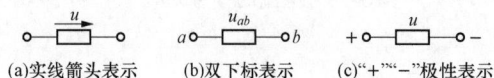

图 1-5　电压参考方向标识三种方法　　　　　图 1-6　关联参考方向和非关联参考方向

需要指出的是，参考方向是人为给电流、电压选定一个方向，在电路分析中无论如何选择参考方向，得出实际电流、电压的方向都是一样的。

3. 电动势

（1）电动势的定义。电源是提供电能的设备，电源提供电能是通过电源内部的非静电力对运动电荷做功来实现的。从这个意义上讲，电源就是提供非静电力的装置。将单位正电荷从电源负极经电源内部移到电源正极时非静电力所做的功，称为电源的电动势。若电源内部的非静电力将电量为 dq 的正电荷从电源负极经电源内部移到正极所做的功为 dw，则该电源的电动势 e 可表示如下：

$$e=\frac{dw}{dq} \tag{1-8}$$

电动势的单位和电压的单位相同。

（2）电动势的实际方向和参考方向。习惯上规定，电动势的方向为在电源内部自电源的负极指向正极，即电动势的方向为在电源内部由低电位端指向高电位端。

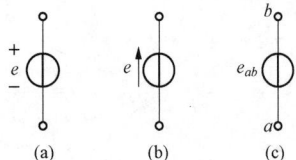

图 1-7　电动势参考方向的表示方法

为了便于分析和计算，需要选定电动势的参考方向。电动势的参考方向也有三种表示方法：

1）用参考极性表示。如图 1-7（a）所示，参考极性的"＋"极表示假定的高电位端，"－"极表示假定的低电位端。

2）用箭头表示。如图 1-7（b）所示，箭头指向是从参考极性的"－"极指向"＋"极。

3）用双下标表示。如图 1-7（c）所示，e_{ab} 表示电动势的参考方向是从 a 点指向 b 点。

同电压、电流一样，电动势也是一个具有正负之分的代数量。电动势为正值，表明电动势的实际方向与参考方向一致；电动势为负值，表明电动势的实际方向与参考方向相反。

大小和方向均不随时间变化的电压、电流、电动势，分别称为恒定电压、恒定电流、恒定电动势或分别称为直流电压、直流电流、直流电动势，分别用大写字母 U、I、E 表示。大小或方向随时间而变的电压、电流、电动势，分别称为时变电压、时变电流、时变电动势，分别用小写字母 u、i、e 表示。大小和方向随时间做周期性变化的电压、电流、电动势分别称为周期电压、周期电流、周期电动势。在一个周期内平均值为零的周期电压、周期电流、周期电动势分别称为交流电压、交流电流、交流电动势，统称为交流电。

4. 电功率

在电路中电功率是指电能对时间的变化率，简称功率，用字母 P 或 p 表示。

在直流电路中

$$P = \frac{W}{T} \tag{1-9}$$

在交流电路中

$$p = \lim_{\Delta \to \infty} \frac{\Delta w}{\Delta t} = \frac{\mathrm{d}w}{\mathrm{d}t} \tag{1-10}$$

将式（1-2）和式（1-3）代入式（1-10），得

$$p = \frac{\mathrm{d}w}{\mathrm{d}t} = u\frac{\mathrm{d}q}{\mathrm{d}t} = ui \tag{1-11}$$

在电路中，当电压和电流的参考方向选定后，也可根据功率 p 的正负来确定网络是发出功率，还是吸收功率。当电压和电流取关联参考方向时，$p=ui$ 表示网络吸收功率。若 p 为正值，表明该网络确实吸收功率；若 p 为负值，表明网络实际上是发出功率。当电压和电流取非关联参考方向时，$p=ui$ 表示网络发出功率。若 p 为正值，表明网络确实发出功率；若 p 为负值，表明网络实际上是吸收功率。

在国际单位制（SI）中，功率的单位是瓦特（W），常用单位还有千瓦（kW）、毫瓦（mW）等，它们之间的换算关系是 $1\mathrm{kW}=10^3\mathrm{W}=10^6\mathrm{mW}$。

【例 1-1】 图 1-8 中，方框表示电路中常用元件（如电阻、电源等），求元件的功率。

解 图 1-8（a），u、i 为关联参考方向，有

$$p = ui = 6 \times 5 = 30(\mathrm{W})$$

元件接受（或消耗）功率。

图 1-8（b），u、i 为非关联参考方向，有

$$p = ui = (-8) \times (-2) = 16(\mathrm{W})$$

元件发出（或提供）功率。

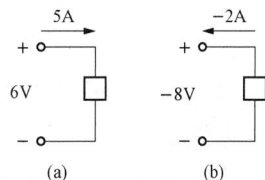

图 1-8 ［例 1-1］图

5. 电能

电场所具有的能量称为电能。当电流通过电路时，电场力对运动电荷做功，电场力做功的过程正是能量转换和传递的过程。当电场力对运动电荷做正功时，网络从外电路吸收电能，在网络内部电能转换为其他形式能量（也可能还是电场能量）；当电场力对运动电荷做负功时，网络向外电路发出电能，在网络内部其他形式的能量转换为电能。

因为

$$p = \frac{\mathrm{d}w}{\mathrm{d}t}$$

所以

$$\mathrm{d}w = p\mathrm{d}t$$

二端网络在 t_1 到 t_2 期间内所吸收或发出的电能 w 为

$$w = \int_{t_1}^{t_2} p \mathrm{d}t \qquad\qquad (1-12)$$

可见，任意二端网络在 t_1 到 t_2 期间内所吸收或发出的电能等于网络的电功率在区间 $[t_1,t_2]$ 上对时间的定积分。直流电路在时间 T 内吸收或发出的电能为

$$W = PT = UIT \qquad\qquad (1-13)$$

在国际单位中，能量的单位为焦耳，简称焦，用 J 表示；在工程上常用电能单位为千瓦·小时，用符号 kWh 表示。

实 践 知 识

一、安全操作规则

(1) 遵守纪律，集中思想，按要求认真操作。

(2) 接线时断开电源，不要带电操作，确保安全。

(3) 接线完毕，检查无误并经教师允许，方能合闸通电。

(4) 如有异味、异常响声等情况发生，应立即断电检查。

(5) 实验结束，断开电源，将仪器、导线等物品整理归位。

二、电位、电压的测定

1. 任务目的

(1) 学会测量电路中各点电位和电压的方法，理解电位的相对性和电压的绝对性。

(2) 掌握直流稳压电源、直流电压表的使用方法。

2. 原理说明

在一个确定的闭合电路中，各点电位的大小视所选电位参考点的不同而异，但任意两点之间的电压（即两点之间的电位差）则是不变的，这一性质称为电位的相对性和电压的绝对性。据此性质，我们可用一只电压表来测量出电路中各点的电位及任意两点间的电压。

若以电路中的电位值作纵坐标，电路中各点位置（电阻或电源）作横坐标，将测量到的各点电位在该坐标平面中标出，并把标出点按顺序用直线相连接，就可得到电路的电位图，每一段直线段即表示该两点电位的变化情况，而且任意两点的电位变化即为该两点之间的电压。

在电路中，电位参考点可任意选定，对于不同的参考点，所绘出的电位图形是不同的，但其各点电位变化的规律却是一样的。

3. 任务内容及实施

(1) 实验设备见表 1-1。

表 1-1　　　　　　　　　　　　实 验 设 备

序号	名称	型号与规格	数量
1	电压源	双路 0~30V 可调	1
2	直流电压表	0~200V	1

续表

序号	名称	型号与规格	数量
3	实验电路组件	—	1
4	导线	—	若干

（2）测量电路如图 1-9 所示，图中的电源 U_{S1} 用恒压源 I 路 0～+30V 可调电源输出端，并将输出电压调到 +6V，U_{S2} 用 II 路 0～+30V 可调电源输出端，并将输出电压调到 +12V。

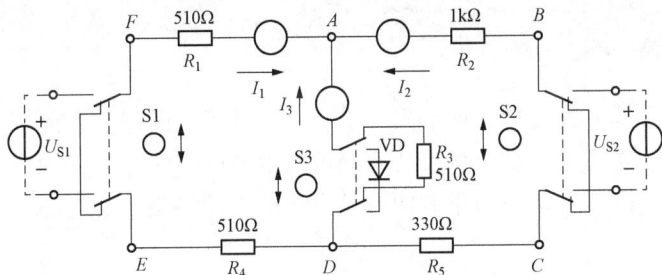

图 1-9　测试电路图

（3）测量电路中各点电位。以图 1-9 中的 A 点作为电位参考点，分别测量 B、C、D、E、F 各点的电位。用电压表的黑笔端插入 A 点，红笔端分别插入 B、C、D、E、F 各点进行测量，数据记入表 1-2 中。以 D 点作为电位参考点，重复上述步骤，测得数据记入表 1-2 中。

（4）测量电路中相邻两点之间的电压值。在图 1-9 中，测量电压 U_{AB}，将电压表的红笔端插入 A 点，黑笔端插入 B 点，读电压表读数，记入表 1-2 中。按同样方法测量 U_{BC}、U_{CD}、U_{DE}、U_{EF} 及 U_{FA}，测量数据记入表 1-2 中。

表 1-2　　　　　　　　　　电路中各点电位和电压数据　　　　　　　　　　V

电位参考点	V_A	V_B	V_C	V_D	V_E	V_F	U_{AB}	U_{BC}	U_{CD}	U_{DE}	U_{EF}	U_{FA}
A	0											
D				0								

4. 测试结果分析

（1）电位参考点选择不同时，对各点电位进行分析。

（2）此参考点选择不同时，电压是否变化。

【思考题】

1. 在测量电位、电压时，为何数据前会出现 ± 号，它们各表示什么意义？

2. 使用数字直流电压表测量电压时，红笔端插入被测电压参考方向的正（+）端，黑笔端插入被测电压参考方向的负（-）端，显示的数值正负说明什么？

3. 使用数字直流电压表测量电位时，用黑笔端插入参考电位点，红笔端插入被测各点，显示的数值正负说明什么？

4. 使用直流电压表应注意什么？

任务二　基本电路元件

学习目标

掌握理想电路元件的特点，能用欧姆定律计算电压、电流和功率，能识别并正确使用常用元器件，能够用万用表检测电阻、电容等元件，具备常用电工仪表使用的能力。

任务描述

本任务介绍常用的电路元件（如电阻、电容、电感等）的特点和测试方法，以及它们的电压与电流的关系、功率的计算。伏安法是测量电阻值的方法之一，用直流电流表外接或内接方式测试 $10k\Omega$、100Ω 电阻，结果表明两种方法产生的误差是不同的。本任务将介绍产生这一现象的原因。

相关知识

一、电阻元件

1. 电阻

当自由电荷在导体中定向移动形成电流时，要受到其他一些离子和原子的阻碍作用并造成能量消耗，对于不同的导体，这种阻碍作用的大小也不相同，为了描述它们这种导电性能的差异，物理中引入了电阻（R）的概念。

实际使用的电阻器件（如电阻器、电烙铁、电饭锅等）除了具有阻碍电流的电阻特性外，往往还伴有电感效应和电容效应，不过这类效应在低频电路中表现得不甚明显，在分析和计算时可以忽略不计。因此，今后电路中所提及的电阻元件其实是一个从电阻器件中抽象出来的、能表征其主要特性的理想化模型，是一个只消耗电能的理想电阻元件，通常人们把这种理想电阻元件简称为电阻，如图 1-11（a）所示。

2. 电阻的种类

电阻器是最基本、最常见的元件，主要用途是稳定和调节电路中的电压和电流，还有限流、分压等功能。电阻器的种类很多，根据电阻器的工作特点及电路功能一般可分为固定电阻器、可变电阻器、敏感电阻器。固定电阻器有绕线式电阻器、薄膜电阻器、贴片电阻器等；可变电阻器有可滑动式电阻器、可变绕线电阻器、电位器等；敏感电阻器有光敏电阻器、磁敏电阻器、热敏电阻器等。

不同的电阻器（见图 1-10）有着各自的特点。例如，碳膜电阻器稳定性好、阻值宽泛、价格便宜，并能在较高的温度（70℃）环境下工作，在电路中得到了广泛的应用；绕线电阻器具有阻值精确、功率范围大、工作稳定、耐热性好等优点，主要用于精密和大功率场合；贴片电阻器是新一代电路板的首选元件，它具有体积小、重量轻、抗干扰能力强、高频特性好等优点，广泛应用于计算机、手机、智能电表等的电路中。

3. 电阻元件的电压与电流的关系

当电阻元件的电压和电流取关联参考方向时，电阻元件的伏安关系为

金属膜电阻器　　　线绕电阻器　　　贴片电阻器　　金属氧化膜电阻器　　可变电阻器

图 1 - 10　电阻器

$$u = Ri \quad 或 \quad i = Gu \tag{1-14}$$

式（1-14）是部分电路欧姆定律，简称欧姆定律。其中，R 为电阻元件的参数，称为电阻元件的电阻，线性电阻元件的电阻 R 是一个正实常数。在国际单位制中，电阻的单位为欧姆，简称欧，用 Ω 表示。常见的单位有兆欧（$M\Omega$）、千欧（$k\Omega$）等。其中 $G = \dfrac{1}{R}$，G 为电阻元件的电导，线性电阻元件的电导 G 也是一个正实常数，在国际单位制中，电导的单位为西门子，简称西，用 S 表示。

在任何时刻，两端电压与电流的关系都遵守欧姆定律的电阻元件称为线性电阻元件，这种关系又称为电阻的伏安特性。在电压和电流取关联参考方向的情况下，线性电阻元件的伏安特性曲线如图 1 - 11（b）所示，这是一条通过原点的位于一、三象限的直线。

如果电阻元件的电压和电流取非关联参考方向，则其伏安关系为

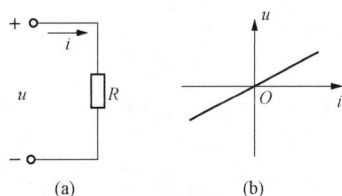

图 1 - 11　线性电阻元件的图形
符号及其伏安特性曲线

$$u = -Ri \quad 或 \quad i = -Gu \tag{1-15}$$

这种情况下，线性电阻元件的伏安特性曲线是 u - i 平面上的一条通过原点的位于二、四象限的直线。

4. 电阻元件的功率

当电压和电流取关联参考方向时，电阻元件的瞬时功率为

$$p = ui = Ri^2 = \frac{u^2}{R} = Gu^2 \tag{1-16}$$

当电压和电流取非关联参考方向时，电阻元件的瞬时功率为

$$p = ui = (-Ri)i = -Ri^2 = -\frac{u^2}{R} = -Gu^2 \tag{1-17}$$

比较式（1-16）和式（1-17）可以看到，不论 u、i 为关联参考方向，还是非关联参考方向，它们的结果是相同的，即元件实际功率值与 u、i 的参考方向选择无关。同时，不论 u、i 为正或负，p 均为正值，即电阻接受功率，始终是一个耗能元件。

电阻元件在由 0 到 t 的时间里，消耗的电能为

$$w = \int_0^t p\,\mathrm{d}t = R\int_0^t i^2\,\mathrm{d}t = \frac{1}{R}\int_0^t u^2\,\mathrm{d}t \tag{1-18}$$

在直流电路中，电阻元件在 T 时间里消耗的电能为

$$W = PT = UIT = \frac{U^2}{R}T \tag{1-19}$$

二、电容元件

1. 电容

电容元件是一种理想的电容器。电容器由两个金属极板和介于中间的电介质所组成。电

容器带电时，常使两极板带有等量异种电荷。不同的电容器容纳电荷及储存电场能量的能力往往是不一样的。为了量化这种能力，引入电容 C 这一物理量，即

$$C = \frac{q}{u} \qquad\qquad (1-20)$$

其中，q、u 分别表示某时刻单个极板的电量和两极板间的电压。q/u 的值越大，电容器容纳电荷及储存电场能量的能力就越强；反之，就越弱。实际使用的大多数电容器为定值电容器，q/u 值为一不变的量，在平面坐标中的 q-u 曲线如图 1-12 所示，是一条过坐标原点的直线，称为线性电容元件，否则称为非线性电容元件。这里只研究线性电容元件。

电容元件简称电容，其电路符号如图 1-13 所示。

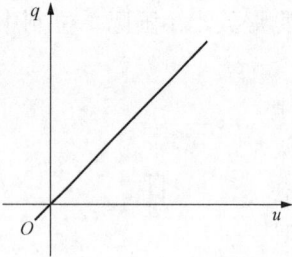

图 1-12　q-u 曲线　　　　　　　　　图 1-13　电容元件图形符号

在 SI 中电容的单位是法拉（F），实际使用中常用 μF、nF 或 pF 作单位，它们之间的换算关系是 $1F = 10^6 \mu F = 10^9 nF = 10^{12} pF$。

2. 电容器的种类

作为电路中最基本、最常用的元件，电容器种类繁多。按电容量是否可调划分，有固定电容和可变电容及微调电容器两种；按电介质划分，主要有固体有机介质电容器、固体无机介质电容器、电解电容等；按材料划分，有陶瓷电容器、涤纶电容器、云母电容器等，如图 1-14 所示。

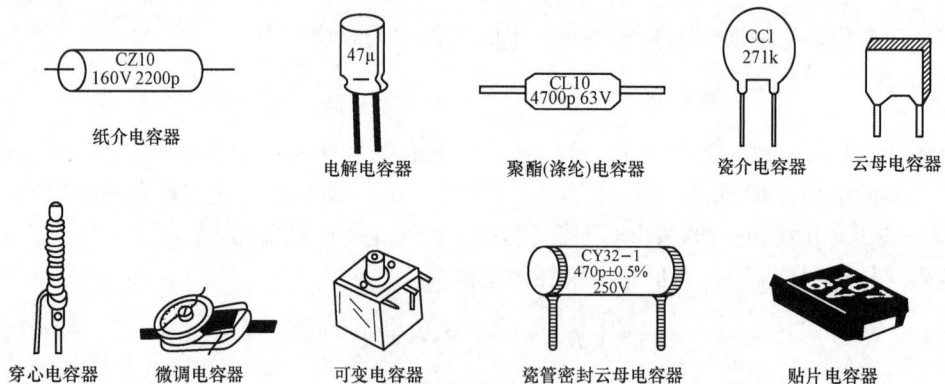

图 1-14　部分常见的电容器

3. 电容参数值

表征电容器的性能有两个主要参数，一个是它的电容量，另一个是它的耐压值。电容量即为前面所说的电容物理量，在使用中根据需要选择其大小；耐压值是指电容器连续不断工

作时，所能承受的最高电压。超过最高电压，电容器内的电介质有被击穿的危险，电容器就损坏了，使用时一定要特别注意。

4. 电容元件的电压与电流关系

当电容元件的两极板间接入电源时，电容被充电。如果把一个已充电的电容元件用导线短路，电容元件就会放电。在充电或放电过程中，电容极板间的电压 u 会发生变化，极板上的电量也随之改变，于是在电容电路上出现电荷的移动而形成电流 i。

若 u、i 选择关联参考方向如图 1 - 15（a）所示，将式（1 - 20）代入式（1 - 21），有

$$i = \frac{\mathrm{d}q}{\mathrm{d}t} = C\frac{\mathrm{d}u}{\mathrm{d}t} \qquad (1 - 21)$$

若 u、i 选择非关联参考方向，如图 1 - 15（b）所示，则有

图 1 - 15　电容元件的电压与电流方向关系

$$i = -C\frac{\mathrm{d}u}{\mathrm{d}t} \qquad (1 - 22)$$

式（1 - 21）和式（1 - 22）表明，某一时刻电容元件的电流与该时刻电容元件电压的变化率成正比。如果电压不变化，即 $\frac{\mathrm{d}u}{\mathrm{d}t} = 0$，则 $i = 0$。可见，在直流电路中，电容元件相当于开路，这表明电容元件具有隔断直流的作用。若电容元件电压变化越快，即 $\frac{\mathrm{d}u}{\mathrm{d}t}$ 越大，则电流 i 越大。这标志着电容元件是一个动态元件。

对式（1 - 21）两边取积分，可得到用电容元件的电流 i 表示电压 u 的方程式：

$$u = \frac{1}{c}\int_{-\infty}^{t} i\mathrm{d}\tau \qquad (1 - 23)$$

由式（1 - 23）可知，某一时刻 t 电容元件上的电压 u 不是只取决于同一时刻的电流值，而是取决于从 $-\infty$ 到 t 所有时刻的电流值。也就是说，电容元件在某一时刻 t 的电压 u 反映着 t 以前的全部 "历史" 中电流的积累效应。可见，电容元件的电压对其电流具有 "记忆" 作用，因此说电容元件是一种记忆元件。

5. 电容元件的储能

在充电时，电容元件吸收电能并转换为电场能量储存其中；在放电时，电容元件会将储存的电场能量转换为电能向外部释放。在电能与电场能量相互转换过程中，电容本身没有消耗能量，所以电容是储能元件。

若电压 u 与电流 i 选取关联参考方向，电容元件吸收的瞬时功率为

$$p = ui = Cu\frac{\mathrm{d}u}{\mathrm{d}t}$$

设电容电压从 0 增加到 u，电容元件吸收的电能为

$$w = \int_{0}^{u} Cu\,\mathrm{d}u = \frac{1}{2}Cu^{2} \qquad (1 - 24)$$

当电压为直流电压 U 时

$$W = \frac{1}{2}CU^{2} \qquad (1 - 25)$$

其中，w 或 W 的单位（SI）是焦耳（J）。

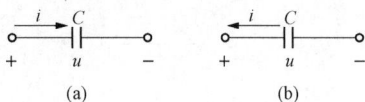

【例1-2】 图1-16（a）所示电容元件的电容$C=10\mu\text{F}$，图中电压u为三角波，如图1-16（b）所示，试求：（1）电容元件的电流i，并绘出其波形；（2）电容元件储能的最大值。

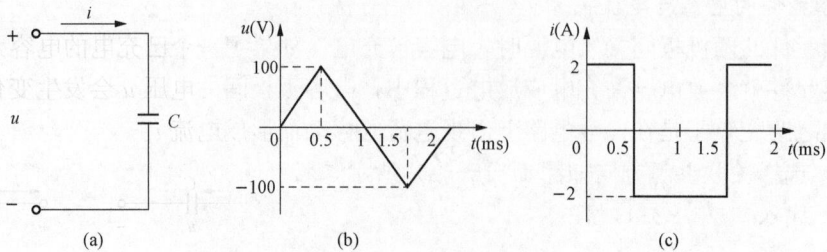

图1-16　［例1-2］图

解　（1）当$0<t<0.5\text{ms}$时

$$\frac{\text{d}u}{\text{d}t}=\frac{100}{0.5\times10^{-3}}=2\times10^5(\text{V/s})$$

$$i=C\frac{\text{d}u}{\text{d}t}=10\times10^{-6}\times2\times10^5=2(\text{A})$$

当$0.5\text{ms}<t<1.5\text{ms}$时

$$\frac{\text{d}u}{\text{d}t}=\frac{-100-100}{(1.5-0.5)\times10^{-3}}=\frac{-200}{1\times10^{-3}}=-2\times10^5(\text{V/s})$$

$$i=C\frac{\text{d}u}{\text{d}t}=10\times10^{-6}\times(-2)\times10^{-5}=-2(\text{A})$$

当$1.5\text{ms}<t<2\text{ms}$时

$$\frac{\text{d}u}{\text{d}t}=\frac{0-(-100)}{(2-1.5)\times10^{-3}}=2\times10^5(\text{V/s})$$

$$i=C\frac{\text{d}u}{\text{d}t}=10\times10^{-6}\times2\times10^{-5}=2(\text{A})$$

根据所求得的各时间段的电流，作出电流的波形，如图1-16（c）所示。

（2）从电压波形图中可以看出电压的最大值为$u_{\max}=100\text{V}$，因此电容元件储能的最大值为

$$W_{\max}=\frac{1}{2}Cu_{\max}^2=\frac{1}{2}\times10\times10^{-6}\times100^2=5\times10^{-2}(\text{J})$$

三、电容元件的串联和并联

1. 电容元件的串联

若干个电容元件依次一个接一个地连接起来，构成一条支路，这种连接方式称为电容元件串联，如图1-17（a）所示。

电容元件串联电路具有下述特点：

（1）电容元件串联电路中各电容所带电量相等。将n个电容元件串联电路的两端接到电源上，当第一个电容元件左边的极板上带上电量为$+q$的电荷时，其右边极板上由于静电感应而产生电量

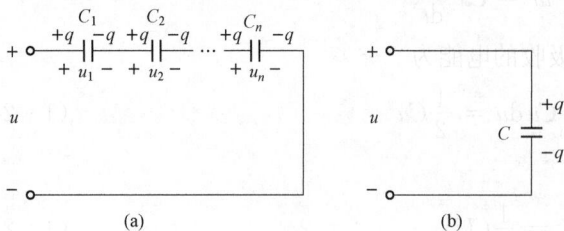

图1-17　电容元件的串联

为$-q$的电荷，这部分负电荷来自第二个电容元件左边的极板，因而第二个电容元件左边极板上出现电荷量$+q$；由于第二个电容元件左边极板上出现电荷量$+q$，其右边极板上又由静电感应而产生电荷量$-q$，于是第三个电容元件左边极板上又出现电荷量$+q$，以此类推。因此，串联的每一个电容元件都带有相等的电荷量q，即

$$q_1 = q_2 = \cdots = q_n = q \tag{1-26}$$

（2）电容元件串联电路等效电容的倒数等于各个串联电容元件电容的倒数之和。若干个电容元件串联电路可用一个电容元件来等效替代，即图 1-17（a）所示电路可用图 1-17（b）所示的电路等效替代。

对于图 1-17（a）所示的电路，有

$$u = u_1 + u_2 + \cdots + u_n = q\left(\frac{1}{C_1} + \frac{1}{C_2} + \cdots + \frac{1}{C_n}\right)$$

对于图 1-17（b）所示的电路，有

$$u = \frac{q}{C}$$

若两电路等效，则应有

$$\frac{1}{C} = \frac{1}{C_1} + \frac{1}{C_2} + \cdots + \frac{1}{C_n} \tag{1-27}$$

（3）电容元件串联电路中各电容元件的电压与其电容成反比。

因为

$$u_1 = \frac{q}{C_1}, \quad u_2 = \frac{q}{C_2}, \cdots, u_n = \frac{q}{C_n}, u = \frac{q}{C}$$

所以

$$u_1 : u_2 : \cdots : u_n = \frac{1}{C_1} : \frac{1}{C_2} : \cdots : \frac{1}{C_n}$$

$$u_k = \frac{C}{C_k}u \tag{1-28}$$

对于两个电容元件串联的电路，则有

$$C = \frac{C_1 C_2}{C_1 + C_2} \tag{1-29}$$

$$u_1 = \frac{C}{C_1}u = \frac{C_2}{C_1 + C_2}u \tag{1-30}$$

$$u_2 = \frac{C}{C_2}u = \frac{C_1}{C_1 + C_2}u \tag{1-31}$$

2. 电容元件的并联

若干个电容元件的两端分别连接在一起，构成两个公共节点和多条支路，这种连接方式称为电容元件并联，如图 1-18（a）所示。

电容元件的并联电路具有下述特点：

（1）电容元件并联电路中各电容元件的电量与其电容成正比。

因为并联时加在各电容元件上的电压相同，即

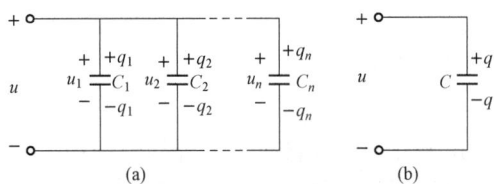

图 1-18　电容元件的并联

$$u_1 = u_2 = \cdots = u_n = u$$

又因为

$$q_1 = C_1 u, \quad q_2 = C_2 u, \cdots, q_n = C_n u$$

所以

$$q_1 : q_2 : \cdots : q_n = C_1 : C_2 : \cdots : C_n \qquad (1-32)$$

（2）电容器元件并联电路的等效电容等于各个并联电容元件的电容之和。若干个电容元件并联电路可以用一个电容元件来等效替代，即图 1-18（a）所示电路可用图 1-18（b）所示的电路来等效替代。

对于图 1-18（a）所示的电路，有

$$q_1 + q_2 + \cdots + q_n = (C_1 + C_2 + \cdots + C_n)u$$

对于图 1-18（b）所示的电路，有

$$q = Cu$$

若两电路等效，则应有

$$q = q_1 + q_2 + \cdots + q_n$$
$$C = C_1 + C_2 + \cdots + C_n \qquad (1-33)$$

【例 1-3】 图 1-19 所示电路中，$C_1 = C_2 = C_3 = 1\mu F$，各电容元件的耐压均为 250V，各电容元件均未曾充过电。试求：（1）在电路端口加上 $U=180V$ 的直流电压后，各电容元件的电压；（2）电路端口电压最大不能超过多少。

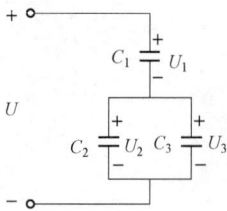

图 1-19　[例 1-3] 图

解　（1）C_2 与 C_3 并联的等效电容为

$$C_{23} = C_2 + C_3 = 1 + 1 = 2(\mu F)$$

二端电路的等效电容为

$$C = \frac{C_1 C_{23}}{C_1 + C_{23}} = \frac{1 \times 2}{1 + 2} = \frac{2}{3}(\mu F)$$

各电容元件的电压为

$$U_1 = \frac{C_{23}}{C_1 + C_{23}} U = \frac{2}{1+2} \times 180 = 120(V)$$

$$U_2 = U_3 = \frac{C_1}{C_1 + C_{23}} U = \frac{1}{1+2} \times 180 = 60(V)$$

（2）因为 $C_1 < C_{23}$，所以 $U_1 > U_{23} = U_2$，要保证电容元件都不被击穿，应确保 U_1 不超过 250V。当 $U_1 = 250V$ 时，有

$$U_{23} = \frac{C_1}{C_{23}} U_1 = \frac{1}{2} \times 250 = 125(V)$$

这时电路端口电压为

$$U = U_1 + U_{23} = 250 + 125 = 375(V)$$

因此，电路端口电压不能超过 375V。

四、电感元件

1. 电感

电感器最主要部分是用导线绕制的线圈，故又称为电感线圈。为了增强磁场，常在线圈中放入铁芯，这就是广泛使用的铁芯线圈；如果线圈中没有铁芯，就是空心线圈。

电流磁效应理论告诉我们，通电线圈能在线圈内部及外部空间产生磁场，为了表示磁场的强弱引入了磁通量（简称磁通）的概念，用符号 Φ 表示。磁通的方向（即磁感线的方向）和线圈中电流的流向有关，法国学者安培通过研究总结出了右手螺旋定则，见图 1-20。

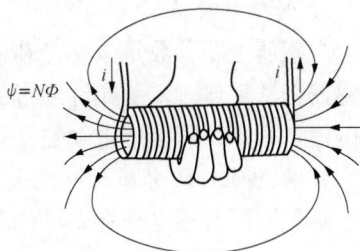

图 1-20　右手螺旋法则

如果紧密绕制的线圈匝数为 N，电流在每匝线圈中产生的磁通都是 Φ，则总磁通 $\psi = N\Phi$，ψ 又称为磁通链，简称磁链。磁链与线圈中的电流之比称为自感系数，简称自感，用 L 表示，即

$$L = \frac{\psi}{i} \tag{1-34}$$

在 SI 中电感的单位是亨利（H），实际使用中有毫亨（mH）、微亨（μH）等，它们之间的换算关系是

$$1H = 10^3 mH = 10^6 \mu H$$

电感元件是一种理想的电感器，简称电感。当磁链 ψ 与电流 i 的参考方向选取符合右手螺旋法则时，由式（1-34）可得

$$\psi = Li \tag{1-35}$$

自感系数 L 又称为电感元件的电感。如果 L 值为一不变的量，在平面坐标中它的 ψ-i 曲线如图 1-21 所示，为一条过坐标原点的直线，称为线性电感元件，否则称为非线性电感元件。这里只研究线性电感元件。

电感元件图形符号如图 1-22 所示。

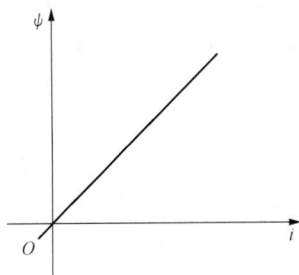

图 1-21　ψ-i 曲线

图 1-22　电感元件图形符号

2. 电感器的种类

和电容器一样电感器的种类也很多，形状各异。按电感的形式可分为固定电感器、可变电感器和微调电感器三大类，按芯的材料可分为空心（空气）电感器、磁芯电感器、铁芯电感器等，按用途可分为偏转线圈、振荡线圈、片状固定电感器等，如图 1-23 所示。

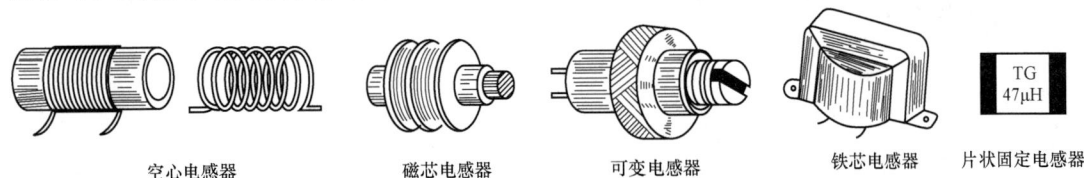

空心电感器　　　磁芯电感器　　　可变电感器　　　铁芯电感器　片状固定电感器

图 1-23　部分常见电感器

3. 电感参数值

电感器主要参数是电感量和额定电流。电感量即前面所说的电感物理量；额定电流是指电感器正常工作时，所允许通过的最大电流。实际使用时，电感器线圈中的电流不得超过额定电流，否则线圈会严重发热甚至被烧毁。

4. 电感元件的电压与电流关系

电感线圈自感电动势 e 与 i 的关系遵循法拉第电磁感应定律。在电路理论中，元件两端的电位差是用自感电压 u 来表示的，若选择自感电压 u 与电动势 e 的参考方向一致，则 $u=-e$。因此，在选择 $u(e)$ 与 i 为关联参考方向的情况下，结合式（1-35）有

$$u=-e=\frac{\mathrm{d}\psi}{\mathrm{d}t}=L\frac{\mathrm{d}i}{\mathrm{d}t} \tag{1-36}$$

若选择 $u(e)$ 与 i 为非关联参考方向，则有

$$u=-L\frac{\mathrm{d}i}{\mathrm{d}t} \tag{1-37}$$

式（1-37）表明，电感元件某一时刻的电压值与该时刻电流的变化率成正比。若电流不变，即 $\frac{\mathrm{d}i}{\mathrm{d}t}=0$，则 $u=0$，这表明，在直流电路中电感元件相当于短路。若电流变化越快，即 $\frac{\mathrm{d}i}{\mathrm{d}t}$ 越大，则电压也就越大，这标志着电感元件是一种动态元件。

对式（1-36）两边取积分，可以得到用电压表示电流的关系式：

$$i=\frac{1}{L}\int_{-\infty}^{t}u\mathrm{d}\tau \tag{1-38}$$

由式（1-38）可知，某一时刻 t 的电感元件电流值取决于在（$-\infty$，t]区间内所有的电压值。可见，电感元件的电流对它的电压具有记忆作用，因此电感元件是一种记忆元件。

5. 电感元件的储能

当通入电流时，电感元件吸收电能并转换为磁场能量储存起来；反之，在磁场灭失过程中，电感元件又会将原来建立磁场时所储存的磁场能量转换为电能全部释放。因此，电感是储能元件。在电能与磁场能量相互转换过程中，电感元件本身不消耗能量。

若电感电压 u 与电流 i 选取关联参考方向，电感元件吸收的瞬时功率为

$$p=ui=Li\frac{\mathrm{d}i}{\mathrm{d}t}$$

设电感电流从 0 增加到 i，电感元件吸收的电能为

$$w=\int_{0}^{i}Li\mathrm{d}i=\frac{1}{2}Li^{2} \tag{1-39}$$

在直流电路中，当直流电流为 I 时，则

$$W=\frac{1}{2}LI^{2} \tag{1-40}$$

实践知识

一、安全操作规则

（1）遵守纪律，集中思想，按要求认真操作。

（2）接线时断开电源，不要带电操作，确保安全。

（3）接线完毕，检查无误并经教师允许，方能合闸通电。

（4）如果出现有异味、异常响声等情况，应立即断电检查。

（5）实验结束，断开电源，将仪器、导线等物品整理归位。

二、电阻器主要参数识别方法

1. 阻值识别

阻值是电阻器主要参数之一，其大小及允许误差标注在电阻器上，标注方法如下：

（1）直标法：将电阻器标称阻值及允许误差直接标注在电阻器上，适用于几何尺寸较大的电阻器。例如 6.8kΩ±5%，表示该电阻器标称阻值为 6.8kΩ，允许偏差±5%。

（2）文字符号法：用符号 R、K、M 对应表示 Ω、kΩ、MΩ。符号 R、K、M 前、后的数字分别表示阻值的整数部分和小数部分，例如 26R 为 26Ω，2K6 为 2.6kΩ。

（3）色环法：对于几何尺寸较小的圆柱形电阻器用色环标注其阻值。普通电阻采用四环标注，如图 1-24 所示。

四个环中，相邻靠近的三个环为阻值环，其中 1、2 环为数字，3 环为 10 的指数；离得较远的 4 环为误差环。阻值环、误差环颜色对应值见表 1-3。

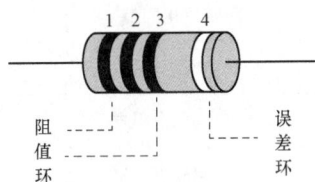

图 1-24 色环电阻器

表 1-3 　　　　　　　　　　　　阻值环、误差环颜色对应值

颜色	黑	棕	红	橙	黄	绿	蓝	紫	灰	白	金	银	无色
数字	0	1	2	3	4	5	6	7	8	9	−1	−2	
误差											±5%	±10%	±20%

例如，一个色环电阻前三道环颜色依次为红黄橙，对照表 1-3 可知该电阻器阻值为 24kΩ。

（4）数字表示法：在电阻体上用三位数字来标明其阻值。它的第一位和第二位为有效数字，第三位表示在有效数字后面所加"0"的个数，例如 472 为 4700Ω。

如果是小数，则用 R 表示小数点并占用一位有效数字，其余两位是有效数字。例如，2R4 为 2.4Ω，R15 为 0.15Ω。

2. 功率值识别

成品电阻器的额定功率值都标在电阻器上，方便使用者识别和选用。常用电阻器额定功率值在 1W 以上的用罗马数字表示，如图 1-25 所示。

图 1-25 成品电阻器的额定功率值识别

1W 以下常不标出额定功率，而是从电阻器外形尺寸与额定功率对应关系表中查得，见表 1-4。

表 1 - 4   **电阻器外形尺寸与额定功率对应关系**

名称	型号	额定功率 （W）	外形尺寸（mm）	
			最大直径	最大长度
超小型碳膜电阻器	RT13	0.125	1.8	4.1
质量认证碳膜电阻器	RT14	0.25	2.5	6.4
小型碳膜电阻器	RTX	0.125	2.5	6.4
碳膜电阻器	RT	0.25	5.5	18.5
碳膜电阻器	RT	0.5	5.5	28.0
碳膜电阻器	RT	1	7.2	30.5
碳膜电阻器	RT	2	9.5	48.5
金属膜电阻器	RJ	0.125	2.2	7.0
金属膜电阻器	RJ	0.25	2.8	8.0
金属膜电阻器	RJ	0.5	4.2	10.8
金属膜电阻器	RJ	1	6.6	13.0
金属膜电阻器	RJ	2	8.6	18.5
片状电阻器	—	0.05	2（长）	1.25（宽）
片状电阻器	—	0.1~0.125	3.2（长）	1.6（宽）
片状电阻器	—	0.25	9（长）	4.5（宽）
片状电阻器	—	0.5	13（长）	9.5（宽）

三、电容器主要参数识别方法

电容器主要参数的标注也有多种方法。

1. 直标法

在电容器上用数字直接标注主要参数，例如 470p±0.5％，250V，表示该电容器标称容量为 470pF，允许偏差±5％，耐压值为 250V。

2. 文字符号法

电容量单位符号前、后的数字分别表示标称容量的整数部分和小数部分，例如，2p2 为 2.2pF，4n7 为 4700pF，μ33 为 0.33μF。如果电容器上没有标明单位符号，那么数字小于 1 的容量单位为 μF，例如 0.01 为 0.01μF；大于 1 的 3 位数字容量单位为 pF，例如 330 为 330pF。

还有数码法、色标法等，限于篇幅这里不再一一说明。

四、电感器主要参数识别方法

1. 直标法

对几何尺寸较大的电感器，可在电感器上用数字直接标注主要参数。例如 L713G，L 表示电感，G 表示允许偏差±2%，713 表示电感量，在没有明确标注单位情况下默认单位都为 μH，因此该电感的电感量是 713μH。

2. 文字符号法

文字符号法是用数字中间加字母的标注方法。采用这种标示方法的通常是一些小功率电感器，用 N 或 R 代表小数点。例如，47N 表示电感量为 47nH；4N7 表示电感量为 4.7nH；4R7J 表示电感量为 4.7μH，J 表示允许偏差±5%。

另外，还有数码法、色标法等，此处不再赘述。

五、万用表的使用方法

万用表是一种常用的测量仪表，它具有测量种类多、量程宽、易于使用、携带方便等优点。万用表分指针式万用表和数字万用表，这里主要介绍数字万用表。图 1-26 所示为 VICTOR89A 型数字万用表。

1. 操作面板说明

①液晶显示屏。

②电源开关。

③保持开关：按下此功能，仪表当前所测数值保持在屏幕上并出现"HOLD"符号，再次按下开关弹起"HOLD"符号消失，退出保持功能状态。

④旋钮开关：用于改变测量功能及量程。

⑤电压、电阻、二极管"+"极插座。

⑥电容、温度、"+"极插座及公共地。

⑦电容、温度、"—"极及小于 200mA 电流测试插座。

⑧20A 电流测试插座。

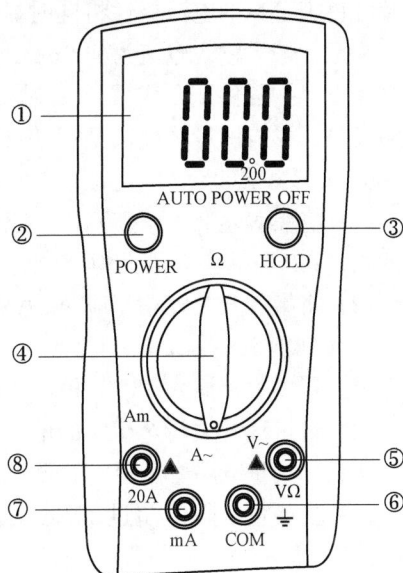

图 1-26　VICTOR89A 型数字万用表

2. 使用注意事项

（1）测量时，禁止输入超过量程的极限值。

（2）36V 以下的电压为安全电压，在测高于 36V 直流、25V 交流电压时，要检查表笔是否可靠接触，是否正确连接，是否绝缘良好等，以避免电击。

（3）换功能和量程时，表笔应离开测试点。

（4）选择正确的功能和量程，谨防误操作。

（5）在电池没有装好和后盖没有上紧时，请不要进行测试工作。

（6）在更换电池或保险丝前，请将测试表笔从测试点移开，并关闭电源开关。

3. 直流电压测量

（1）将黑表笔插入"COM"插座，红表笔插入 V/Ω 插座。

（2）将量程开关转至相应的 DCV 挡位上，然后将测试表笔跨接在被测电路上，红表笔所接的该点电压与极性显示在屏幕上。

注意：如果事先不清楚被测电压范围，应将量程开关转到最高的挡位，然后根据显示值转至相应挡位；如果屏幕显示"1"，表明已超过量程范围，须将量程开关转至较高挡位。

4. 交流电压测量

（1）将黑表笔插入"COM"插座，红表笔插入 V/Ω 插座。

（2）将量程开关转至相应的 ACV 挡位上，然后将测试表笔跨接在被测电路上。

5. 直流电流测量

（1）将黑表笔插入"COM"插座，红表笔插入"mA"插座（最大为 200mA），或红表笔插入"20A"插座中（最大为 20A）。

（2）将量程开关转至相应 DCA 挡位，然后将仪表的表笔串联接入被测电路，被测电流值及红色表笔点的电流极性将同时显示在屏幕上。

注意：最大输入电流为 200mA 或者 20A（视红表笔插入位置而定），过大的电流将会损坏自恢复保护器件。在测量 20A 时要特别注意，该挡位没设保险，连续测量大电流将会使电路发热，影响测量精度甚至损坏仪表。

6. 交流电流测量

（1）将黑表笔插入"COM"插座，红表笔插入"mA"插座（最大为 200mA），或红表笔插入"20A"插座（最大为 20A）。

（2）将量程开关转至相应 ACA 挡位，然后将仪表的表笔串联接入被测电路。

7. 电阻测量

（1）将黑表笔插入"COM"插座，红表笔插入"V/Ω"插座。

（2）将量程开关转至相应的电阻量程上，然后将两表笔跨接在被测电阻上。

注意：测量电路中电阻时，要确认被测电路所有电源已关断且所有电容都已完全放电才可进行。当测量电阻值超过 1MΩ 时，读数需几秒时间才能稳定，这在测量高电阻时是正常的。

8. 电容测量

（1）将红表笔插入"COM"插座，黑表笔插入"mA"插座。

（2）将量程开关转至相应的电容量程上，表笔对应极性（注意红表笔极性为"+"极）接入被测电容。

注意：在测试电容容量之前，必须对电容充分地放电，以防损坏仪表。在测试电容前，屏幕显示值可能尚未回到零，残留读数会逐渐减小，不会影响测量的准确度，可不予理会。

9. 二极管及通断测试

（1）将黑表笔插入"COM"插座，红表笔插入"V/Ω"插座（注意红表笔极性为"+"极）。

（2）将量程开关转至"二极管图形符号"挡，并将表笔连接到待测试二极管，红表笔接二极管阳极，黑表笔接二极管阴极，读数为二极管正向压降的近似值。

（3）将表笔连接到待测线路的两点，如果内置蜂鸣器发声，则两点之间电阻值低于 (70±20)Ω。

10. 自动断电

当仪表停止使用（20±10）min 后，仪表便自动断电进入休眠状态。若要重新启动电源，再按两次"POWER"键即可。

六、电阻的测试

1. 任务目的

（1）熟练使用电压表、电流表。

（2）掌握伏安法测量电阻值的方法。

2. 原理说明

伏安法测量电阻的原理：测出流过被测电阻 R_X 的电流 I_R 及其两端的电压降 U_R，则其阻值 $R_X = U_R / I_R$。实际测量时有两种测量线路如图 1-27 所示。

图 1-27（a）所示为电流表的内接法，

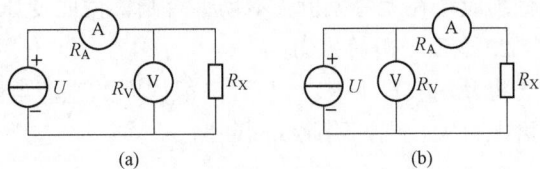

图 1-27 伏安法测量电阻

图 1-27（b）所示为电流表的外接法。由图 1-27（a）可知，只有当 $R_X \ll R_V$ 时，R_V 的分流作用才可忽略不计，电流表 A 的读数接近于实际流过 R_X 的电流值，故一般对于小阻值电阻可获得较准确的测量结果。由图 1-27（b）可知，只有当 $R_X \gg R_A$ 时，R_A 的分压作用才可忽略不计，电压表 V 的读数接近于 R_X 两端的电压值，故一般对于大阻值电阻可获得较准确的测量结果。

3. 任务内容及实施

（1）测量 10kΩ、100Ω 电阻值。

（2）实验设备：可调直流稳压电源、可调电阻箱、直流电压表、直流电流表。

（3）可调直流稳压电源 $U = 20$V，可调电阻箱 R_X 调至 10kΩ、100Ω，分别按图 1-27（a）、（b）接线测量，将数据记录于表 1-5 中。

表 1-5　　　　　　　　　　　　数 据 记 录

实际值 R_X		电压表读数 U	电流表读数 I	计算值 R_X	相对误差 $\Delta R_X \%$
10kΩ	内接法				
	外接法				
100kΩ	内接法				
	外接法				

4. 测试结果分析

根据实验数据，分析、总结内接法、外接法适用条件。

七、万用表测试电容器

1. 用指针式万用表测试

用万用表的 $R \times 10$k 挡直接测试电容器有无充电过程，以及有无内部短路或漏电，并可根据指针向右摆动的幅度大小估计出电容器的容量。

2. 用数字万用表测试

用数字万用表的电容挡进行检测。将数字万用表挡位旋钮转到适当的"F"挡，一般测量 2000pF～19.99nF 的电容器，可选"20nF"；测量 2～19.99μF 的电容器，可选"20μF"；测量 20～199.9μF 的电容器，可选"200μF"。

对于容量很小用指针式万用表无法检测的电容器，只能用数字万用表检测。

八、用万用表检测稳压电源变压器

1. 绝缘性能测试

用万用表 $R\times10k$ 挡分别测量铁芯与一次绕组、一次绕组与二次绕组间电阻值，万用表指针均应指在无穷大位置不动；否则，说明变压器绝缘性能不良。

2. 线圈通断的检测

将万用表置于 $R\times1$ 挡，一般线圈的直流电阻在零点几欧至几十欧，若某个线圈的电阻值为无穷大，则说明此线圈断路。

3. 空载电流的检测

将二次绕组开路，把万用表置于交流电流 500mA 挡，串入初级绕组。当一次绕组接通 220V 交流电时，万用表所指示的值不应大于变压器满载电流的 10%～20%。一般常见电子设备电源变压器的正常空载电流应在 100mA 左右。如果超出太多，则说明变压器有短路性故障。

4. 空载电压的检测

将电源变压器的一次绕组接 220V 交流电，用万用表交流电压挡测出各绕组的空载电压符合要求值，允许误差范围一般为高压绕组≤±10%，低压绕组≤±5%。

【思考题】

1. 使用直流电压表、直流电流表和万用表应注意什么？

2. 用量程为 10V 的电压表测实际值为 8V 的电压时，电压表读数为 8.1V，求测量的绝对误差和相对误差。

任务三　二端网络等效变换的测试

🏆 **学习目标**

掌握电压源和电流源的特点，理解二端网络等效的概念，掌握电阻串并联的特点并会计算等效电阻，熟练进行电压源与电流源的等效变换，熟练进行电阻的星形连接与三角形连接的等效变换。

🎓 **任务描述**

电路中电源是不可或缺的重要设备。本任务将从电源知识入手，学习电压源和电流源的知识，并且依据二端网络等效的条件，进行电阻串并联的化简和电阻星形连接与三角形连接的等效变换，以及实际电压源与实际电流源的等效变换和测试。

📖 **相关知识**

一、电压源和电流源

为电路提供电能的装置称为电源。在电路中，实际电源内部也会消耗能量，如果忽略这种损耗，那么就是一个理想电源。下面将要讨论的电压源和电流源就是这样的理想电源。

1. 电压源及其特点

电压源是一个理想二端元件。电压源的图形符号如图 1-28 所示。

下面以图 1-29 所示的直流电路为例，研究电压源及其特点。

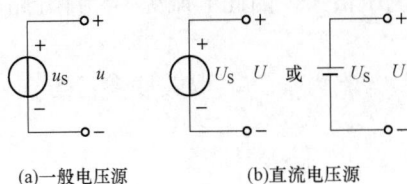

图 1-28　电压源图形符号

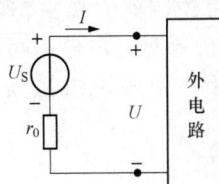

图 1-29　直流电压源电路

根据物理中的全电路欧姆定律得

$$U = U_S - Ir_0$$

实际电压源中正是内阻 r_0 消耗能量。若 r_0 小至可以忽略，即理想化情形（$r_0=0$），则有 $U=U_S$，由此得出直流电压源的两个特点：

（1）直流电压源相当于一个内阻为零的实际电压源，端电压 U 保持不变，始终等于电源电压 U_S。

（2）当外电路改变引发电流 I 变化时，端电压 U 依然保持不变。

直流电压源的上述特点同样可以应用于交流电压源中。

由于电压源内阻小至忽略的程度，故其短路电流很大，因此电压源不允许短路。

2. 电流源及其特点

电流源也是一个理想二端元件。电流源的图形符号如图 1-30 所示。

下面以直流电路为例，研究电流源及其特点。如图 1-31 所示，根据全电路欧姆定律得

$$U_S = U + Ir_0$$

$$\frac{U_S}{r_0} = \frac{U}{r_0} + I$$

设 $I_S = U_S/r_0$，则有

$$I_S = \frac{U}{r_0} + I$$

直流电流源电路见图 1-31。

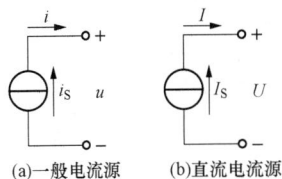

图 1-30　电流源图形符号

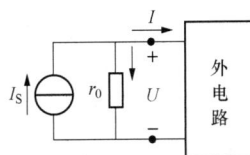

图 1-31　直流电流源电路

若内阻 r_0 很大乃至无穷大，即理想化 $r_0=\infty$，则有 $I=I_S$，由此得出直流电流源的两个特点：

（1）直流电流源相当于一个内阻为无穷大的实际电流源，流出的电流 I 是恒定的，始终等于 I_s。

（2）当外电路改变引发 U 变化时，I 依然保持不变。

直流电流源的上述特点同样可以应用于交流电流源中。

由于电流源内阻趋于无穷大，故其开路电压很大，因此电流源不允许开路。

3．电压源和电流源的功率

如果电压源或电流源所在支路的电压和电流为 u、i，取关联参考方向，则电源的功率为

$$p = ui \tag{1-41}$$

若取非关联参考方向，则有

$$p = -ui \tag{1-42}$$

若 $p>0$，表示电源接受（或消耗）功率，作为负载使用；若 $p<0$，表示发出（或提供）功率，作为电源使用。

二、二端网络等效的概念

1．二端网络

具有两个引出端钮的电路称为二端网络。图 1-32 所示电路中的 N1、N2 是二端网络，电阻、电容、电感、电压源、电流源也是二端网络。

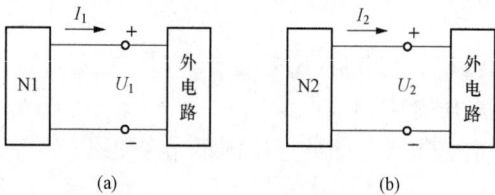

图 1-32　二端网络电路

2．等效的条件

如图 1-32 所示，当二端网络 N1 与二端网络 N2 接入相同的外电路时，其端钮的伏安特性相同，即 $I_1 = I_2$，$U_1 = U_2$，称 N1、N2 是两个对外电路等效的二端网络。

在电路分析中，运用等效的概念往往可以把一个复杂的网络用一个简单的网络替代，以简化电路的计算。

三、电阻的串联和并联

1．电阻的串联

若干个电阻一个接一个地依次连接起来，构成一条电流通路，这样的连接方式称为电阻的串联。图 1-33（a）所示电路即为 n 个电阻串联的电路。

电阻串联电路的特点如下：

（1）电阻串联电路中各个电阻流过同一电流。对于图 1-33（a）所示的电路，有

$$i_1 = i_2 = \cdots = i_n = i$$

（2）电阻串联电路的总电压等于各电阻电压之和。在图 1-33（a）所示的参考方向下，应用 KVL，可得

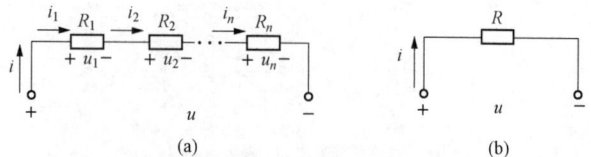

图 1-33　电阻的串联

$$u = u_1 + u_2 + \cdots + u_n \tag{1-43}$$

（3）电阻串联电路的等效电阻等于各个串联电阻之和。若干个电阻串联的电路可以用一

个电阻来等效替代，即图 1-33（a）所示电路可用图 1-33（b）来等效替代。对图 1-33（a）所示电路应用欧姆定律，可得

$$u_1 = R_1 i, \quad u_2 = R_2 i, \cdots, u_n = R_n i$$

代入式（1-43），得

$$u = (R_1 + R_2 + \cdots + R_n)i$$

对图 1-33（b）所示电路应用欧姆定律，可得

$$u = Ri$$

根据等效网络的定义可确定，图 1-33（a）、（b）所示电路的等效条件为

$$R = R_1 + R_2 + \cdots + R_n \tag{1-44}$$

由式（1-44）可知，电阻串联电路的等效电阻大于任一个串联电阻。

（4）电阻串联电路中各电阻上的电压与其电阻值成正比。电阻串联电路的分压公式为

$$u_k = R_k i = \frac{R_k}{R}u \quad (k = 1,2,\cdots,n) \tag{1-45}$$

（5）电阻串联电路中各电阻消耗的功率与其电阻值成正比。因为

$$P_1 = R_1 i^2, \ P_2 = R_2 i^2, \cdots, \ P_n = R_n i^2$$

所以

$$P_1 : P_2 : \cdots : P_n = R_1 : R_2 : \cdots : R_n \tag{1-46}$$

2. 电阻的并联

若干个电阻的两端分别连接起来，构成一个具有两个节点和多条支路的二端电路，这种连接方式称为电阻的并联。图 1-34（a）所示电路为 n 个电阻并联的电路。

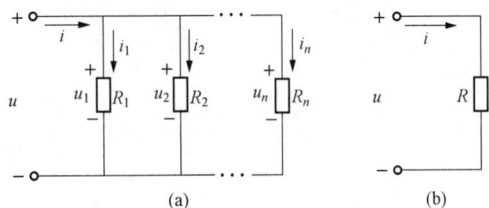

图 1-34　电阻的并联

电阻并联电路的特点如下：

（1）电阻并联电路中各电阻承受同一电压。在图 1-34（a）所示的参考方向下，有

$$u_1 = u_2 = \cdots = u_n = u$$

（2）电阻并联电路的总电流等于各支路电流之和。在图 1-34（a）所示的电流参考方向下，根据 KCL，可得

$$i = i_1 + i_2 + \cdots + i_n \tag{1-47}$$

（3）电阻并联电路等效电阻的倒数等于各个并联电阻的倒数之和，即电阻并联电路的等效电导等于各个并联电导之和。图 1-34（a）所示电路可以用图 1-34（b）所示电路来等效替代。对图 1-34（a）所示电路应用欧姆定律，可得

$$i_1 = \frac{u}{R_1}, \ i_2 = \frac{u}{R_2}, \cdots, i_n = \frac{u}{R_n}$$

代入式（1-47），得

$$i = \left(\frac{1}{R_1} + \frac{1}{R_2} + \cdots + \frac{1}{R_n}\right)u$$

根据欧姆定律，由图 1-34（b）可得

$$i = \frac{u}{R}$$

由等效网络的定义可知，图 1-34（a）、（b）所示电路的等效条件为

$$\frac{1}{R} = \frac{1}{R_1} + \frac{1}{R_2} + \cdots + \frac{1}{R_n} \tag{1-48}$$

即 n 个电阻并联电路的等效电导为

$$G = G_2 + G_2 + \cdots + G_n \tag{1-49}$$

两个电阻并联电路的等效电阻为

$$R = \frac{R_1 R_2}{R_1 + R_2} \tag{1-50}$$

（4）电阻并联电路中各个并联电阻中的电流与其电阻成反比（与其电导成正比）。电阻并联电路的分流公式为

$$i_k = G_k u = \frac{G_k}{G} i \quad (k = 1, 2, \cdots, n) \tag{1-51}$$

两个电阻并联电路的分流公式为

$$\left. \begin{aligned} i_1 &= \frac{G_1}{G} i = \frac{R_2}{R_1 + R_2} i \\ i_2 &= \frac{G_2}{G} i = \frac{R_1}{R_1 + R_2} i \end{aligned} \right\} \tag{1-52}$$

（5）电阻并联电路中各电阻的功率与其电阻值成反比。因为

$$P_1 = \frac{u^2}{R_1}, \ P_2 = \frac{u^2}{R_2}, \cdots, \ P_n = \frac{u^2}{R_n}$$

所以

$$P_1 : P_2 : \cdots : P_n = \frac{1}{R_1} : \frac{1}{R_2} : \cdots : \frac{1}{R_n} = G_1 : G_2 : \cdots : G_n \tag{1-53}$$

3. 电阻的混联

当电阻的连接中既有串联又有并联时，称为电阻的串并联或称电阻的混联。任意一个只含有电阻的二端网络都可以用一个电阻来等效替代。二端网络的等效电阻可以用等效变换的方法求得。

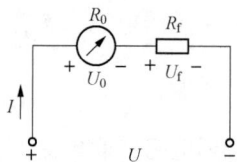

图 1-35　［例 1-4］图

【例 1-4】 某仪表测量机构满刻度偏转电流为 $50\mu\mathrm{A}$，内阻 R_0 为 $3\mathrm{k}\Omega$，如图 1-35 所示。若用此表头制成量程为 $100\mathrm{V}$ 的电压表，应串联多大的附加电阻 R_f。

解　满刻度时表头的电压为

$$U_0 = R_0 I = 3 \times 10^3 \times 50 \times 10^{-6} = 0.15(\mathrm{V})$$

满刻度时附加电阻的电压为

$$U_\mathrm{f} = U - U_0 = 100 - 0.15 = 99.85(\mathrm{V})$$

附加电阻为

$$R_\mathrm{f} = \frac{U_\mathrm{f}}{I} = \frac{99.85}{50 \times 10^{-6}} = 1.997 \times 10^6 = 1997(\mathrm{k}\Omega)$$

【例 1-5】 计算图 1-36 所示电路的等效电阻 R_{ab}。

解

$$R_{12} = \frac{2 \times 2}{2 + 2} = 1(\Omega)$$

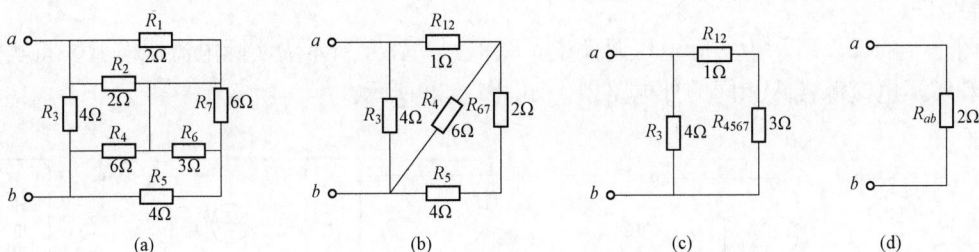

图 1-36　[例 1-5] 图

$$R_{67} = \frac{3 \times 6}{3 + 6} = 2(\Omega)$$

$$R_{4567} = \frac{(2+4) \times 6}{(2+4) + 6} = 3(\Omega)$$

$$R_{ab} = \frac{4 \times (1+3)}{4 + (1+3)} = 2(\Omega)$$

四、电阻的星形连接与三角形连接的等效变换

在实际电路中，还有两种不同于电阻串联或并联的连接方式：一种是三角形（△）连接，另一种是星形（Y）连接，如图 1-37 所示。

为使两种连接方式等效，根据伏安特性相同的等效条件可推导出由三角形连接变换等效为星形连接的变换公式为

$$\left. \begin{aligned} R_1 &= \frac{R_{12}R_{31}}{R_{12} + R_{23} + R_{31}} \\ R_2 &= \frac{R_{23}R_{12}}{R_{12} + R_{23} + R_{31}} \\ R_3 &= \frac{R_{31}R_{23}}{R_{12} + R_{23} + R_{31}} \end{aligned} \right\} \quad (1-54)$$

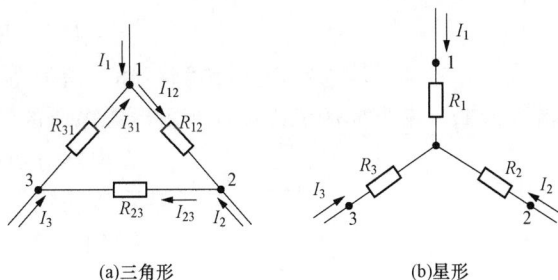

图 1-37　电阻的三角形连接与星形连接

同理，也可以解得由星形连接变换等效为三角形连接的变换公式为

$$\left. \begin{aligned} R_{12} &= \frac{R_1R_2 + R_2R_3 + R_3R_1}{R_3} = R_1 + R_2 + \frac{R_1R_2}{R_3} \\ R_{23} &= \frac{R_1R_2 + R_2R_3 + R_3R_1}{R_1} = R_2 + R_3 + \frac{R_2R_3}{R_1} \\ R_{31} &= \frac{R_1R_2 + R_2R_3 + R_3R_1}{R_2} = R_3 + R_1 + \frac{R_3R_1}{R_2} \end{aligned} \right\} \quad (1-55)$$

在电路分析中，应用电阻的星形连接与三角形连接的等效变换公式可以简化电路，使计算变得简单容易。

五、实际电压源与实际电流源的等效变换

实际电压源可以用理想电压源 U_S 和电阻 R_U 串联组合，实际电流源也可以用理想电流源 I_S 和电阻 R_I 并联组合。不论实际电压源和实际电流源有什么不同，它们都是电源，从理论上来讲是可以等效互换的。下面就根据等效的概念，找出实际电压源和实际电流源满足等效

互换的条件。

图 1-38（a）所示为实际电压源模型，图 1-38（b）所示为实际电流源模型。将实际电压源和实际电流源接入相同的外电路中，如图 1-39 所示。

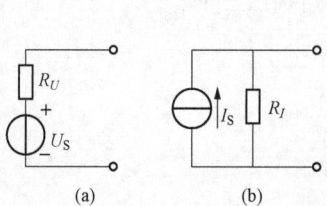

图 1-38　实际电压源与实际电流源

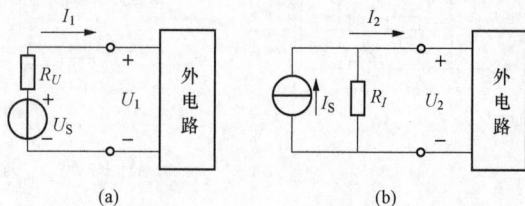

图 1-39　实际电压源和实际电流源接入相同外电路

由图 1-39（a）得

$$U_1 = U_S - I_1 R_U \tag{1-56}$$

由图 1-39（b）得

$$I_2 = I_S - \frac{U_2}{R_I}, \quad U_2 = I_S R_I - I_2 R_I \tag{1-57}$$

根据等效的概念，当两个二端网络相互等效时，$I_1 = I_2$，$U_1 = U_2$，比较式（1-56）和式（1-57）得

$$U_S = I_S R_I, \quad R_U = R_I \tag{1-58}$$

式（1-58）即为实际电压源和实际电流源等效变换的条件。注意，在等效变换时，电流源电流的参考方向的流出端应与电压源电压的参考极性相对应。

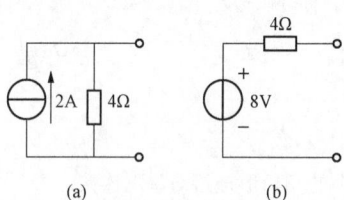

图 1-40　[例 1-6] 图

在电路分析中，利用实际电压源和实际电流源的等效变换可以简化电路计算。

【例 1-6】　将图 1-40（a）所示实际电流源等效变换为实际电压源。

解　已知 $I_S = 2A$，$R_I = 4\Omega$，由式（1-30）得

$$U_S = I_S R_I = 2 \times 4 = 8(V)$$
$$R_U = R_I = 4\Omega$$

等效变换后如图 1-40（b）所示。

【例 1-7】　用等效变换的方法求图 1-41 电路中的电流 I。

解　先将端钮 a、b 左侧二端网络进行等效变换，见图 1-42（a）～（c）。

$$I_{S1} = \frac{12}{3} = 4(A), \quad I_{S2} = \frac{18}{6} = 3(A)$$

合并有

$$I_S = I_{S1} + I_{S2} = 7A$$

$$R_I = \frac{3 \times 6}{3 + 6} = 2(\Omega)$$

将图 1-42（c）与电阻 R 连接 [见图 1-43（d）]，不难得出

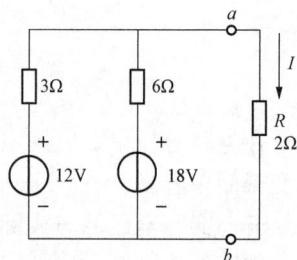

图 1-41　[例 1-7] 图

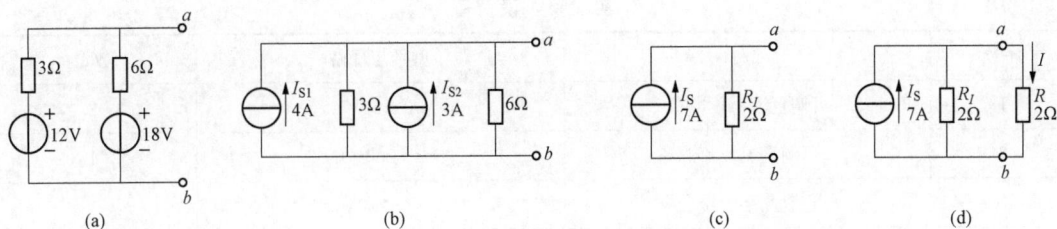

图 1-42 ［例 1-7］解图

$$I = \frac{7}{2} = 3.5(A)$$

实 践 知 识

一、电阻箱

旋转式电阻箱（见图 1-43）供直流电路中作可调节阻值之用，是电学测量中最常用的仪器之一。使用电阻箱前，应先旋转一下各个旋钮，以使电刷接触稳定可靠。

二、实际电压源与实际电流源等效变换测试

1. 任务目的

测试实际电压源与实际电流源等效变换的条件。

2. 原理说明

在实际使用中，一般直流稳压电源具有很小的内阻，其输出电压随负载电流变化很小，因此将它视为一个理想的电压源。同样，一个实际使用的电流源，其输出电流不随负载两端电压的变化而变化，可视为一个理想的电流源。

由于内阻的存在，实际电压源（电流源）的端电压（输出电流）会随负载的变化而变化，故在测试中用小阻值电阻（大电阻）与电压源（电流源）相串联（并联）模拟一个实际的电压源（电流源），如图 1-44 所示。

图 1-43 电阻箱

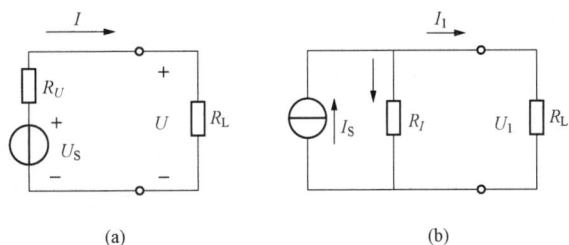

图 1-44 模拟实际的电压源（电流源）

实际电压源与实际电流源等效变换的条件为

$$U_S = I_S R_I, \quad R_U = R_I$$

3. 任务内容及实施

（1）实验设备见表 1-6。

表 1-6　　　　　　　　　　　　　　**实　验　设　备**

序号	名称	型号与规格	数量
1	可调直流稳压电源	0～30V	2
2	可调直流恒流源	0～200mA	1
3	直流数字电压表	0～200V	1
4	直流数字毫安表	0～200mA	1
5	电阻	200Ω、470Ω、51Ω、1kΩ	各1
6	电阻箱	0～9999	1

（2）任务实施。

1）测定电压源（恒压源）与实际电压源的外特性。实验电路如图 1-45 所示，图中的电源 U_S 用恒压源 0～+30V 可调电压输出端，并将输出电压调到 +6V，R_1 取 200Ω 的固定电阻，R_2 取 470Ω 的电位器。调节电位器 R_2，令其阻值由大至小变化，将电流表、电压表的读数记入表 1-7 中。

表 1-7　　　　　　　　　　　　　**电压源（恒压源）外特性数据**

I(mA)						
U(V)						

在图 1-45 电路中，将电压源改成实际电压源，如图 1-46 所示，图中内阻 R_S 取 51Ω 的固定电阻，调节电位器 R_2，令其阻值由大至小变化，将电流表、电压表的读数记入表 1-8 中。

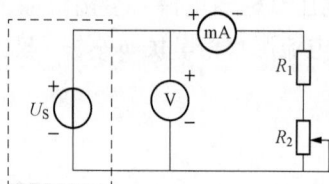

图 1-45　测定恒压源外特性　　　　　图 1-46　测定实际电压源外特性

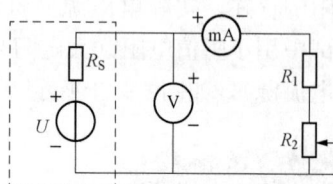

表 1-8　　　　　　　　　　　　　**实际电压源外特性数据**

I(mA)						
U(V)						

2）测定电流源（恒流源）与实际电流源的外特性。按图 1-47 接线，图中 I_S 为恒流源，调节其输出为 5mA（用毫安表测量），R_2 取 470Ω 的电位器。在 R_S 分别为 1kΩ 和∞两种情况下，调节电位器 R_2，令其阻值由大至小变化，将电流表、电压表的读数记入自拟的数据表格中。

3）研究电源等效变换的条件。按图 1-48 电路接线，图（a）、（b）中的内阻 R_S 均为 51Ω，负载电阻 R 均为 200Ω。

在图 1-48（a）电路中，U_S 用恒压源 0～+30V 可调电压输出端，并将输出电压调到 +6V，记录电流表、电压表的读数。然后调节图 1-48（b）电路中的恒流源 I_S，令两表的读数与图 1-48（a）的数值相等，记录 I_S 之值，验证等效变换条件的正确性。

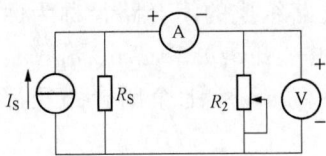

图 1-47　测定恒流源外特性　　　　图 1-48　测定实际电流源外特性

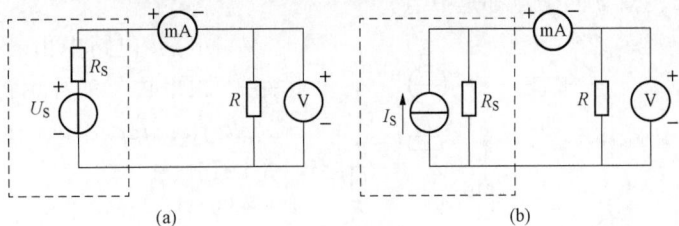

4. 测试结果分析

总结实验测量数值与理论值是否吻合，验证实际电压源和实际电流源等效变换条件的正确性。

【思考题】

1. 直流稳压电源的输出端为什么不允许短路？

2. 直流电流源的输出端为什么不允许开路？

3. 实际电压源与实际电流源等效变换的条件是什么？所谓等效是对谁而言？电压源与电流源能否等效变换？

任务四　基尔霍夫定律的测试

学习目标

会用测量工具测试基尔霍夫定律的正确性，能熟练应用基尔霍夫定律完成对复杂电路的分析与计算。

任务描述

实际中遇到的电路往往比单纯的电阻串、并联或单回路复杂得多。本任务将学习基尔霍夫定律，以及应用基尔霍夫定律得出的支路电流法、节点电压法等，这些方法很好地解决了复杂电路分析与计算的问题，同时按照设定的电路完成对基尔霍夫定律的测试。

相关知识

一、基尔霍夫定律

基尔霍夫定律阐明了电路中电流、电压遵守的约束关系，这一关系与电路连接有关，而与电路中元件的性质无关。在基尔霍夫定律中常用到几个名词，下面结合图 1-49 来介绍它们的含义。

支路：电路中流过同一电流的每一分支称为支路。如图 1-49 所示的电路中，ab、bc、be、afe、age、cde 六条分支都是支路。

节点：电路中三条或三条以上支路的连接点称为节点。如图 1-49 所示的电路中，a、b、c、e 四个点都是节点。

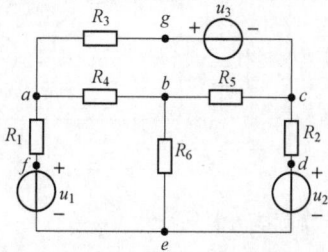

图 1-49　基尔霍夫定律名词解释

回路：电路中由若干条支路组成的闭合路径称为回路。如图 1-49 所示的电路中，$abefa$、$bcdeb$、$agcba$、$abcdefa$、$agcdefa$、$agcbefa$、$agcdeba$ 七个闭合路径都是回路。

网孔：画在平面上的电路图中，若回路中不存在其他支路，这样的回路称为网孔。网孔是回路的一种特殊情况。如图 1-49 所示的电路中，回路 $abefa$、$bcdeb$、$agcba$ 是网孔。

基尔霍夫定律包含两部分内容，一个是基尔霍夫电流定律，另一个是基尔霍夫电压定律。

1. 基尔霍夫电流定律（KCL）

由物理中电流连续性原理可知，电路中某处流进多少电量的电荷，同时从该处流出相等电量的电荷。基尔霍夫电流定律正是基于这一物理原理得出的。

基尔霍夫电流定律（简称 KCL）指出：在电路中，任何时刻，流入（或流出）任一节点的各支路电流的代数和等于零，用数学式表示为

$$\sum i = 0 \tag{1-59}$$

列写 KCL 公式时，以参考方向为依据，若"流出"节点的电流取"+"号，则"流入"节点的电流取"-"号。例如对图 1-50 中的节点 b，电流 i_4、i_5 和 i_6 的参考方向如图所示，应用 KCL 得

$$-i_4 + i_5 + i_6 = 0$$

或写为

$$i_4 = i_5 + i_6$$

可见，流入节点 b 的电流 i_4 等于流出节点 b 的电流 i_5 和 i_6 之和，即流入节点的电流等于流出节点的电流。

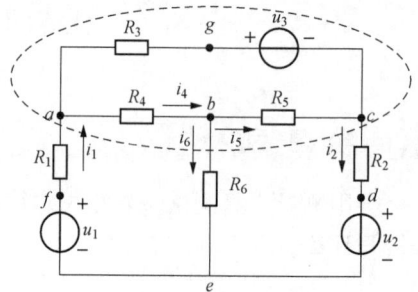

图 1-50　基尔霍夫电流定律

因为 KCL 的依据是电流连续性原理，所以它不仅适用于节点，而且可以推广运用于电路中任意选择的封闭面。也就是说，基尔霍夫电流定律可以表述为在电路中任何时刻，流入（或流出）任一闭合面各支路电流的代数和等于零。例如图 1-50 所示的封闭面（椭圆虚框）中，应用 KCL 则有

$$-i_1 + i_5 + i_6 = 0$$

【例 1-8】　在图 1-50 中，已知 $i_4 = -6$A，$i_5 = 8$A，求 i_6。

解　根据 KCL 得　　　　　　　$-i_4 + i_5 + i_6 = 0$

将电流实际数值代入，得

$$-(-6) + 8 + i_6 = 0$$

$$i_6 = -14\text{A}$$

"—"号说明电流 i_6 的实际方向与参考方向相反，是流入节点的。

需要特别指出的是，部分教材列写 KCL 公式时以参考方向为依据，将"流出"节点的电流取"—"号，"流入"节点的电流取"＋"号，这样也是可以的。读者可以用此方法求解 [例 1-8]，检验一下计算结果是否一致。

2. 基尔霍夫电压定律（KVL）

由静电学理论可知，电场中检验电荷 q_0 从 a 点经过任意路径到 b 点时，电场力所做的功 W_{ab} 与电压 u_{ab} 之间的关系是 $u_{ab} = W_{ab}/q_0$；若 q_0 经过任意路径绕行一周又回到出发点 a，电场力所做的功 $W_{ab} = 0$，即 $u_{ab} = 0$。对于一个闭合的电路（回路）也有相同的道理和结果。下面以图 1-51 所示某电路中的一个回路为例加以说明：

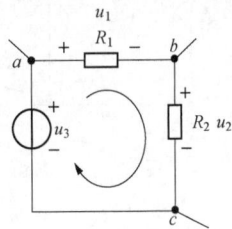

图 1-51　基尔霍夫
电压定律

$$u_{ab} = V_a - V_b = u_1$$
$$u_{bc} = V_b - V_c = u_2$$
$$u_{ca} = V_c - V_a = -u_3$$

若从 a 处出发沿顺时针方向绕行一周，则回路中电压的代数和为

$$u_{ab} + u_{bc} + u_{ca} = u_1 + u_2 - u_3 = 0$$

也就是说，在任一时刻，电路的任一回路的所有支路电压的代数和等于零，这就是基尔霍夫电压定律，简称 KVL，用数学式表示为

$$\sum u = 0 \tag{1-60}$$

在应用 KCL 时，可任意选择回路的绕行方向（顺时针或逆时针），当回路中的电压参考方向与回路绕行方向一致时，该电压前取"＋"号，否则取"—"号。

【例 1-9】　求图 1-52 所示电路中的电流 i 和电压 u。

解　在图 1-52 所示的电路中，对回路 1 选择顺时针绕行方向，应用 KVL 得

$$3i + 6i + 18 - 27 = 0$$
$$i = \frac{27 - 18}{3 + 6} = 1(\text{A})$$

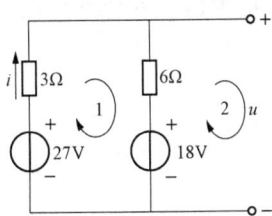

图 1-52　[例 1-9] 图

对回路 2 也选择顺时针绕行方向，应用 KVL 得

$$u - 18 - 6 \times 1 = 0, \quad u = 24\text{V}$$

注意：通常在电路分析计算时，电路元件上电流和电压的参考方向为关联参考方向，并且只标明其中一个参考方向。[例 1-9] 中 3Ω 电阻的电压参考方向没有标出，可默认为与电流 i 参考方向相同。

二、基尔霍夫定律的应用

对于电路特别是复杂电路的分析计算，如何应用基尔霍夫定律和元件的伏安关系恰到好处地列写方程，以求出电路各支路的电压和电流呢？下面介绍两种主要方法。

1. 支路电流法

支路电流法是以电路中各支路电流为未知量，应用 KCL、KVL 建立与未知量数目相等的电路方程，求出各支路电流。在此基础上，根据电路分析计算的要求，我们能够进一步求得各支路电压和功率。下面以图 1-53 所示的电路为例，讨论如何应用支路电流法求出各支路电流。

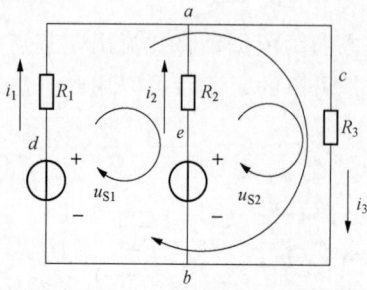

图 1-53　支路电流法

设电路中的支路电流分别为 i_1、i_2、i_3，选定它们的参考方向并标在电路图 1-53 中。电路中有两个节点 a、b，应用 KCL 得

a 节点　　　　　$-i_1 - i_2 + i_3 = 0$

b 节点　　　　　$i_1 + i_2 - i_3 = 0$

不难看出，以上两个方程中 $a(b)$ 节点的方程可由 $b(a)$ 导出，也就是说这两个方程是相同的，取其中任意一个即可。因此对于两个节点的电路，应用 KCL 只能列出 $2-1=1$ 个独立的方程。由此推广到具有 n 个节点的电路，应用 KCL 可列出 $n-1$ 个独立的方程。

本例中有三个未知量，应用 KCL 列出一个独立的方程是不够的，下面再对电路的回路应用 KVL 列写方程。电路中共有 $aebda$、$acbea$、$acbda$ 三个回路，三个回路都选择顺时针绕行方向，则有

aebda 回路　　　　　　　　$R_1 i_1 - R_2 i_2 - u_{S1} + u_{S2} = 0$

acbea 回路　　　　　　　　$R_2 i_2 + R_3 i_3 - u_{S2} = 0$

acbda 回路　　　　　　　　$R_1 i_1 + R_3 i_3 - u_{S1} = 0$

上述三个方程中，任意一个方程都可以由其他两个推出，读者可自行推导验证。因此，对于三个回路的电路来说，应用 KCL 只能列出 $3-(2-1)=2$ 个独立的方程。由此推广到具有 b 条支路、n 个节点的电路，应用 KCL 可列出 $b-(n-1)$ 个独立回路的方程。

综上所述，对任意一个具有 b 条支路、n 个节点的电路，应用 KCL、KVL 列出总的独立方程数为 $(n-1)+b-(n-1)=b$，刚好等于未知的支路电流数，能够解出 b 个支路电流，进而求出各支路电压和功率。

为了便于应用支路电流法解题，将其求解步骤归纳如下：

(1) 以各支路电流作为未知量，选定其参考方向并标注在电路图中。

(2) 应用 KCL 列出 $n-1$ 个方程。

(3) 选定电路回路，并标出回路绕行方向。

(4) 应用 KVL 列出 $b-(n-1)$ 个方程。

(5) 解方程组。

【例 1-10】 电路如图 1-54 所示，求 i 和 u。

解　对节点 a，应用 KCL 得

$$-i_1 + i - 2 = 0$$

对两个网孔，应用 KVL 得

$$20i + 10i_1 - 10 = 0$$

$$-u - 12 \times 2 - 20i = 0$$

三个方程联立求得

$i = 1A$，$u = -44V$（"—"号表示实际电压的方向与参考方向相反）。

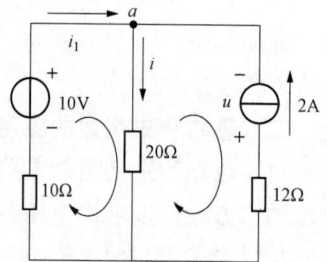

图 1-54　[例 1-10] 图

2. 节点电压法

从理论上讲，支路电流法能够用 KCL 和 KVL 建立电路方程，求解电路设定的未知量。但是电路的支路数量越多，未知量就越多，列出的方程数量也就越多。从数学求解的角度看，方程数量一般不宜超过三个，否则不便求解。但是实际电路中，支路数量多于三个的比比皆是，支路电流法显然不能顺利求解了。于是人们想出了另一种方法，就是电路分析中已经普遍应用的节点电压法，简称节点法。

在电路节点中，任选一个节点作为参考点，其余节点与参考点之间的电压称为节点电压。

以节点电压为未知量，应用 KCL 建立电路方程，联立求解节点电压。求出节点电压后，各支路电流及其他量就能确定了。下面以图 1-55 所示的电路为例，讨论如何应用节点电压法求出各支路电流。

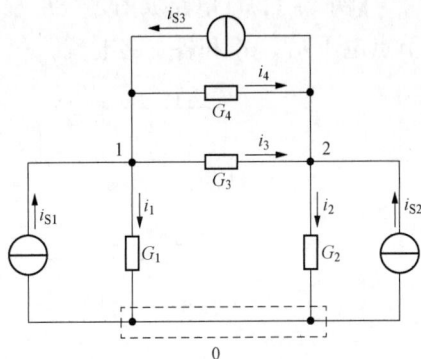

图 1-55 节点电压法

对节点 1、2 应用 KCL 得

节点 1 $\quad i_1 + i_3 + i_4 - i_{S1} - i_{S3} = 0$

节点 2 $\quad i_2 - i_3 - i_4 - i_{S2} + i_{S3} = 0$

设以节点 0 为参考点，则节点 1、2 的节点电压分别为 u_1、u_2，将

$$\left. \begin{aligned} i_1 &= G_1 u_1 \\ i_2 &= G_2 u_2 \\ i_3 &= G_3 u_{12} = G_3(u_1 - u_2) = G_3 u_1 - G_3 u_2 \\ i_4 &= G_4 U_{12} = G_4(u_1 - u_2) = G_4 u_1 - G_4 u_2 \end{aligned} \right\}$$

代入上式并整理得

$$\left. \begin{aligned} (G_1 + G_3 + G_4)u_1 - (G_3 + G_4)u_2 &= i_{S1} + i_{S3} \\ -(G_3 + G_4)u_1 + (G_2 + G_3 + G_4)u_2 &= i_{S2} - i_{S3} \end{aligned} \right\}$$

写出一般表达式为

$$\left. \begin{aligned} G_{11}u_1 + G_{12}u_2 &= i_{S11} \\ G_{21}u_1 + G_{22}u_2 &= i_{S22} \end{aligned} \right\} \tag{1-61}$$

其中，$G_{11} = G_1 + G_3 + G_4$ 是节点 1 的所有电导之和，$G_{22} = G_2 + G_3 + G_4$ 是节点 2 的所有电导之和，分别称为节点 1 和节点 2 的自电导，自电导总是正值；$G_{12} = G_{21} = -(G_3 + G_4)$ 是相邻节点 1、2 之间所有公共电导之和，称为互电导，互电导总是负值。$i_{S11} = i_{S1} + i_{S3}$，$i_{S22} = i_{S2} - i_{S3}$ 分别为流入节点 1 和节点 2 的各电流源的代数和，流入节点为正，流出节点为负。

式（1-61）适用于三个节点的电路的节点方程组，对于具有 n 个节点的电路，可由式（1-61）的规律推得

$$\left. \begin{aligned} G_{11}u_1 + G_{12}u_2 + \cdots + G_{1(n-1)}u_{(n-1)} &= i_{S11} \\ G_{21}u_1 + G_{22}u_2 + \cdots + G_{2(n-1)}u_{(n-1)} &= i_{S22} \\ \vdots \\ G_{(n-1)1}u_1 + G_{(n-1)2}u_2 + \cdots + G_{(n-1)(n-1)}u_{(n-1)} &= i_{S(n-1)(n-1)} \end{aligned} \right\} \tag{1-62}$$

为了便于今后使用，将节点法求解步骤归纳如下：

（1）选定参考节点，设定各节点电压并编号。

（2）选定各支路电流的参考方向并标于电路图上。

（3）计算各节点的自电导和节点相互间的互电导。

（4）以各节点电压作为未知量，应用式（1-62）写出节点电压方程。

（5）解方程组，求出节点电压。

（6）根据求出的节点电压，计算支路电流及其他变量。

【例 1-11】 电路如图 1-56（a）所示，已知 $i_{S2}=5A$，$u_{S4}=10V$，各电导均为 1S，求节点电压 u_1、u_2 和各支路电流。

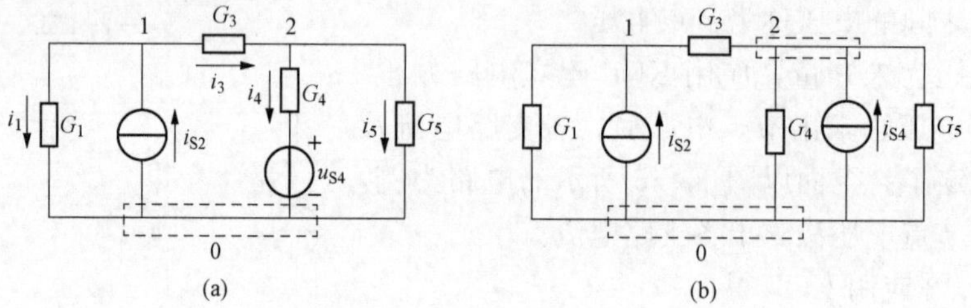

图 1-56　［例 1-11］图

解　先将电压源 u_4 等效变换为电流源 i_{S4}，得

$$i_{S4}=G_4 u_{S4}=1\times10=10(A)$$

等效变换后见图 1-56（b），以节点 0 为参考点，把已知量的值代入式（1-61），得

$$\left.\begin{aligned}(1+1)\times u_1-1\times u_2&=5\\-1\times u_1+(1+1+1)\times u_2&=10\end{aligned}\right\}$$

解得 $u_1=5V$，$u_2=5V$。

各支路电流为

$$i_1=G_1 u_1=1\times5=5(A)$$
$$i_3=G_3(u_1-u_2)=1\times(5-5)=0$$
$$i_4=G_4(u_2-u_{S4})=1\times(5-10)=-5(A)$$
$$i_5=G_{51} u_2=1\times5=5(A)$$

3. 弥尔曼定理

如果电路只有两个节点，选定其中一个节点为参考点并编号 0，另一个节点编号 1，由式（1-62）得

$$G_{11} u_{10}=i_{S11}$$

$$u_{10}=\frac{i_{S11}}{G_{11}} \tag{1-63}$$

式（1-63）称为弥尔曼定理。

【例 1-12】　如图 1-57（a）所示，已知 $u_S=10V$，$i_S=6A$，$R_1=5\Omega$，$R_2=5\Omega$，求 R_2 中电流 I。

解　将电压源 u_S 等效变换为电流源 i_S，得

$$i_S=\frac{u_S}{R_1}=\frac{10}{5}=2(A)$$

等效变换后见图 1-57（b），应用弥尔曼定理式（1-63）得

$$u_{10} = \frac{i_{S11}}{G_{11}} = \frac{2+6}{\frac{1}{5}+\frac{1}{5}} = 20(\text{V})$$

$$i = \frac{20}{5} = 4(\text{A})$$

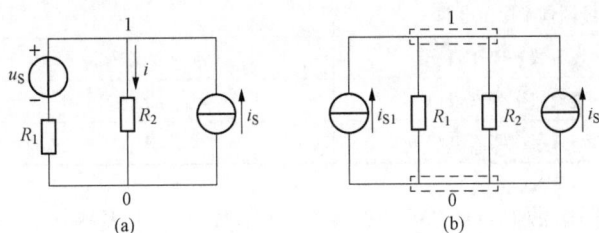

图 1-57　［例 1-12］图

实　践　知　识

一、测试基尔霍夫定律注意事项

（1）使用中注意正确选用直流毫安表和直流电压表的量程。在实验中，如果不慎超出量程，仪表会自动报警，此时应迅速断开电源，并按下仪表上的"复位"键，报警声消失，仪表恢复正常。

（2）防止电源两端碰线短路。

（3）若用指针式电流表进行测量，要识别电流插头所接电流表的"＋""－"极性，倘若不换接极性，则电表指针可能反偏而损坏设备（电流为负值时），必须调换电流表极性，重新测量，此时指针正偏，但读出的电流值必须冠以负号。

（4）本次实验中，直流毫安表量程选用 20mA，直流电压表量程选用 20V。

二、基尔霍夫定律的测试

1. 任务目的

（1）验证基尔霍夫定律的正确性，加深对基尔霍夫定律的理解。

（2）学会使用电流表测量各支路电流的方法。

2. 原理说明

基尔霍夫定律是电路的基本定律。通过测量电路（见图 1-58）的各支路电流及每个元件两端的电压，验证基尔霍夫电流定律（KCL）和电压定律（KVL）。即对电路中的任意一个节点而言，应有 $\sum I = 0$；对任意一个闭合回路而言，应有 $\sum U = 0$。

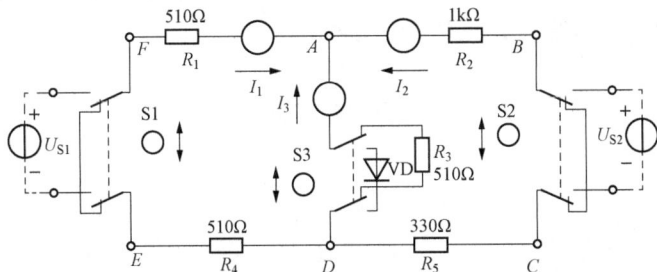

图 1-58　验证基尔霍夫定律电路

3. 任务内容及实施

（1）实验设备见表 1 - 9。

表 1 - 9　　　　　　　　　　　　　实　验　设　备

序号	名称	型号与规格	数量
1	可调直流稳压电源	0～30V	2
2	直流数字电压表	0～200V	1
3	直流数字毫安表	0～200mA	1
4	基尔霍夫定律实验电路板	—	1

（2）可调直流稳压电源 $U_1=12V$，$U_2=6V$（用数字电压表测量），按图 1 - 58 接线。

（3）电流参考方向已标在图中。

（4）测量支路电流。将电流插头分别插入三条支路的三个电流插座中，读出各个电流值，并记入表 1 - 10 中。

表 1 - 10　　　　　　　　　　　支 路 电 流 数 据

支路电流（mA）	I_1	I_2	I_3
计算值			
测量值			
相对误差			

（5）测量元件电压。用直流数字电压表分别测量两个电源及电阻元件上的电压值，将数据记入表 1 - 11 中。

表 1 - 11　　　　　　　　　　　各 元 件 电 压 数 据

各元件电压	U_{S1}	U_{S2}	U_{R1}	U_{R2}	U_{R3}	U_{R4}	U_{R5}
计算值（V）							
测量值（V）							
相对误差							

4. 测试结果分析

总结实验测量数值与理论值是否吻合，验证基尔霍夫定律的正确性。

【思考题】

1. 根据图 1-58 所示的电路参数，计算出待测电流 I_1、I_2、I_3 及各电阻上的电压值，计入表 1 - 10 中。

2. 根据计算值，如何选用毫安表和电压表的量程？

任务五　叠加定理的测试

🏆 学 习 目 标

能用叠加定理分析计算电路，能用测量设备测试叠加定理。

任务描述

在进行电路分析计算时，含有独立电源支路的数量越多，电路往往越复杂，越难分析计算。本任务将通过具体实例学习叠加定理及其适用条件，对复杂电路进行分析，并按照已设定的电路完成叠加定理的测试，加深对叠加性和齐次性的理解。

相关知识

一、叠加定理

当线性电路中有两个或两个以上独立电源共同作用时，各支路的电流或电压等于各个独立电源单独作用时在该支路产生的电流或电压的代数和。

所谓独立电源单独作用是指依次相继地只保留一个独立电源于电路中，让其发挥作用，而将其余的独立电源都置零。独立电源置零就是使独立电压源的电压和独立电流源的电流取零值。电压源电压为零时，电压源相当于短路；电流源电流为零时，电流源相当于开路。因此，独立电源置零就是将独立电压源用短路代之，独立电流源用开路代之。

二、叠加定理的应用

1. 应用叠加定理求解电路的步骤

（1）画出各独立电源单独作用时的电路图。

（2）计算在各独立电源单独作用下产生的与待求量相对应的电压或电流。

（3）将各独立电源单独作用时所产生的电流或电压叠加起来，求出所有独立电源共同作用时所产生的电压或电流。

2. 应用叠加定理的注意事项

（1）叠加定理只适用于线性电路，不适用于非线性电路。

（2）叠加定理只适用于计算电路中的电压和电流，不能直接用于计算功率。这是因为一般若干个独立电源共同作用时，对某支路提供的功率不等于各个独立电源单独作用时对该支路提供的功率的叠加。

（3）各个独立电源单独作用时，其他独立电源均应置零，即电压源用短路代替，电流源用开路代替，此时电路中的非独立电源元件如受控源、电阻元件等，均应保留在电路中，不应更动。

（4）叠加时，应根据电流和电压的参考方向来确定代数和中的正负号。当独立电源单独作用时产生的电压或电流的参考方向与原电路图中（所有独立电源共同作用时）对应的电压或电流的参考方向一致时，该电压或电流前面取正号，反之取负号。

【例 1-13】 下面以图 1-59（a）所示的电路为例，说明如何应用叠加定理分析计算电路中的电流 i。已知 $u_S=10V$，$i_S=6A$，$R_1=5\Omega$，$R_2=5\Omega$。

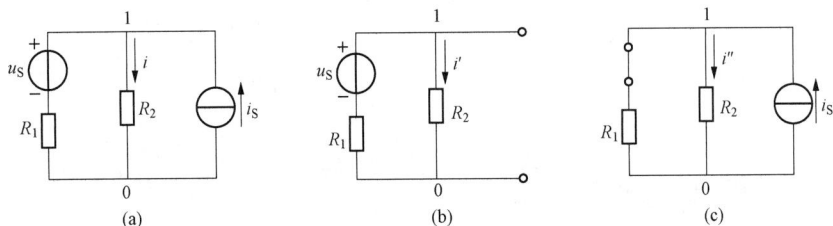

图 1-59 叠加定理

解　电压源单独作用时，见图 1-59（b），有

$$i' = \frac{u_S}{R_1 + R_2} = \frac{10}{5+5} = 1(\text{A})$$

电流源单独作用时，见图 1-59（c），有

$$i'' = \frac{R_1}{R_1 + R_2} \cdot i_S = \frac{5}{5+5} \times 6 = 3(\text{A})$$

叠加得

$$i = i' + i'' = 1 + 3 = 4(\text{A})$$

［例 1-13］运用叠加定理计算得到的结果与前面用弥尔曼定理计算得到的结果是一样的。

注意：叠加定理适用于线性电路，而且只适用于电流和电压的计算，不能直接用于功率计算。

［例 1-13］中，电阻 R_2 的功率 p 为

$$p = i^2 R_2 = 4^2 \times 5 = 80(\text{W})$$

电压源单独作用时，电阻 R_2 的功率 p' 为

$$p' = i'^2 R_2 = 1^2 \times 5 = 5(\text{W})$$

电流源单独作用时，电阻 R_2 的功率 p'' 为

$$p'' = i''^2 R_2 = 3^2 \times 5 = 45(\text{W})$$

显然

$$p \neq p' + p''$$

📚 **实 践 知 识**

一、线性电路的齐次性

线性电路的齐次性是指当激励信号（如电源作用）增至 K 倍或减至 $1/K$ 时，电路的响应（即在电路其他各电阻元件上所产生的电流和电压值）也将增至 K 倍或减至 $1/K$。齐次性也只适用于求解线性电路中的电流、电压，不适用于非线性电路。

二、线性电路叠加性和齐次性验证

1. 任务目的

测试叠加定理的正确性，加深对叠加性的理解。

2. 原理说明

在如图 1-60 所示的电路中，电压源 U_{S1}、U_{S2} 分别单独作用和 U_{S1}、U_{S2} 共同作用时，测量电路的各支路电流及每个电阻元件两端的电压，测试叠加定理的正确性。

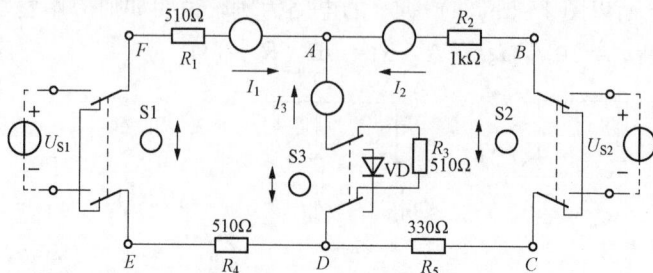

图 1-60　验证叠加定理电路

3. 任务内容及实施

（1）实验设备见表 1-12。

表 1-12　　　　　　　　　　实　验　设　备

序号	名称	型号与规格	数量
1	可调直流稳压电源	0～30V	2
2	直流数字电压表	0～200V	1
3	直流数字毫安表	0～200mA	1
4	叠加原理实验电路板	—	1

（2）可调直流稳压电源 $U_{S1}=12V$，$U_{S2}=6V$（用数字电压表测量），按图 1-59 接线。

（3）电流参考方向已标在图中。

（4）令 U_{S1} 电压源单独作用（将开关 S1 投向 U_{S1} 侧，开关 S2 投向短路侧），用直流数字毫安表接电流插头测量各支路电流：将电流插头的红接线端插入数字电流表的红（正）接线端，电流插头的黑接线端插入数字电流表的黑（负）接线端，测量各支路电流。用直流数字电压表测量各电阻元件两端电压：电压表的红（正）接线端应插入被测电阻元件电压参考方向的正端，电压表的黑（负）接线端插入电阻元件的另一端（电阻元件电压参考方向与电流参考方向一致），测量各电阻元件两端电压，记入表 1-13 中。

（5）令 U_{S2} 电压源单独作用（将开关 S2 投向 U_{S2} 侧，开关 S1 投向短路侧），测量电路的各支路电流及每个电阻元件两端的电压，记入表 1-13 中。

（6）令 U_{S1}、U_{S2} 共同作用（将开关 S1、S2 分别投向 U_{S1}、U_{S2} 侧），测量电路的各支路电流及每个电阻元件两端的电压，记入表 1-13 中。

表 1-13　　　　　　　　　　线性电路叠加定理的验证

测量项目 实验内容	U_{S1} (V)	U_{S2} (V)	I_1 (mA)	I_2 (mA)	I_3 (mA)	U_{AB} (V)	U_{CD} (V)	U_{AD} (V)	U_{DE} (V)	U_{FA} (V)
U_{S1} 单独作用	12	0								
U_{S2} 单独作用	0	6								
U_{S1}、U_{S2} 共同作用	12	6								
U_{S2} 单独作用	0	12								

（7）将开关 S3 投向二极管 VD 侧，即电阻 R_5 换成一只二极管 1N4007，重复步骤（4）～（6）的测量过程，并将数据记入表 1-14 中。

表 1-14　　　　　　　　　　非线性电路叠加定理的验证

测量项目 实验内容	U_{S1} (V)	U_{S2} (V)	I_1 (mA)	I_2 (mA)	I_3 (mA)	U_{AB} (V)	U_{CD} (V)	U_{AD} (V)	U_{DE} (V)	U_{FA} (V)
U_{S1} 单独作用	12	0								
U_{S2} 单独作用	0	6								
U_{S1}、U_{S2} 共同作用	12	6								
U_{S2} 单独作用	0	12								

4. 测试结果分析

（1）根据表 1-13 实验数据，通过求各支路电流和各电阻元件两端电压，验证线性电路的叠加性与齐次性。

（2）根据表 1-14 实验数据，说明叠加性和齐次性是否适用于该实验电路。

【思考题】

1. 在叠加定理实验中，欲使 U_1、U_2 分别单独作用应如何操作？

2. 能否用叠加定理计算电阻器消耗的功率？

3. 实验电路中，若有一个电阻元件改为二极管，试问叠加性是否还成立，为什么。

任务六　戴维南定理的测试

学 习 目 标

能用戴维南定理分析计算电路，掌握最大功率传输定理，能用测量设备测试戴维南定理。

任 务 描 述

电路分析中，若只需分析计算某一支路的电压或电流时，戴维南定理是一个不错的选择。本任务将介绍戴维南定理，以及如何应用戴维南定理分析计算电路，并按照给定的电路完成戴维南定理的测试。

相 关 知 识

一、戴维南定理

戴维南定理指出，含有独立电源的线性电阻二端网络，对外电路而言，可用一个电压源与电阻的串联组合等效替代，该电压源的电压等于二端网络的开路电压 U_{oc}，其串联电阻 R_{eq} 等于将二端网络中的独立电源置零后二端网络的等效电阻。

有了戴维南定理，有些复杂电路的分析计算就变得比较容易了。

二、戴维南定理的应用

应用戴维南定理求解电路的步骤如下：

（1）移去待求变量所在的支路（或移去一个二端电路），使余下的电路成为一个有源二端网络，用网络分析的方法，求得有源二端网络的开路电压 U_{oc}。

（2）将有源二端网络中的所有独立电源置零，使其成为无源二端网络，计算从该无源二端网络端口看进去的等效电阻 R_{eq}。

（3）根据已求得的有源二端网络的开路电压 U_{oc} 和等效电阻 R_{eq}，构成戴维南等效电路，并以之替代对应的有源二端网络，画出替代后的等效电路。

（4）计算变换后的等效电路，求得待求量。

【例 1-14】　求图 1-61（a）所示电路中的 I。

解　通过分析电路发现，如果求出电压 U_{ab}，便能解出电阻 R 上的电流 I。下面应用戴

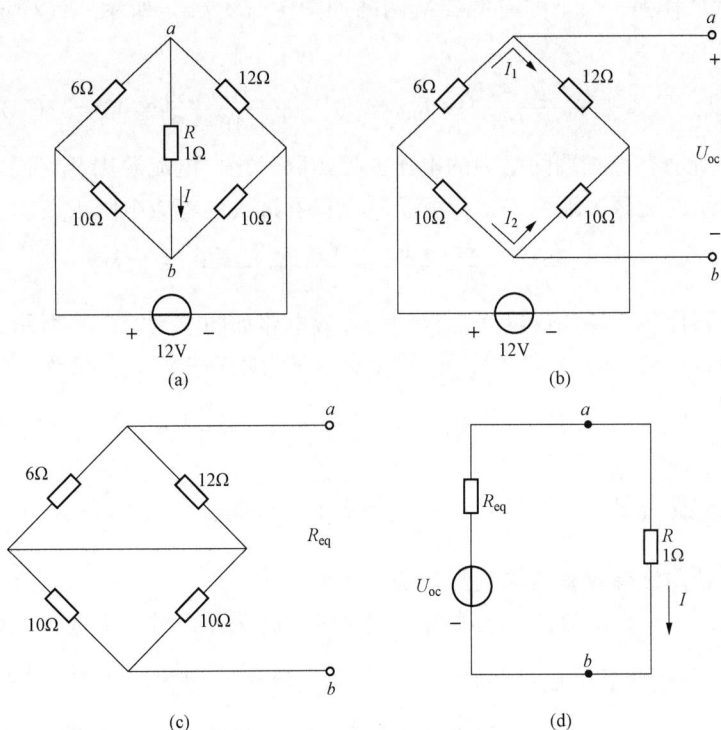

图 1-61　［例 1-14］图

维南定理求解。

将图 1-61（a）电路中电阻 R 支路移开，余下的电路便是一个有源二端网络，如图 1-61（b）所示。计算该有源二端网络的开路电压 U_{oc} 为

$$U_{oc} = U_{ab} = 12I_1 - 10I_2 = 12 \times \frac{12}{6+12} - 10 \times \frac{12}{10+10} = 8 - 6 = 2(\text{V})$$

将图 1-61（b）中的电压源短路，使之成为无源二端网络，如图 1-61（c）所示。那么该无源二端网络端口 a、b 的等效电阻为

$$R_{eq} = R_{ab} = \frac{6 \times 12}{6+12} + \frac{10 \times 10}{10+10} = 4 + 5 = 9(\Omega)$$

用戴维南等效电路替代图 1-61（a）中的有源二端网络，如图 1-61（d）所示，可得

$$I = \frac{U_{oc}}{R_{eq}+R} = \frac{2}{9+1} = 0.2(\text{A})$$

【例 1-15】　图 1-62（a）所示电路为一个有源二端网络外接一可调电阻 R，其中，$U_S = 36\text{V}$，$I_S = 2\text{A}$，$R_1 = 4\Omega$，$R_2 = 10\Omega$，$R_3 = 2\Omega$，试问当 R 等于多少时，它可以从电路中获得最大功率，此最大功率为多少。

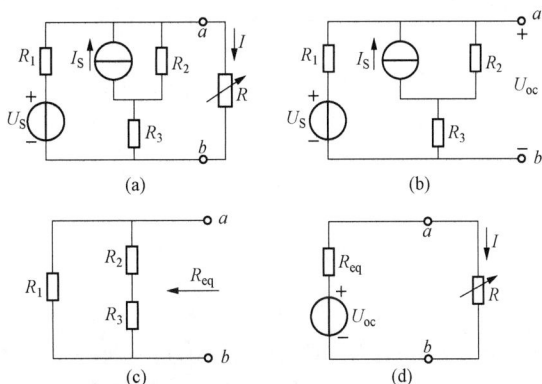

图 1-62　［例 1-15］图

解　将电阻 R 移去，余下的有源二端网络如图 1-62（b）所示，计算该有源二端网络的开路电压 U_{oc}。

$$U_{oc} = u_S + \frac{I_S R_2 - U_S}{R_1 + R_2 + R_3} R_1 = 36 + \frac{2 \times 10 - 36}{4 + 10 + 2} \times 4 = 32(\text{V})$$

将图 1-62（b）所示有源二端网络中的电压源用短路代之，电流源用开路代之，从而得到如图 1-62（c）所示的无源二端网络，计算从其端口看进去的等效电阻 R_{eq}。

$$R_{eq} = \frac{(R_2 + R_3) \cdot R_1}{R_2 + R_3 + R_1} = \frac{(10 + 2) \times 4}{10 + 2 + 4} = 3(\Omega)$$

用戴维南等效电路代替有源二端网络，得到的等效电路如图 1-62（d）所示。应用求函数极值的方法，可确定当 $R = R_{eq} = 3\Omega$ 时，电阻 R 获得最大功率 P_{max}，其值为

$$P_{max} = \frac{U_{oc}^2}{4R_{eq}} = \frac{32^2}{4 \times 3} = 85.33(\text{W})$$

实 践 知 识

一、有源二端网络等效参数的测量方法

（1）开路电压、短路电流法。在有源二端网络输出端开路时，用电压表直接测其输出端的开路电压 U_{oc}，然后将其输出端短路，测其短路电流 I_{sc}，且内阻为 $R_S = \dfrac{U_{oc}}{I_{sc}}$。

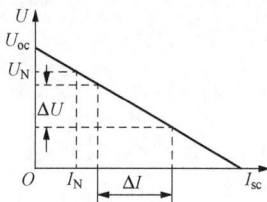

图 1-63　有源二端网络的
外特性曲线

若有源二端网络的内阻值很低时，则不宜测其短路电流。

（2）伏安法。一种方法是用电压表、电流表测出有源二端网络的外特性曲线，如图 1-63 所示。开路电压为 U_{oc}，根据外特性曲线求出斜率 $\tan\varphi$，则内阻为 $R_S = \tan\varphi = \dfrac{\Delta U}{\Delta I}$。

另一种方法是测量有源二端网络的开路电压 U_{oc}，以及额定电流 I_N 和对应的输出端额定电压 U_N，如图 1-64 所示，则内阻为 $R_S = \dfrac{U_{oc} - U_N}{I_N}$。

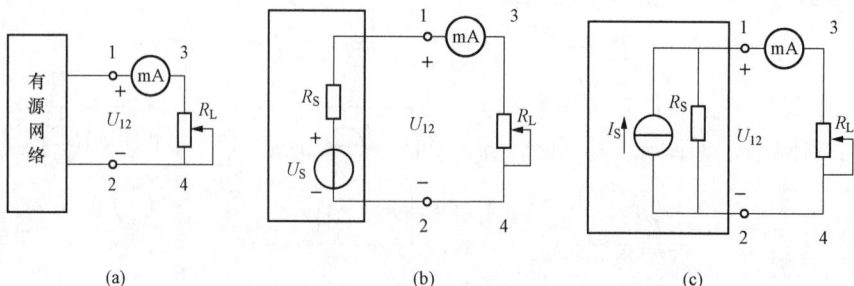

(a)　　　　　　　(b)　　　　　　　(c)

图 1-64　伏安法测有源二端网络等效内阻 R_S 电路图

（3）半电压法。如图 1-65 所示，当负载电压为被测网络开路电压 U_{oc} 一半时，负载电阻 R_L 的大小（由电阻箱的读数确定）即为被测有源二端网络的等效内阻 R_S 数值。

（4）零示法。在测量具有高内阻有源二端网络的开路电压时，用电压表进行直接测量会造成较大的误差，为了消除电压表内阻的影响，往往采用零示测量法，如图 1-66 所示。零

示法测量原理是用一低内阻的恒压源与被测有源二端网络进行比较,当恒压源的输出电压与有源二端网络的开路电压相等时,电压表的读数将为"0",然后将电路断开,测量此时恒压源的输出电压 U,即为被测有源二端网络的开路电压。

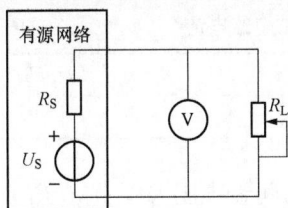

图 1-65 半电压法测有源二端网络的
等效内阻 R_S 电路图

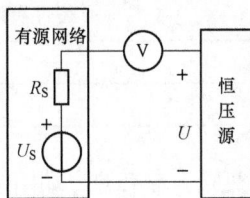

图 1-66 零示法测有源二端网络的
等效内阻 R_S 电路图

二、戴维南定理测试

1. 任务目的

测试戴维南定理的正确性,加深对戴维南定理的理解。

2. 任务内容及实施

(1)实验设备见表 1-15。

表 1-15   实 验 设 备

序号	名称	型号与规格	数量
1	可调直流稳压电源	0～30V	1
2	可调直流恒流源	0～500mA	1
3	直流数字电压表	0～200V	1
4	直流数字毫安表	0～200mA	1
5	可调电阻箱	0～99999.9Ω	1
6	电位器	1kΩ/2W	1
7	戴维南定理实验电路板	—	1

(2)调节恒压源输出旋钮并用直流电压表监测,使输出电压数值为 $U_S = 12V$;调节恒流源的输出旋钮,使输出电流数值为 $I_S = 10mA$。

(3)按图 1-67(a)连线,将电压源和电流源接入实验电路中。

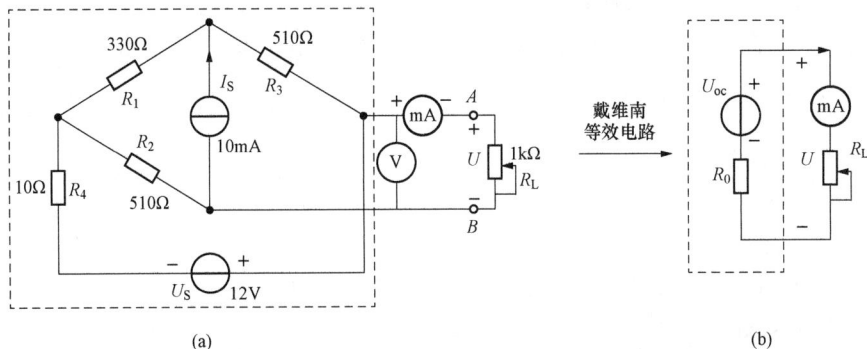

(a)

(b)

图 1-67 戴维南定理实验电路

（4）用直流电压表和直流毫安表在有源二端网络的端口 A、B 处分别测量含源二端网络的开路电压 U_{oc} 和短路电流 I_{sc}，将测量结果记入表 1-16 中，并计算二端网络的等效电阻 R_0，将计算结果记入表 1-16 中。

表 1-16   线性有源二端网络的开路电压和短路电流

U_{oc}(V)	I_{sc}(mA)	$R_0 = U_{oc}/I_{sc}$

（5）负载实验。在有源二端网络的端口 A、B 处接入可调电阻 R_L，调节 R_L，按照表 1-17 直流电压表设定电压值 U_{AB}；用直流毫安表分别测量出与 U_{AB} 相对应的电流 I_{AB}，将测量结果记入表 1-17 中。

表 1-17   线性有源二端网络的负载实验

$R_L(\Omega)$	990	900	800	700	600	500	400	300	200	100
U_{AB}(V)										
I(mA)										

（6）验证戴维南定理。按照图 1-66（b）连接实验电路，调节电阻箱，使其电阻值与有源二端网络的等效电阻 R_0 相等，调节电压源，使其输出电压值与有源二端网络的开路电压 U_{oc} 的数值大小相等；调节 R_L 的电阻值，用直流电压表和直流毫安表分别测量出与其对应的电压 U 和电流 I 的数值，将测量结果记入表 1-18 中。

表 1-18   有源二端网络等效电压源的外特性数据

$R_L(\Omega)$	990	900	800	700	600	500	400	300	200	100
U_{AB}(V)										
I(mA)										

（7）测定有源二端网络等效电阻（又称入端电阻）的其他方法：将被测有源网络内的所有独立源置零（将电流源 I_S 去掉，也去掉电压源，并在原电压端所接的两点用一根短路导线相连），然后用伏安法或者直接用万用表的欧姆挡去测定负载 R_L 开路后 A、B 两点间的电阻，此即为被测网络的等效内阻 R_0 或称网络的入端电阻 R_1，$R_0 = $ _____ Ω。

（8）用半电压法和零示法测量被测网络的等效内阻 R_0 及其开路电压 U_{oc}。

半电压法：在图 1-67 所示的电路中，首先断开负载电阻 R_L，测量有源二端网络的开路电压 U_{oc}，然后接入负载电阻 R_L，调节 R_L 直到两端电压等于 $\dfrac{U_{oc}}{2}$ 为止，此时负载电阻 R_L 的大小即为等效电源内阻 R_0 的数值。记录 U_{oc} 和 R_0 的数值。

零示法测开路电压 U_{oc}：实验电路如图 1-65 所示。其中，有源二端网络选用网络1，恒压源用 0~30V 可调输出端，调整输出电压 U，观察电压表数值，当其等于零时输出电压 U 的数值即为有源二端网络的开路电压 U_{oc}，并记录 U_{oc} 的数值。

3. 测试结果分析

总结表 1-17 和表 1-18 测量数值，验证戴维南定理的正确性。

【思考题】

1. 在测试戴维南等效电路时作短路试验，测 I_{sc} 的条件是什么？
2. 在本实验中可否直接做负载短路实验？
3. 说明测量有源二端网络开路电压及等效内阻的几种方法，并比较其优缺点。

练 习 题

一、填空题

1. 电路是由_____、_____和_____三部分组成的。

2. 已知 $U_{AB}=10\text{V}$，若选 A 点为参考点，则 $V_A=$_____ V，$V_B=$_____ V；若选 B 点为参考点，则 $V_A=$_____ V，$V_B=$_____ V。

3. 电流大小及方向不随时间变化的电路称为_____电路。

4. 若电流的计算值为负，则说明其真实方向与_____相反。

5. 电压有正负之分，它与标注的_____方向有关。

6. 两点间的电压与这两点的位置_____，与电流的路径_____。

7. 电路如图 1 - 68 所示，二端元件消耗的功率为_____ W。

8. 电感是反映电能与_____之间相互转换的储能元件。电容是反映电能与_____之间相互转换的储能元件。

9. 电容的电流与其端电压的_____成正比，与_____大小无关。

10. 在直流电路中，电感相当于_____路，电容相当于_____路。

11. 线性电阻上电压 u 与电流 i 关系满足_____定律，当两者取关联参考方向时，其表达式为_____，当两者取非关联参考方向时，其表达式为_____。

12. 电路如图 1 - 69 所示，其三角形等效电路电阻 $R_{12}=$_____，$R_{23}=$_____，$R_{31}=$_____。

13. 电路如图 1 - 70 所示，$I=10\text{A}$，则 $U_{ab}=$_____ V。

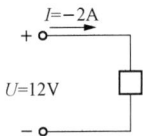

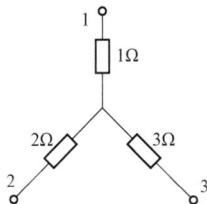

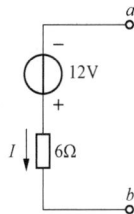

| 图 1 - 68 | 图 1 - 69 | 图 1 - 70 |

14. 基尔霍夫定律只与电路的_____有关，与_____无关。

15. 实际电压源可以用一个_____和电阻的_____模型来表征，实际电流源可以用一个_____和电阻_____的模型来表征。实际电压源和实际电流源进行等效互换的条件是_____。

16. 节点电压法是以_____为未知量；在节点电压方程中，自导总是_____值，互导总是_____值。

17. 叠加定理只适用于_____电路，只能用来计算_____和_____，不能计算_____。

18. 使用叠加定理来求解电路时，不作用的电压源用_____路替代，不作用的电流源用_____路替代。

19. 理想电流源输出的_____值恒定，输出的_____由它本身和外电路共同决定。

20. 一只220V、40W的白炽灯正常发光时，它的灯丝电阻是_____Ω。

二、选择题

1. 如图1-71所示，已知 $R_1=R_2=R_3=12\Omega$，则 AB 间的总电阻为（　　）。

A. 4Ω　　　　　　　B. 18Ω　　　　　　　C. 36Ω　　　　　　　D. 0

2. 电路如图1-72所示，等效电阻 R_{ab} 为（　　）Ω。

A. 6.2　　　　　　　B. 9.1　　　　　　　C. 5　　　　　　　D. 8.1

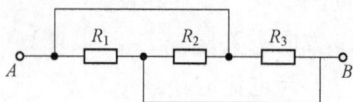

图1-71

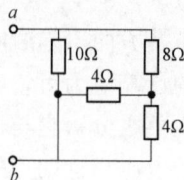

图1-72

3. 在图1-73所示的电路中，u、i 关系为（　　）。

A. $u=L\dfrac{\mathrm{d}i}{\mathrm{d}t}$　　　　B. $u=-L\dfrac{\mathrm{d}i}{\mathrm{d}t}$　　　　C. $u=Li$　　　　D. $u=-Li$

4. 当通过理想直流电压源的电流增加时，其端电压将（　　）。

A. 增加　　　　　　B. 减小　　　　　　C. 不变　　　　　　D. 不确定

5. 当理想直流电流源的端电压增加时，其电流将（　　）。

A. 增加　　　　　　B. 减小　　　　　　C. 不变　　　　　　D. 不确定

6. 在图1-74所示的电路中，$u=-10V$，$i=-2A$，则网络N的功率为（　　）。

A. 吸收20W　　　B. 发出10W　　　C. 发出-10W　　　D. 发出20W

图1-73

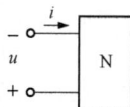

图1-74

7. 某电路有3个节点和7条支路，采用支路电流法求解各支路电流时，应列出电流方程和电压方程的个数分别为（　　）。

A. 3，4　　　　　　B. 4，3　　　　　　C. 2，5　　　　　　D. 4，7

8. 下面的叙述正确的是（　　）。

A. 实际电压源和实际电流源是不能等效变换的

B. 实际电压源和实际电流源等效变换后，内部是不等效的

C. 实际电压源和实际电流源等效变换后，外部是不等效的

D. 以上说法都不正确

9. 两个额定电压相同的电阻串接在电路中，其阻值较大的发热（　　）。

A. 较大　　　　　　　B. 较小　　　　　　　C. 相同　　　　　　　D. 不确定

10. 电力系统中以 kWh 作为（　　）的计量单位。

A. 电压　　　　　　　B. 电能　　　　　　　C. 电功率　　　　　　D. 电位

11. 并联电路中，电流的分配与电阻（　　）。

A. 成正比　　　　　　B. 成反比　　　　　　C. 不确定　　　　　　D. 没有关系

12. 一电阻 R 上 u、i 参考方向不一致，令 $u=-10V$，消耗功率为 0.5W，则电阻 R 为（　　）。

A. 200Ω　　　　　　B. -200Ω　　　　　C. ± 200Ω　　　　　D. 20Ω

13. 电容器在直流稳态电路中相当于（　　）。

A. 开路　　　　　　　B. 短路　　　　　　　C. 电阻　　　　　　　D. 电感

14. 电容器并联电路的特点是（　　）。

A. 并联电路的等效电容量等于各个电容器的容量之和

B. 每个电容两端的电流相等

C. 并联电路的总电量等于最大电容器的电量

D. 电容器上的电压与电容量成正比

15. 一段导线其阻值为 1Ω，若将其从中间对折合并成一条新导线，其阻值为（　　）Ω。

A. 1/2　　　　　　　B. 1/4　　　　　　　C. 2　　　　　　　　D. 4

16. 电路提供了（　　）流通的路径。

A. 电压　　　　　　　B. 电流　　　　　　　C. 电动势　　　　　　D. 电功率

17. 下面电流中，实际电流方向为 $a \rightarrow b$ 的是（　　）。

A. $I_{ab}=5A$　　　　B. $I_{ab}=-5A$　　　C. $I_{ba}=5A$　　　　D. 条件不足，无法判断

18. 当参考点改变时，电路中的电位差是（　　）。

A. 变大的　　　　　　　　　　　　　　B. 不变的

C. 变小的　　　　　　　　　　　　　　D. 有可能变大，也有可能变小

19. 已知 $I=1A$，则图 1-75 所示电路端口的电压 $U=$（　　）。

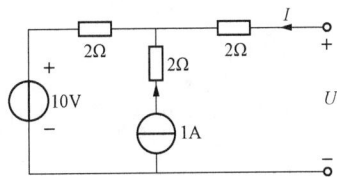

A. 16V　　　　　　　　　　　　　　　B. 14V

C. 12V　　　　　　　　　　　　　　　D. $-16V$

图 1-75

20. 两个电阻串联，$R_1 : R_2 = 1 : 2$，总电压为 60V，则 U_1 的大小为（　　）。

A. 10V　　　　　　B. 20V　　　　　　C. 30V　　　　　　D. 40V

三、计算题

1. 电路如图 1-76 所示，求电路中的电流 I 及各点的电位 V_a、V_b 和 V_c。

2. 在图 1-77 示电路中，$u_S=2V$，$i_S=1A$，求电阻 $R=3Ω$ 所消耗的功率。

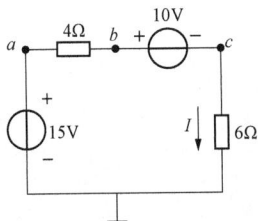

图 1-76

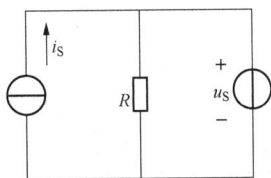

图 1-77

3. 直流电路如图 1-78 所示，$U_1=4\text{V}$，$U_2=-8\text{V}$，$U_3=6\text{V}$，$I=4\text{A}$，求各元件吸收的功率 P_1、P_2 和 P_3，并说明是供能元件还是耗能元件。

4. 在图 1-79 所示的电路中，已知 $R_1=100\Omega$，$R_2=5\Omega$，求 a、b 两端的等效电阻 R_{ab}。

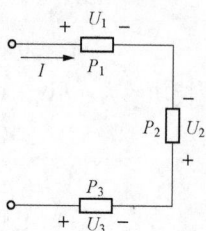

图 1-78

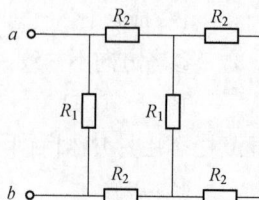

图 1-79

5. 将图 1-80 所示的电路等效为一个实际电流源。

6. 如图 1-81 所示的电路中，已知 $U_{S1}=9\text{V}$，$U_{S2}=4\text{V}$，电源内阻不计。电阻 $R_1=1\Omega$，$R_2=2\Omega$，$R_3=3\Omega$。用支路电流法求各支路电流。

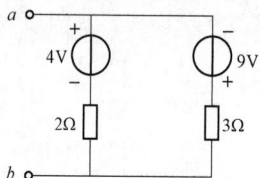

图 1-80

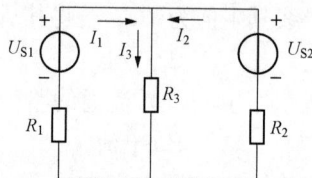

图 1-81

7. 用弥尔曼定理求图 1-82 所示电路中的电压 U 和电流 I。

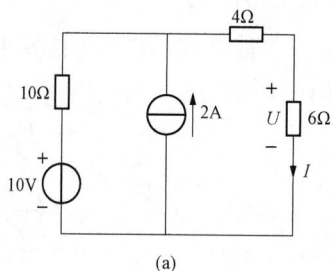

(a)

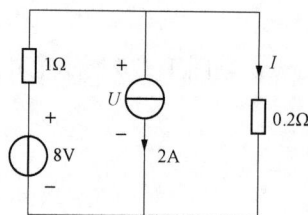

(b)

图 1-82

8. 如图 1-83 所示，已知 $U_S=10\text{V}$，$I_S=6\text{A}$，$R_1=5\Omega$，$R_2=3\Omega$，$R_3=5\Omega$，用叠加定理求 R_3 中的电流 I。

9. 电路如图 1-84 所示，用叠加定理计算电路中的电流 I。

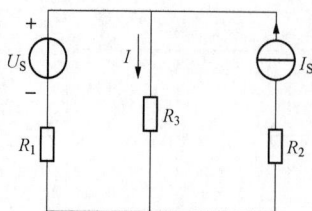

图 1-83

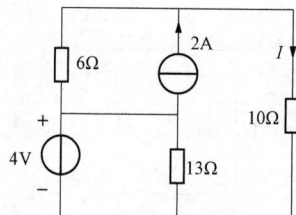

图 1-84

10. 试用节点电压法求图 1-85 所示电路中的各支路电流。

11. 用节点电压法计算图 1-86 所示电路中 8Ω 电阻上的电压。

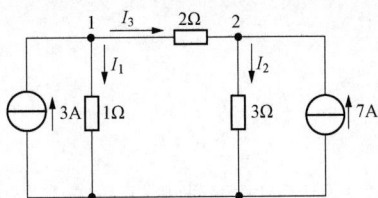 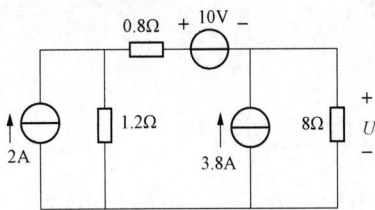

图 1-85　　　　　　　　　　　　　图 1-86

12. 求图 1-87 所示电路的戴维南等效电路。

13. 电路如图 1-88 所示。

（1）若电阻 $R=10\Omega$，求它的电流 I。

（2）试确定 R 的电阻值，使其获得最大功率，并求最大功率 P_{max}。

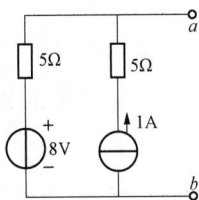 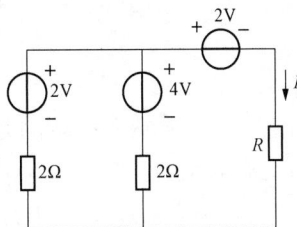

图 1-87　　　　　　　　　　　　　图 1-88

14. 图 1-89 所示为一有源二端网络的外特性曲线，根据戴维南定理，这个有源二端网络可等效为一个理想电压源和一个电阻相串联的电源模型来代替，那么这个理想电压源的电压为 U_{oc} 和等效电阻 R_o 分别是多少？画出戴维南等效电路。

15. 用一个满刻度偏转电流为 1mA，内阻 R_0 为 300Ω 的表头制成一个量程为 100mA 和 300mA 的双量程毫安表，其电路如图 1-90 所示，试求分流电阻 R_{f1} 和 R_{f2}。

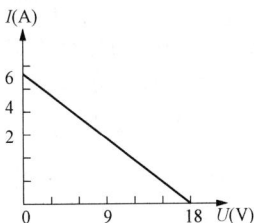 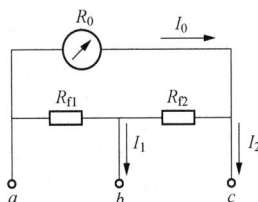

图 1-89　　　　　　　　　　　　　图 1-90

项目二　单相正弦交流电路的测试

项目描述

直流电路中电压、电流的大小和方向都不随时间变化，但在日常生活及工农业生产中广泛使用的正弦交流电的电压、电流大小和方向都是随时间变化的。本项目将介绍正弦交流电路的基本概念和单相正弦交流电的基本分析方法，以及常见单相交流电路的接线测试，学习使用各种交流表计，能利用仪器仪表测试交流电路参数等。

任务一　认识正弦交流电

学习目标

掌握正弦量的三要素，掌握正弦量的有效值和相位差，掌握正弦量的相量表示法，学会使用交流电压表和交流电流表。

任务描述

在电工技术中广泛使用交流电源和交流信号，其中正弦交流电源和信号应用最为广泛。通过本任务的学习，掌握正弦交流电的基本概念，学习交流电压表和交流电流表的使用方法和注意事项，会测量交流电路中的电压和电流。

相关知识

一、正弦交流电的基本概念

在一个周期内平均值等于零的周期电压、周期电流、周期电动势称为交流电压、交流电流、交流电动势。电路中把按正弦规律变化的交流电压、电流称为正弦电压、电流，统称为正弦量（或正弦交流）。正弦量可用正弦函数表示，也可用余弦函数表示。但是应该注意，无论采用哪种形式，不要两者同时混用。本书用正弦函数表示正弦量。例如，在一定的参考方向下，正弦电流可表示为

$$i = I_\mathrm{m}\sin(\omega t + \theta_i) \tag{2-1}$$

式（2-1）为正弦电流的数学表达式，它表明电流 i 是时间 t 的正弦函数。这一函数的图像如图 2-1 所示，这种表示电流随时间变化规律的曲线称为电流的波形。I_m、ω、θ_i 分别称为正弦量的振幅、角频率和初相，即为正弦量的三要素，它表明了正弦量在大小、变化的快慢及变化的进程这三个方面的特征。

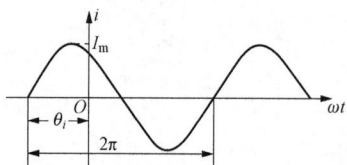

图 2-1　正弦电流的波形图

1. 正弦交流电的三要素

（1）振幅值。正弦量在某一时刻的数值称为正弦量的瞬时值。用 u、i、e 分别表示电压、电流和电动势的瞬时值。正弦量在变化过程中出现的最大瞬时值称为振幅，也称为最大值或峰值，用大写字母带下标 m 表示，用 U_m、I_m、E_m 分别表示电压、电流和电动势的振幅。

（2）角频率 ω。角频率 ω 表示正弦量在单位时间内变化的弧度数，即相位角随时间变化的速率，单位是 rad/s，ω 的大小反映了正弦量变化的快慢。正弦量变化的快慢也可用周期和频率来表示。周期是指正弦量完成一个循环所需要的时间，用字母 T 表示，单位为秒（s）。频率是指正弦量在单位时间内变化所完成的循环数周期，用字母 f 表示，单位是赫兹（Hz）。

由定义可知，周期和频率呈倒数关系，即

$$f = \frac{1}{T} \tag{2-2}$$

角频率与周期 T 和频率 f 的关系是

$$\omega = \frac{2\pi}{T} = 2\pi f \tag{2-3}$$

我国和世界上大多数国家规定工业用电频率（简称工频）为 50Hz，也有些规定工业用电标准频率为 60Hz，如美国、日本西部电网等。

【例 2 - 1】 已知电流 $i = 220\sqrt{2}\sin(100\pi t + 60°)\mathrm{A}$，试求该电流的周期 T 和频率 f。

解
$$\omega = 100\pi\,\mathrm{rad/s}$$

$$f = \frac{\omega}{2\pi} = \frac{100\pi}{2\pi}\mathrm{Hz} = 50\mathrm{Hz}$$

$$T = \frac{1}{f} = \frac{1}{50}\mathrm{s} = 0.02\mathrm{s}$$

（3）初相。正弦电流的瞬时表达式（2-1）中 $(\omega t + \theta_i)$ 反映正弦量变化进程的角度，可根据 $(\omega t + \theta_i)$ 确定任一时刻交流电的瞬时值，把这个角度称为正弦量的相位角或者相位，θ_i 是正弦量 $t = 0$ 时刻的相位角，称为初相。规定 $|\theta_i| \leqslant \pi$。

初相反映正弦量在计时起点的状态。初相与参考方向和计时起点的选择有关，参考方向和计时起点选择不同，正弦量的初相不同，其初始值（$t = 0$ 时的值）也不同，如图 2-2 所示。

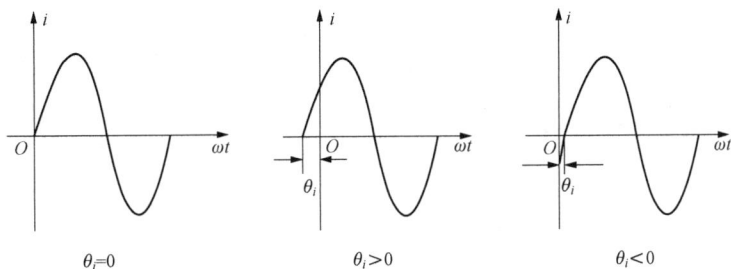

图 2-2 几种不同计时起点的正弦电流波形

【例 2 - 2】 已知两个正弦量的解析式为 $i = 10\sin(100\pi t + 30°)\mathrm{A}$，$u = 311\sin(100\pi t - $

45°)V，试求正弦量的三要素。

解 （1）$i = 10\sin(100\pi t + 30°)$A

所以电流的振幅值 $I_m = 10$A，角频率 $\omega = 100\pi$rad/s，初相 $\theta_i = 30°$。

（2）$u = 311\sin(100\pi t - 45°)$V

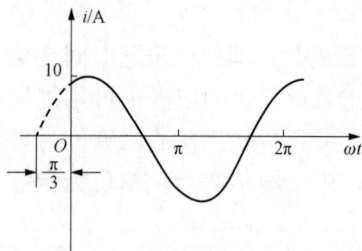

图2-3 ［例2-3］图

所以电压的振幅值 $U_m = 311$V，角频率 $\omega = 100\pi$rad/s，初相 $\theta_u = -45°$。

【例2-3】 已知选定参考方向下正弦量解析式为 $i = 10\sin\left(\omega t + \dfrac{\pi}{3}\right)$A，试画出正弦量的波形图。

解 该正弦量的波形图如图2-3所示。

2. 相位差

在分析正弦交流电路的过程中，常引入相位差的概念来比较两个正弦量之间的相位关系。例如，电压 u 和电流 i 是同频率的正弦量，它们的表达式分别为

$$u = U_m\sin(\omega t + \theta_u)$$
$$i = I_m\sin(\omega t + \theta_i)$$

u 和 i 的波形如图2-4所示，u 和 i 的相位之差为

$$\varphi = (\omega t + \theta_u) - (\omega t + \theta_i) = \theta_u - \theta_i \tag{2-4}$$

两个同频率的正弦量的相位角之差称为相位差，用 φ 表示。由式（2-4）可见，两个同频率正弦量的相位差等于它们的初相之差，是一个与时间和计时起点无关的常数。φ 通常在 $|\varphi| \leqslant \pi$ 的范围内取值。电路中常采用超前、滞后、同相、反相说明两个同频率正弦量的相位比较结果。

如果 $\varphi = \theta_u - \theta_i > 0$，如图2-4所示，电压 u 在相位上超前电流 i 角度 φ，或者说，电流 i 在相位上滞后电压 u 角度 φ；如果 $\varphi = \theta_u - \theta_i < 0$，这时电压 u 与电流 i 的相位关系与上述情况相反。

如果 $\varphi = \theta_u - \theta_i = 0$，电压 u 与电流 i 同相位，简称同相，如图2-5（a）所示；如果 $\varphi = \theta_u - \theta_i = \pi$，电压 u 与电流 i 反相，这时 u 与 i 的变化进程恰好相反，如图2-5（b）所示。

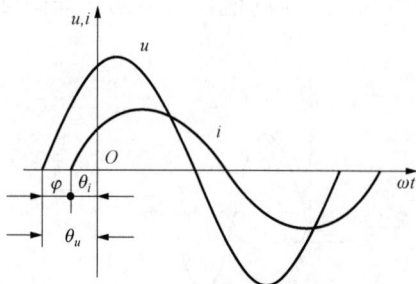

图2-4 两个同频率正弦量的相位差

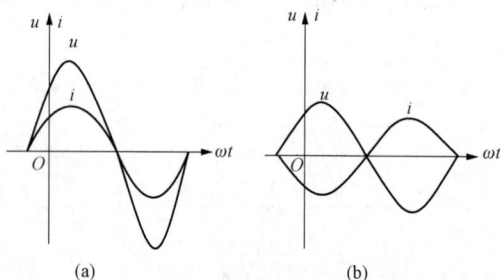

图2-5 正弦量的同相与反相

【例2-4】 已知电压 u 和电流 i 为同频率正弦量，频率为 50Hz，它们的最大值分别为 311V、5A，初相分别为 $\dfrac{\pi}{2}$ 和 $\dfrac{\pi}{3}$。试求：（1）写出它们的解析式；（2）求 u 与 i 的相位差，

并说明它们之间的相位关系。

解 (1) $\omega = 2\pi f = 2\pi \times 50 \text{rad/s} = 100\pi \text{rad/s}$

$$U_m = 311\text{V}, \quad I_m = 10\text{A}, \quad \theta_u = \frac{\pi}{2}, \quad \theta_i = \frac{\pi}{3}$$

$$u = U_m \sin(\omega t + \theta_u) = 311\sin\left(100\pi t + \frac{\pi}{2}\right) \quad \text{V}$$

$$i = I_m \sin(\omega t + \theta_i) = 5\sin\left(100\pi t + \frac{\pi}{3}\right) \quad \text{A}$$

(2) $\varphi = \theta_u - \theta_i = \dfrac{\pi}{2} - \dfrac{\pi}{3} = \dfrac{\pi}{6}$

在相位上，电压 u 超前电流 i $\dfrac{\pi}{6}$。

3. 有效值

(1) 有效值的定义。随时间变化的电压、电流和电动势在某一时刻的数值，称为电压、电流和电动势在该时刻的瞬时值，用小写字母 u、i 和 e 来表示，周期电压、电流和电动势的瞬时值是随时间变化的。为了简明地衡量其大小，常采用有效值来表示。交流电的有效值是根据它的热效应确定的。下面以交流电流为例，交流电流 i 通过电阻 R 在一个周期内所产生的热量，和直流电流 I 通过同一电阻 R 在相同时间内所产生的热量相等，则这个直流电流 I 的数值称为交流电流 i 的有效值，用大写字母 I 表示。

根据有效值的定义，有

$$I^2 RT = \int_0^T R i^2(t)\,dt$$

故正弦电流的有效值为

$$I = \sqrt{\frac{1}{T}\int_0^T i^2(t)\,dt} \tag{2-5}$$

正弦电流的有效值是瞬时值的平方在一个周期内的平均值再取平方根，故有效值也称为均方根值。

类似地，可得正弦电压和电动势的有效值为

$$U = \sqrt{\frac{1}{T}\int_0^T u^2(t)\,dt}$$

$$E = \sqrt{\frac{1}{T}\int_0^T e(t)^2\,dt}$$

(2) 正弦交流量的有效值。将正弦电流的表达式 $i = I_m\sin(\omega t + \theta_i)$ 代入，有

$$I = \sqrt{\frac{1}{T}\int_0^T I_m^2 \sin^2(\omega t + \theta_i)\,dt} = \sqrt{\frac{1}{2T}\int_0^T I_m^2 \left[1 - \cos^2(\omega t + \theta_i)\right]dt} = \frac{I_m}{\sqrt{2}} \tag{2-6}$$

因此，正弦电压和正弦电动势的有效值为

$$U = \frac{U_m}{\sqrt{2}} \tag{2-7}$$

$$E = \frac{E_m}{\sqrt{2}} \tag{2-8}$$

必须指出，通常所说的正弦交流电压、电流、电动势的大小都是指有效值，例如民用交

流电压 220V、工业用电电压 380V 等。大多数交流测量仪表所指示的读数和电气设备的额定值等都是指有效值。但是，各种器件和电气设备的耐压值应按最大值考虑。

对于正弦量，其最大值（E_m、U_m 或 I_m）与有效值（E、U 或 I）之间有确定的关系。因此，有效值可以代替最大值作为正弦量的要素之一。引入有效值后，正弦电流、电压、电动势可写为

$$i(t) = I_m\sin(\omega t + \theta_i) = \sqrt{2}I\sin(\omega t + \theta_i)$$
$$u(t) = U_m\sin(\omega t + \theta_u) = \sqrt{2}U\sin(\omega t + \theta_u) \tag{2-9}$$
$$e(t) = E_m\sin(\omega t + \theta_e) = \sqrt{2}E\sin(\omega t + \theta_e)$$

【例 2 - 5】 已知一正弦电流的初相为 60°，有效值为 5A，频率为 50Hz，试求它的解析式。

解 角频率为 $\qquad \omega = 2\pi f = 2\pi \times 50 = 314\mathrm{rad/s}$

电流的解析式为 $\qquad i = 5\sqrt{2}\sin(314t + 60°)\mathrm{A}$

二、正弦量的相量表示法

前面给出了怎样确定一个正弦量的瞬时解析式，以及正弦量在本书采用正弦函数的表示方法。这种表示方法在分析和计算电路问题的时候比较麻烦，下面介绍正弦量的相量表示法。相量法的运算基础是数学中的复数运算，这里简单介绍复数运算的基本方法。

1. 复数的四则运算

（1）复数。在数学中常用 $A = a + ib$ 表示复数。其中，a 为实部，b 为虚部，$i = \sqrt{-1}$ 称为虚单位。在电工技术中，为区别于电流符号，虚单位常用 j 表示。

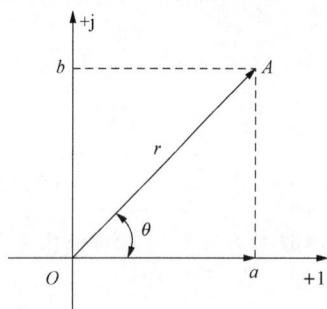

从图 2-6 可知，复数还可以采用复平面上的一个矢量来表示。这种矢量的长度 r 为复数 A 的模，即 $r = |A| = \sqrt{a^2 + b^2}$。矢量和实轴正方向之间的夹角为复数 A 的辐角，即 $\theta = \arctan\dfrac{b}{a}(\theta \leqslant 2\pi)$。

不难看出，复数 A 的模 $|A|$ 在实轴上的投影就是复数 A 的实部，在虚轴上的投影就是复数 A 的虚部，即

图 2 - 6　复数的矢量表示

$$\left.\begin{array}{l} a = r\cos\theta \\ b = r\sin\theta \end{array}\right\}$$

（2）复数的四种表达形式。

复数的代数形式： $\qquad A = a + jb$

复数的三角形式： $\qquad A = r\cos\theta + jr\sin\theta$

复数的指数形式： $\qquad A = re^{j\theta}$

复数的极坐标形式： $\qquad A = r\angle\theta$

【例 2 - 6】 写出复数 $A_1 = 5 + j5$，$A_2 = -6 + j8$ 的极坐标形式。

解 A_1 的模为 $\qquad r_1 = \sqrt{5^2 + 5^2} = 5\sqrt{2}$

辐角为 $\qquad \theta_1 = \arctan\dfrac{5}{5} = 45°$

则 A_1 的极坐标形式为 $A_1 = 5\sqrt{2}\angle 45°$。

A_2 的模为 $\qquad\qquad r_2 = \sqrt{(-6)^2 + 8^2} = 10$

辐角为 $\qquad\qquad \theta_1 = \arctan\dfrac{8}{-6} = 126.9°$ （在第二象限）

则 A_2 的极坐标形式为 $A_2 = 10\angle 126.9°$。

（3）复数的四则运算。

1）复数的加减法。

设 $\qquad\qquad A_1 = a_1 + jb_1 = r_1\angle\theta_1, \quad A_2 = a_2 + jb_2 = r_2\angle\theta_2$

则 $\qquad\qquad A_1 \pm A_2 = (a_1 \pm a_2) + j(b_1 \pm b_2)$

复数相加符合平行四边形法则，复数相减符合三角形法则，如图 2-7 所示。

2）复数的乘除法。

$$A_1 \cdot A_2 = r_1\angle\theta_1 \cdot r_2\angle\theta_2 = r_1 \cdot r_2\angle\theta_1 + \theta_2$$

$$\frac{A_1}{A_2} = \frac{r_1\angle\theta_1}{r_2\angle\theta_2} = \frac{r_1}{r_2}\angle\theta_1 - \theta_2$$

两个复数相乘等于模相乘，辐角相加；两个复数相减等于模相除，辐角相减。

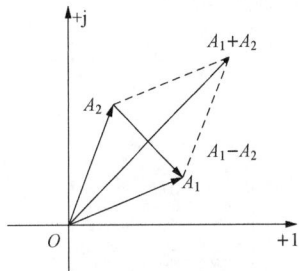

图 2-7　复数加减法矢量表示

【例 2-7】 已知复数 $A = 4 + j3$，$B = 3 - j4$，试求 $A + B$ 和 $A \cdot B$。

解　$A + B = (4 + j3) + (3 - j4) = 7 - j1$

$\qquad A \cdot B = (4 + j3)(3 - j4) = 5\angle 36.9° \times 5\angle -53.1° = 25\angle -16.2°$

2. 正弦量的相量表示法

（1）正弦量的旋转矢量表示法。给出一个正弦电流 $i = I_m\sin(\omega t + \theta_i)$，对应地在复平面（用以表示复数的坐标平面）上作一矢量 $\dot{I}'_m$，图 2-8 中从原点 O 指向 A 点的有向线段所表示的矢量 $\overrightarrow{OA}$ 即为矢量 $\dot{I}'_m$。该旋转矢量 $\dot{I}'_m$ 末端的轨迹是一个以原点为圆心，以 I_m 为半径的圆。$t = 0$ 时，$\dot{I}'_m$ 在纵轴上的投影为 $i_0 = I_m\sin\theta_i$，恰好等于 $t = 0$ 时刻电流的瞬时值。$t = t_1$ 时，$\dot{I}'_m$ 与横轴正方向的夹角为 $\omega t_1 + \theta_i$，$\dot{I}'_m$ 在纵轴上的投影为 $i_1 = I_m\sin(\omega t_1 + \theta_i)$，这正是 $t = t_1$ 时刻电流 i 的瞬时值。任意时刻 t，$\dot{I}'_m$ 与横轴正方向的夹角为 $\omega t + \theta_i$，$\dot{I}'_m$ 在纵轴上的投影为 $i = I_m\sin(\omega t + \theta_i)$。可见，旋转矢量 $\dot{I}'_m$ 在纵轴上的投影等于正弦电流 i 的瞬时值，该正弦电流 i 的波形如图 2-7 所示。由此可知，旋转矢量 $\dot{I}'_m$ 不仅能够反映正弦量 i 的三要素，还能表示出 i 的瞬时值，可以说，旋转矢量 $\dot{I}'_m$ 可以完整地表示正弦量 i。

上述分析表明，正弦量可以用旋转矢量来表示，旋转矢量的长度代表正弦量的幅值，旋转矢量的初始位置与横轴正方向的夹角代表正弦量的初相位，旋转矢量的角速度代表正弦量的角频率，旋转矢量任一瞬时在纵轴上的投影表示正弦量在该时刻的瞬时值。

（2）正弦量的相量表示法。在同一个正弦稳态电路中，所有电压、电流均为同频率正弦量，在进行电路分析时，它们之间的相对位置始终保持不变，研究它们之间的关系时，可用它们的初始位置来分析，而不用考虑它们在旋转。正弦量的表示方法可以进一步简化，只需要表示出其幅值及初相位两个要素。也就是说，可以用一个与横轴正方向之间的夹角等于正弦量的初相位，长度等于正弦量幅值的静止矢量来表示正弦量。例如，正弦

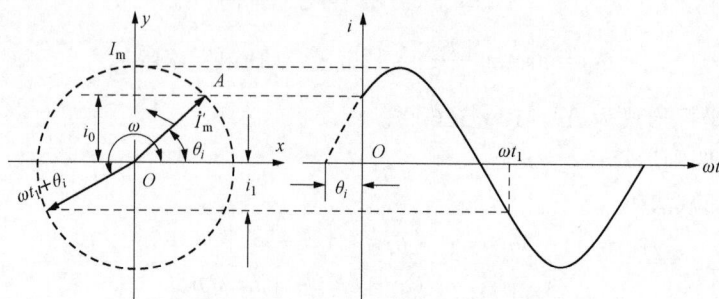

图 2 - 8　旋转矢量与正弦量

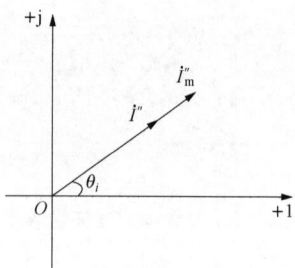

图 2 - 9　相量图

电流 $i = I_m\sin(\omega t + \theta_i)$ 可用一个与横轴正方向的夹角为 θ_i、长度为 I_m 的静止矢量 $\dot{I}''_m$ 来表示，如图 2 - 9 所示。

可见，正弦量 i 与复数 $\dot{I}_m$ 之间具有一一对应的关系。因此，正弦量 i 可用复数 $\dot{I}_m$ 来表示。即 $\dot{I}_m = I_m\mathrm{e}^{j\theta_i} = \sqrt{2}I\mathrm{e}^{j\theta_i} = \sqrt{2}\dot{I}$，其中 $\dot{I} = I\mathrm{e}^{j\theta_i}$。注意，正弦量既不是复数，也不是矢量。复数或矢量只能代表正弦量，并不等于正弦量。用复数或矢量表示正弦量是一种数学变换，只有同频率的正弦量才能进行运算，运算方法按照复数的运算规则。这样做的目的是将正弦函数的运算变换成复数或矢量的代数运算，从而使数学演算得到简化。

在电工中常把正弦量的指数形式简写成极坐标形式，即

$$\dot{I} = I\angle\theta_i \tag{2 - 10}$$

$$\dot{U} = U\angle\theta_u \tag{2 - 11}$$

【例 2 - 8】　已知两正弦电流的解析式分别为 $i_1 = 4\sqrt{2}\sin\left(314t - \dfrac{\pi}{4}\right)\mathrm{A}$，$i_2 = 8\sqrt{2}\sin\left(314t + \dfrac{\pi}{6}\right)\mathrm{A}$，试写出它们的有效值相量，并画出它们的相量图。

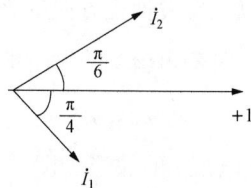

解　i_1 和 i_2 的有效值相量为

$$\dot{I}_1 = 4\angle-\frac{\pi}{4}\mathrm{A}, \quad \dot{I}_2 = 8\angle\frac{\pi}{6}\mathrm{A}$$

$\dot{I}_1$ 和 $\dot{I}_2$ 的相量如图 2 - 10 所示。

图 2 - 10　[例 2 - 8] 图

【例 2 - 9】　已知 $f = 50\mathrm{Hz}$，试写出相量 $\dot{I} = 1\angle30°\mathrm{A}$，$\dot{U} = 220\angle-60°\mathrm{V}$ 所代表的正弦量的解析式，并判断相位差。

解
$$\omega = 2\pi f = 100\pi \text{ rad/s}$$
$$I = 1\mathrm{A}, \quad \theta_i = 30°$$
$$i = \sqrt{2}I\sin(\omega t + \theta_i) = \sqrt{2}\sin(100\pi t + 30°) \text{ A}$$
$$U = 220\mathrm{V}, \quad \theta_u = -60°$$
$$u = \sqrt{2}U\sin(\omega t + \theta_u) = 220\sqrt{2}\sin(100\pi t - 60°) \text{ V}$$

$$\varphi_{iu} = 30° - (-60°) = 90°$$

即电流超前电压 90°。

实 践 知 识

一、交流电压表

测量交流电路时，电压表必须与被测电路并联，否则会烧毁表计。测量时应选择合适的量程，便于读数。测高电压时为了安全，一般采用电压互感器将电压降低测量。

二、信号发生器的使用

正弦交流信号和方波脉冲信号是常用的电激励信号，由函数脉冲信号发生器提供。正弦信号的波形参数是幅值 U_m、周期 T（或频率 f）和初相位；脉冲信号的波形参数是幅值 U_m、脉冲重复周期 T 及脉宽 t_V。

本任务采用的智能函数信号发生器能提供的频率范围为 1Hz～150kHz，幅值可在 0～18V 连续可调的上述信号。输出的信号可由波形选择按键来选取，可以输出正弦波、三角波、锯齿波、矩形波、四脉方列和八脉方列等，并由七位 LED 数码管显示信号的频率。

三、示波器的使用

电子示波器是一种信号图形测量仪器，可以定量测出各种电信号的波形参数，如波形的幅度、时间、相位关系或脉冲信号的前、后沿等，这是其他的测试仪器很难做到的。

通用示波器内有两个输入通道：一个是水平通道，可以输入时间扫描信号 $x(t)$；另一个是垂直通道，可以输入外加信号 $y(t)$。这两个通道输入的信号同时加在示波器的阴极射线示波管的控制电极上时，就会在荧光屏 X-Y 坐标系中产生两维变化波形 $y(t)$-$x(t)$ 的合成图形。

双踪示波器有两个垂直输入通道 Y_A 和 Y_B，可以同时输入两个被测信号 $u_A(t)$ 和 $u_B(t)$。其内部是依靠一个电子开关，按一定的时间分割比例，轮流显示两个被测信号。这对应于面板上的"交替"和"断续"开关位置。当被测信号频率较高时，应将开关置于"交替"位置；频率较低时，应将开关置于"断续"位置。因此，一台双踪示波器可以同时观察和测量两个信号波形。

从荧光屏的 Y 轴刻度尺并结合其量程分挡选择开关（Y 输入偏转 0.01～5V/cm 分十二挡，Y 输入微调置校准位置）、测试探头衰减比例可以读得电信号的幅值；从荧光屏的 X 轴刻度尺并结合其量程分挡选择开关（时间扫描速度 1μs/cm～5s/cm 分二十五挡），可以读得电信号的周期、脉宽、相位差等参数。

示波器在使用过程中要注意以下几点：

（1）示波器的辉度不要过亮。

（2）调节仪器旋钮时，动作不要过猛。

（3）调节示波器时，要注意触发开关和电平调节旋钮的配合使用，以使显示的波形稳定。

（4）作定量测定时，"t/cm"和"V/cm"的微调旋钮应旋至"标准"位置。

（5）为防止外界干扰，信号发生器的接地端与示波器的接地端要相连一致（称共地）。

为了完成对各种不同波形、不同要求的观察和测量，示波器上还有其他的调节和控制旋钮，希望在实验中自己动手加以摸索和掌握，并注意总结实用经验。WC4630 型长余辉慢扫描双踪示波器各控制旋钮的作用位置见表 2-1。

表 2-1　　　　　　　　　　双踪示波器各控制旋钮的作用位置

Y 轴控制	作用位置	X 轴控制	作用位置
Y 方式开关	Y_A、Y_B、交替、断续、$Y_A \pm Y_B$	X 方式开关	+/一、内/外、AC/DC、触发/自动
Y 输入耦合	AC、⊥、DC	X 扫描时间	1μs/cm～5s/cm
Y 输入偏转	0.01～5V/cm	时间微调	连续改变扫描速度，校准：直读标称值
Y 输入微调	1～2.5 倍，校准～定量测量幅值	同步电平	调扫描同步电压，使观测波形稳定
Y 轴移位	↑、↓波形上下移动	X 轴移位	←、→波形左右移动
Y 极性	+、一	X 轴放大	开关"拉出"，扫描时间增大 5 倍

四、正弦交流信号的观测

1. 任务目的

(1) 掌握确定正弦量的三要素。

(2) 学会使用双踪示波器和交流电压表。

2. 任务内容及实施

(1) 观测正弦波的波形。

1) 将信号源的"波形选择"开关置正弦波信号位置上。

2) 将信号源的信号输出端与示波器连接。

3) 接通信号源电源，调节信号源的频率旋钮（包括频段选择开关、频率粗调和频率细调旋钮），使输出信号的频率为 1kHz（由频率计读出），调节输出信号的幅值调节旋钮，使信号源输出幅值为 1V，观察波形。

(2) 用交流电压表测量交流电的有效值。

【思考题】

1. 使用交流电压表和交流电流表应注意什么？

2. 人体的安全电压是多少?

任务二　单一参数元件电路的测试

学 习 目 标

掌握电阻、电感和电容元件在正弦交流电路中的特点；学会使用函数信号发生器和示波器，测试电阻、感抗、容抗与频率的关系，测定 R-f、X_L-f 与 X_C-f 特性曲线；理解正弦交流电路中电路元件端电压与电流间的相位关系。

任 务 描 述

电感、电容和电阻是电路中基本电路元件，日常生活中的各种交流负载都可以用电容、电感和电阻等基本电路元件来构成。电感、电容和电阻元件上电压和电流的相量关系是分析正弦交流电路的基础，只有掌握了单个元件上的相量关系，才能采用相量分析法进一步分析负载的交流电路。本任务采用应用函数信号发生器、晶体管毫伏表及双踪示波器设计电路进行测试，在正弦交流条件下，保持端电压不变，改变信号的频率来测试电阻、电感及电容元件的阻抗频率特性及阻抗角，学习各元件在正弦交流电路中的特点。

相关知识

一、正弦交流电路中的电阻元件

1. 电阻元件上电压与电流的关系

当电阻元件两端外加电压时，将有电流通过。设通过电阻元件 R 的电流为 i_R，两端电压为 u_R，u_R 和 i_R 取关联参考方向，如图 2-11 所示。

（1）电阻元件上电流和电压之间的瞬时关系。根据欧姆定律，有

$$i_R = \frac{u_R}{R} \tag{2-12}$$

（2）电阻元件上电流和电压之间的大小关系。若在电阻元件 R 上加电压 $u_R = U_{Rm}\sin(\omega t + \theta_u)$，则通过该电阻元件上的电流根据欧姆定律有

$$i_R = \frac{u_R}{R} = \frac{U_{Rm}}{R}\sin(\omega t + \theta_u) = I_{Rm}\sin(\omega t + \theta_u) \tag{2-13}$$

由式（2-13）可知，u_R 和 i_R 的幅值之间的关系为

$$I_{Rm} = \frac{U_{Rm}}{R} \quad 或 \quad U_{Rm} = RI_{Rm} \tag{2-14}$$

u_R 和 i_R 的有效值之间的关系为

$$I_R = \frac{U_R}{R} \tag{2-15}$$

以上结果表明，当电阻元件两端加正弦电压时，通过它的电流为同频率的正弦量，电阻元件的电压和电流的瞬时值之比、有效值之比和振幅之比都等于电阻 R。

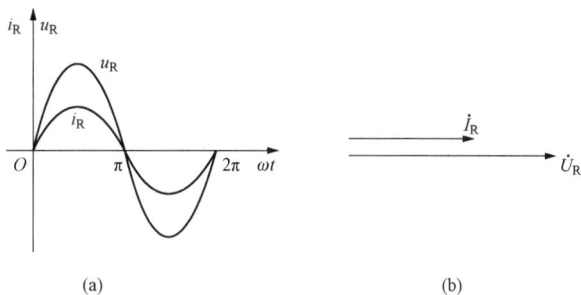

（3）电阻元件上电流和电压之间的相位关系。电阻元件电压和电流的波形如图 2-12（a）所示，从图中可以看出，电阻元件上电压电流同相位，即

$$\theta_u = \theta_i \tag{2-16}$$

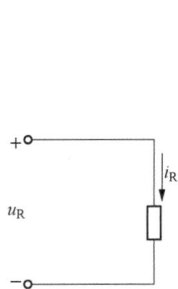

图 2-11 电阻元件的电路图 　　　　图 2-12 电阻元件上电流、电压相位关系

（4）电阻元件上电压与电流的相量关系。已知电阻上流过的电流为 $i_R = I_{Rm}\sin(\omega t + \theta_i)$，对应的相量为

$$\dot{I}_R = I_R \angle \theta_i \qquad (2-17)$$

加在电阻上的电压为 $u_R = U_{Rm}\sin(\omega t + \theta_u)$，对应的相量为

$$\dot{U}_R = U_R \angle \theta_u \qquad (2-18)$$

由式（2-15）～式（2-18）可以确定电压电流的相量关系为

$$\dot{U}_R = U_R \angle \theta_u = RI_R \angle \theta_i = R\dot{I}_R \qquad (2-19)$$

2. 电阻元件的功率

交流电路中，在任一瞬间元件上电压瞬时值与电流瞬时值的乘积称为该元件的瞬时功率，用小写字母 p 表示，即 $p = ui$。

当电阻元件上通过正弦电流为 $i_R = I_{Rm}\sin\omega t$，所加电压为 $u_R = U_{Rm}\sin\omega t$ 时，关联参考方向下，瞬时功率为

$$p = u_R i_R = U_{Rm}\sin\omega t \cdot I_{Rm}\sin\omega t = U_{Rm}I_{Rm}\sin^2\omega t$$
$$= \frac{U_{Rm}I_{Rm}}{2}(1 - \cos 2\omega t) = U_R I_R(1 - \cos 2\omega t) \qquad (2-20)$$

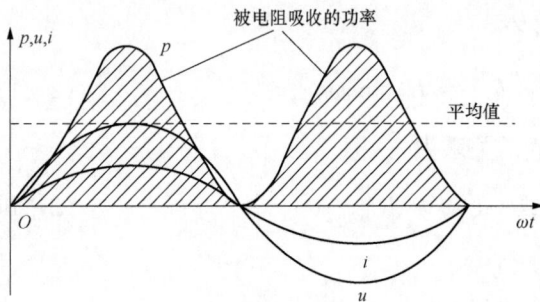

图 2-13　电阻元件的电压、电流和瞬时功率的波形图

电阻元件所吸收的瞬时功率 p 是随时间变化的，它的波形如图 2-13 所示。从图 2-13 和式（2-20）可以看出，电阻元件上只要有电流流过，无论其方向如何，总是吸收功率的，因此电阻是一个耗能元件。

工程上都是计算瞬时功率的平均值，即平均功率，用大写字母 P 表示，功率的单位为瓦（W），工程上也常用千瓦（kW）。周期性交流电路中的平均功率就是其瞬时功率在一个周期内的平均值，即

$$P = \frac{1}{T}\int_0^T p\,\mathrm{d}t = \frac{1}{T}\int_0^T U_R I_R(1 - \cos 2\omega t)\,\mathrm{d}t = \frac{U_R I_R}{T}\left(\int_0^T 1\,\mathrm{d}t - \int_0^T \cos 2\omega t\,\mathrm{d}t\right)$$
$$= \frac{U_R I_R}{T}(T - 0) = U_R I_R$$

因为 $U_R = I_R R$，所以

$$P = U_R I_R = I_R^2 R = \frac{U_R^2}{R} \qquad (2-21)$$

【例 2-10】　一电阻 $R = 10\,\Omega$，通过电阻 R 的电流 $i_R = 10\sqrt{2}\sin(\omega t + 60°)$A，求：（1）$R$ 两端的电压 U_R 和 u_R；（2）电阻 R 的平均功率 P_R；（3）作 $\dot{U}_R$ 和 $\dot{I}_R$ 的相量图。

解　（1）$u_R = i_R R = 10\sqrt{2}\sin(\omega t + 60°) \times 10 = 100\sqrt{2}\sin(\omega t + 60°)$ V

$$U_R = I_R R = 10 \times 10 = 100(\mathrm{V})$$

（2）电阻 R 的平均功率为

$$P_R = U_R I_R = 100 \times 10 = 1000(\mathrm{W})$$

（3）相量图如图 2-14 所示。

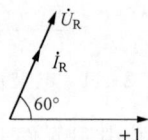

图 2-14　[例 2-10] 图

二、正弦交流电路中的电感元件

1. 电感元件上电压和电流的关系

当电感元件 L 中通以交流电流 i 时，电感元件中产生自感
电动势，电感元件两端将建立电压 u_L，u_L 和 i_L 取关联参考方
向，如图 2-15 所示。

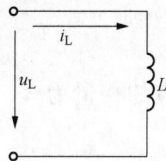

（1）电感元件上电压和电流的瞬时关系。

$$u_L = L \frac{\mathrm{d}i_L}{\mathrm{d}t} \qquad (2-22)$$

图 2-15 电感元件的电路图

（2）电感元件上电压和电流的大小关系。设电流 $i_L = I_{Lm}\sin(\omega t + \theta_i)$，则电感元件上的
电压为

$$u_L = L \frac{\mathrm{d}[I_{Lm}\sin(\omega t + \theta_i)]}{\mathrm{d}t} = I_{Lm}\omega L\cos(\omega t + \theta_i) = I_{Lm}\omega L\sin\left(\omega t + \frac{\pi}{2} + \theta_i\right)$$

已知电感上电压的标准解析式为

$$u_L = U_{Lm}\sin(\omega t + \theta_u)$$

通过比较可得

$$U_{Lm} = I_{Lm}\omega L, \quad \theta_u = \theta_i + \frac{\pi}{2} \qquad (2-23)$$

u 和 i 的有效值之间的关系为

$$U_L = I_L\omega L = I_L X_L \quad \text{或} \quad I_L = \frac{U_L}{\omega L} = \frac{U_L}{X_L} \qquad (2-24)$$

令 $X_L = \omega L = 2\pi fL$，X_L 称为感抗，当 ω 的单位为 rad/s，L 的单位为 H，X_L 的单位为 Ω。

感抗是用来表示电感线圈对正弦电流阻碍作用的一个物理量。在一定电压的条件下，频
率（角频率）越高，感抗越大，表示电感对电流的阻碍作用越强。当频率等于 0 时（直流），
感抗为 0，即电感元件在直流电路中相当于短路。

（3）电感元件上电压和电流的相位关系。

$$\theta_u = \theta_i + \frac{\pi}{2} \qquad (2-25)$$

通过比较发现，电感中的电压超前电流 90°，或电流滞后电压 90°，如图 2-16 和图 2-17
所示。

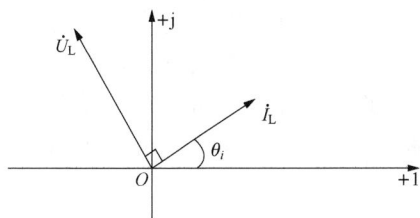

图 2-16 电感上电压和电流的相量图   图 2-17 电感上电压和电流的波形图

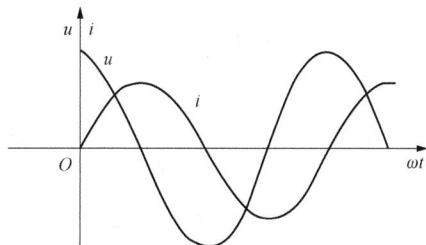

（4）电感元件上电压和电流的相量关系。已知电感元件上流过的电流为

$$i_L = I_{Lm}\sin(\omega t + \theta_i)$$

对应的相量为

$$\dot{I}_L = I_L \angle \theta_i \tag{2-26}$$

加在电感元件上的电压为

$$u_L = I_{Lm} \omega L \sin\left(\omega t + \frac{\pi}{2} + \theta_i\right)$$

对应的相量为

$$\dot{U}_L = I_L \omega L \angle \theta_i + \frac{\pi}{2} = j\omega L I_L \angle \theta_i \tag{2-27}$$

由式 (2-28) 可以得到电压和电流的相量关系为

$$\dot{U}_L = j\omega L \dot{I}_L = jX_L \dot{I}_L \quad 或 \quad \dot{I}_L = \frac{\dot{U}_L}{j\omega L} = \frac{\dot{U}_L}{jX_L} \tag{2-28}$$

2. 电感元件的功率

(1) 瞬时功率。设通过电感元件的电流为

$$i_L = I_{Lm} \sin\omega t$$

则

$$u_L = U_{Lm} \sin\left(\omega t + \frac{\pi}{2}\right)$$

在关联参考方向下，电感元件所吸收的瞬时功率为

$$p = u_L i_L = U_{Lm} \sin\left(\omega t + \frac{\pi}{2}\right) \cdot I_{Lm} \sin\omega t = U_{Lm} I_{Lm} \sin\omega t \cos\omega t$$

$$= \frac{1}{2} I_{Lm} U_{Lm} \sin 2\omega t = I_L U_L \sin 2\omega t \tag{2-29}$$

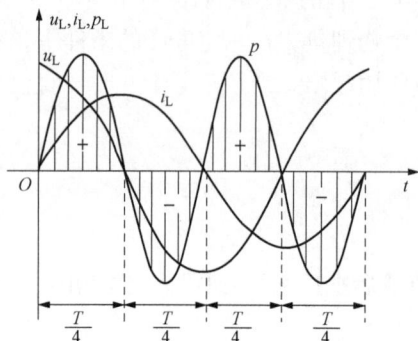

图 2-18 电感元件的电压、电流和瞬时功率的波形图

由式 (2-29) 可知，在正弦交流电路中，电感元件吸收的瞬时功率是一个幅值为 $I_L U_L$、角频率为 2ω 的正弦量，p 的波形如图 2-18 所示。

图 2-18 中，第一个 $T/4$ 周期，电流从零开始增大，电感中的磁场不断增强，所储存的磁场能量不断增加，这表明电感元件将从电源获得电能转换为磁场能量进行储存。到第二个 $T/4$ 周期，电流从最大值开始减小，电感中的磁场减弱，所储存的磁场能量逐渐减小，这表明电感元件将原先储存的磁场能量转换为电能，进行能量的释放。第三个 $T/4$ 周期和第四个 $T/4$ 周期的情况分别与第一个 $T/4$ 和第二个 $T/4$ 周期的情况相似，只是两者的电流及磁场的方向相反。可见，正弦交流电路中的电感元件与电源之间不停地进行着周期性的、往返的能量交换。也就是说，电感元件不消耗功率（能量），只存储能量，是储能元件。

(2) 平均功率。电感元件的平均功率为

$$P = \frac{1}{T} \int_0^T p \, \mathrm{d}t = \frac{1}{T} \int_0^T u_L i_L \sin 2\omega t \, \mathrm{d}t = 0 \tag{2-30}$$

式 (2-30) 表明电感元件在电源的一个周期内，吸收功率和释放功率相等，所以平均功率为 0，即电感元件不消耗有功功率。

（3）无功功率。把电感元件上电压的有效值和电流的有效值的乘积称为电感元件的无功功率，用 Q_L 表示。Q_L 是瞬时功率的最大值，所以无功功率用来衡量电感与外部交换能量的规模。由上述定义可知，在正弦交流电路中，电感元件的无功功率等于其瞬时功率的最大值，即

$$Q_L = U_L I_L = I_L^2 X_L = \frac{U_L^2}{X_L} \tag{2-31}$$

无功功率并不是实际做的功，为了区别于有功功率，无功功率的单位为乏（var），工程中也常用千乏（kvar）。$Q_L > 0$，表明电感元件是接受无功功率的。

【**例 2-11**】已知电感 $L = 0.5\text{H}$，通过该电感元件的电流为 $i_L = 2\sqrt{2}\sin(314t - 60°)\text{V}$，试求：（1）感抗 X_L；（2）加在电感上的电压 u_L；（3）电感上的无功功率 Q_L；（4）画相量图。

解　（1）$X_L = \omega L = 314 \times 0.5 = 157(\Omega)$

（2）$\dot{U}_L = jX_L \dot{I}_L = j157 \times 2\angle -60° = 314\angle 30°\text{V}$

加在该电感元件上的电压

$$u_L = 314\sqrt{2}\sin(314t + 30°)\ \text{V}$$

（3）$Q_L = U_L I_L = 314 \times 2 = 628(\text{var})$

（4）相量图如图 2-19 所示。

三、正弦电路中的电容元件

1. 电容元件上电压和电流的关系

电容元件上电压 u_C 和电流 i_C 取关联参考方向，如图 2-20 所示。

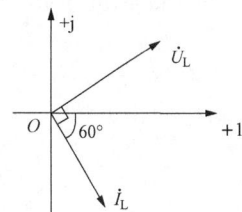

图 2-19　[例 2-11] 图

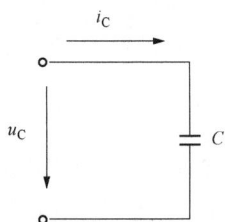

（1）电容元件上电压和电流的瞬时关系。

$$i_C = C\frac{du_C}{dt} \tag{2-32}$$

（2）电容元件上电压和电流的大小关系。设电容元件两端的电压为 $u_C = U_{Cm}\sin(\omega t + \theta_u)$，则电容元件上电流为

$$i_C = C\frac{du_C}{dt} = \omega C U_{Cm}\cos(\omega t + \theta_u) = \omega C U_{Cm}\sin\left(\omega t + \theta_u + \frac{\pi}{2}\right)$$

已知电容上流过的电流为 $i_C = I_{Cm}\sin(\omega t + \theta_i)$，通过比较可得

$$I_{Cm} = \omega C U_{Cm}, \quad \theta_i = \theta_u + \frac{\pi}{2}$$

图 2-20　电容元件的电路图

所以

$$I_C = \omega C U_C = \frac{U_C}{\frac{1}{\omega C}} = \frac{U_C}{X_C} \tag{2-33}$$

令 $X_C = \frac{1}{\omega C} = \frac{1}{2\pi f C}$，$X_C$ 称为容抗，当 ω 的单位为 rad/s，C 的单位为 F 时，X_C 的单位为 Ω。容抗是表示电容对正弦电流阻碍作用大小的一个物理量。在一定电压的条件下，频率（角频率）越小，容抗越大，表示电容对电流的阻碍作用越强。当频率等于 0 时（直流），容抗为无穷大，即电容元件在直流电路中相当于开路。

（3）电容元件上的相位关系。

$$\theta_i = \theta_u + \frac{\pi}{2} \qquad\qquad (2-34)$$

通过比较发现，电容中的电流超前电压 $90°$，如图 2-21 和图 2-22 所示。

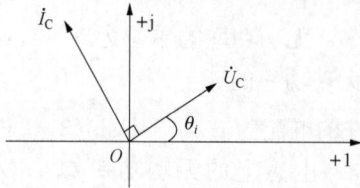

图 2-21　电容元件上电压和电流的相量图

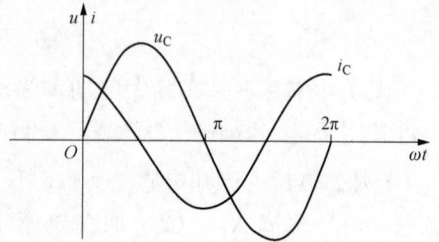

图 2-22　电容上电压和电流的波形图

（4）电容元件上电压与电流的相量关系。已知电容元件两端的电压为 $u_C = U_{Cm}\sin(\omega t + \theta_u)$，对应的相量为 $\dot{U}_C = U_C\angle\theta_u$，通过电容元件上的电流为

$$i_C = I_{Cm}\sin\left(\omega t + \theta_u + \frac{\pi}{2}\right)$$

对应的相量为

$$\dot{I}_C = I_C\angle\theta_u + \frac{\pi}{2} = \frac{U_C}{X_C}\angle\theta_u + \frac{\pi}{2} = \omega C U_C\angle\theta_u + \frac{\pi}{2}$$

则可确定电压与电流的相量关系

$$\dot{U}_C = -jX_C\dot{I}_C \quad\text{或}\quad \dot{I}_C = \frac{\dot{U}}{-jX_C} \qquad\qquad (2-35)$$

2. 电容元件的功率

（1）瞬时功率。在关联参考方向下，电容元件所吸收的瞬时功率为

$$p = u_C i_C = U_{Cm}\sin\omega t \cdot I_{Cm}\sin\left(\omega t + \frac{\pi}{2}\right) = U_C I_C\sin2\omega t \qquad\qquad (2-36)$$

由式（2-36）可见，在正弦交流电路中，电容元件吸收的瞬时功率也是一个幅值为 $U_C I_C$、角频率为 $2\omega t$ 的正弦量，p 的波形如图 2-23 所示。

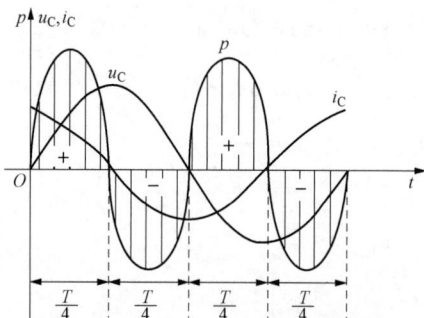

图 2-23　电容元件的电压、电流和瞬时功率的波形图

从图 2-23 可见，第一个 $T/4$ 周期，电压从零开始上升，电场不断增强，电容元件储存的电场能量不断增加，这是电容元件正向充电的过程。表明电容元件不断地从电源吸收电能，它将所吸收的电能转变为电场能量，储存于电容元件内部的电场之中。第二个 $T/4$ 周期，电流为负，电压从最大值开始逐渐下降，电场减弱，电场储能减少，这是电容元件正向放电过程。表明电容元件不断地向外部发出电能，原先储存于电容元件中的电场能量不断地释放出来，送还给电源。第三、四个 $T/4$ 周期的情况分别与第一、二个 $T/4$ 周期的情况相似，只是前者充电和放电的方向与后者相反。可见，正弦交流电路中的电容元件在不停地进行着周期性的正反两个方向的充电和放电，与此同时它与电源之间进行着周期性的能量互换，电容元件不消耗功率（能量），只存

储能量，是储能元件。

（2）平均功率。电容元件所吸收的平均功率为

$$P = \frac{1}{T}\int_0^T p\mathrm{d}t = \frac{1}{T}\int_0^T p\mathrm{d}t = \frac{1}{T}\int_0^T u_\mathrm{C} i_\mathrm{C} \sin2\omega t\, \mathrm{d}t = 0 \qquad (2 - 37)$$

式（2-37）表明，电容元件在电源的一个周期内，吸收功率和释放功率相等，所以平均功率为0，即电容元件不消耗有功功率。

（3）无功功率。把电容元件上电压的有效值与电流的有效值乘积的负值，称为电容元件的无功功率，用 Q_C 表示，即

$$Q_\mathrm{C} = -U_\mathrm{C} I_\mathrm{C} = -I_\mathrm{C}^2 X_\mathrm{C} = -\frac{U_\mathrm{C}^2}{X_\mathrm{C}} \qquad (2 - 38)$$

$Q_\mathrm{C} < 0$ 表示电容元件是发出无功功率的，Q_C 和 Q_L 一样，单位也是乏（var）或千乏（kvar）。

【例 2-12】 已知一电容 $C = 50\mu\mathrm{F}$，接到 $u_\mathrm{C} = 220\sqrt{2}\sin(314t + 30°)\mathrm{V}$ 的电源上，求通过电容元件的电流 i_C、有功功率 P_C 和无功功率 Q_C。

解　根据题目已知

$$U_\mathrm{C} = 220\mathrm{V}$$

$$X_\mathrm{C} = \frac{1}{\omega C} = \frac{1}{2\pi f C} = \frac{1}{2 \times 3.14 \times 50 \times 10^{-6} \times 50} = 63.7(\Omega)$$

则

$$I_\mathrm{C} = \frac{U_\mathrm{C}}{X_\mathrm{C}} = \frac{220}{63.7} = 3.45(\mathrm{A})$$

电容元件上的电流为　　$i_\mathrm{C} = 3.45\sqrt{2}\sin(314t + 120°)\,\mathrm{A}$

有功功率　　　　　　$P_\mathrm{C} = 0$

无功功率　　　　　　$Q_\mathrm{C} = -U_\mathrm{C} I_\mathrm{C} = -220 \times 3.45 = -759(\mathrm{var})$

实 践 知 识

一、电阻、电容、电感对交流和直流的影响

（1）电阻对直流电和交流电的阻碍作用相同，其大小由导体本身（材料、粗细、长度等）决定，与温度有关。

（2）电容器具有通交流、隔直流、通高频、阻低频的特点。容抗大小反映电容器对交变电流阻碍作用的大小，容抗的大小由电容器的电容和交流电的频率决定。

（3）电感器具有通直流、隔交流、通低频、阻高频的特点。感抗大小反映电感器对交变电流阻碍作用的大小，感抗的大小由电感线圈的电感和交流电的频率决定。

二、R、L、C 元件的阻抗频率特性测试

1. 任务目的

（1）验证电阻、感抗、容抗与频率的关系，测定 $R\text{-}f$、$X_\mathrm{L}\text{-}f$ 与 $X_\mathrm{C}\text{-}f$ 特性曲线。

（2）加深理解阻抗元件端电压与电流间的相位关系。

2. 原理说明

（1）在正弦交变信号作用下，R、L、C 电路元件在电路中的抗流作用与信号的频率有关，如图 2-24 所示。三种电路元件伏安关系的相量形式分别如下：

1) 纯电阻元件 R 的伏安关系为 $\dot{U} = R\dot{I}$，阻抗 $Z=R$，说明电阻两端的电压 $\dot{U}$ 与流过的电流 $\dot{I}$ 同相位，阻值 R 与频率无关，其阻抗频率特性 $R\text{-}f$ 是一条平行于 f 轴的直线。

2) 纯电感元件 L 的伏安关系为 $\dot{U} = jX_L\dot{I}$，感抗 $X_L = 2\pi fL$，说明电感两端的电压超前于电流 90°的相位，感抗 X_L 随频率而变，其阻抗频率特性 $X_L\text{-}f$ 是一条过原点的直线。电感对低频电流呈现的感抗较小，而对高频电流呈现的感抗较大，对直流电 $f=0$，则感抗 $X_L=0$，相当于短路。

3) 纯电容元件 C 的伏安关系为 $\dot{U} = -jX_C\dot{I}$，容抗 $X_C = \dfrac{1}{2\pi fC}$，说明电容两端的电压 $\dot{U}_C$ 落后于电流 $\dot{I}$ 一个 90°的相位，容抗 X_C 随频率而变，其阻抗频率特性 $X_C\text{-}f$ 是一条曲线。电容对高频电流呈现的容抗较小，而对低频电流呈现的容抗较大，对直流电 $f=0$，则容抗 $X_C \to \infty$，相当于断路，即所谓隔直、通交的作用。

三种元件阻抗频率特性的测量电路如图 2-25 所示。图 2-25 中，R、L、C 为被测元件，r 为电流取样电阻。改变信号源频率，分别测量每一元件两端的电压，而流过被测元件的电流 I，则可由 U_r/r 计算得到。

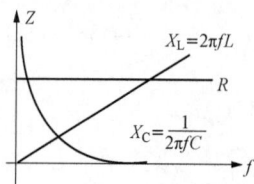

图 2-24　R、L、C 元件的阻抗频率特性

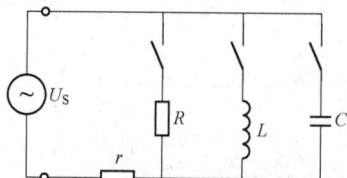

图 2-25　阻抗频率特性测试电路

（2）用双踪示波器测量阻抗角。元件的阻抗角（即被测信号 u 和 i 的相位差 φ）随输入信号的频率变化而改变，阻抗角的频率特性曲线可以用双踪示波器来测量，如图 2-25 所示。阻抗角（即相位差 φ）的测量方法如下：

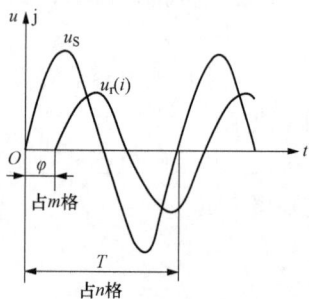

图 2-26　相位差的观测

1）在"交替"状态下，先将两个"Y 轴输入方式"开关置于"⊥"位置，使之显示两条直线，调 Y_A 和 Y_B 移位，使二直线重合，再将两个 Y 轴输入方式置于"AC"或"DC"位置，然后再进行相位差的观测。测量过程中两个"Y 轴移位"钮不可再调动。

2）将被测信号 u 和 i 分别接到示波器 Y_A 和 Y_B 两个输入端上，调节示波器有关控制旋钮，使荧光屏上出现两个比例适当且稳定的波形，如图 2-26 所示。

3）从荧光屏水平方向上数得一个周期所占的格数 n，相位差所占的格数 m，则实际的相位差 φ（阻抗角）为 $\varphi = m \times \dfrac{360°}{n}$。

3. 任务内容及实施

（1）实验设备见表 2-2。

表 2 - 2 　　　　　　　　　　　　　　实　验　设　备

序号	名称	型号与规格	数量
1	函数信号发生器	15Hz～150kHz	1
2	晶体管毫伏表	1mV～300V	1
3	双踪示波器	WC4630	1
4	被测电路元件	$R=1k\Omega$，$C=1\mu F$，$L=15mH$，$r=100\Omega$	1

（2）测量 R、L、C 元件的阻抗频率特性。实验线路如图 2 - 25 所示，取 $R=1k\Omega$，$L=15mH$，$C=1\mu F$，$r=100\Omega$。

1）将函数信号发生器输出的正弦信号作为激励源接至实验电路的输入端，并用晶体管毫伏表测量，使激励电压的有效值为 $U_S=3V$，并保持不变。

2）调信号源的输出频率从 100Hz 逐渐增至 5kHz，并使开关分别接通 R、L、C 三个元件，用晶体管毫伏表分别测量 U_R、U_L、U_C 及相应的 U_r 之值，并通过计算得到各频率点时的 R、X_L 与 X_C 之值，记入表 2 - 3 中。

表 2 - 3 　　　　　　　　　　　　　　元件的阻抗频率特性

	f(Hz)	100	200	500	1k	2k	3k	4k	5k
R	U_r(mV)								
	$I_R=U_r/r$(mA)								
	$R=U/I_R$(kΩ)								
L	U_r(mV)								
	$I_R=U_r/r$(mA)								
	$X_L=U/I_L$(kΩ)								
C	U_r(mV)								
	$I_C=U_r/r$(mA)								
	$X_C=U/I_C$(kΩ)								

（3）测量 L、C 元件的阻抗角频率特性。调信号发生器的输出频率，从 0.1～20kHz，用双踪示波器观察元件在不同频率下阻抗角的变化情况，测量信号一个周期所占格数 n(cm) 和电压与电流的相位差所占格数 m(cm)，计算阻抗角 φ，数据记入表 2 - 4 中。

表 2 - 4 　　　　　　　　　　　　　　L、C 元件的阻抗角频率特性

	f(Hz)	100	200	500	1k	2k	3k	4k	5k
L	n(cm)								
	m(cm)								
	φ(°)								

	f(Hz)	100	200	500	1k	2k	3k	4k	5k
	n(cm)								
C	m(cm)								
	φ(°)								

4. 测试结果分析

根据两表实验数据，在坐标纸上分别绘制 R、L、C 三个元件的阻抗频率特性曲线和 L、C 元件的阻抗角频率特性曲线。

【思考题】

1. 测量 R、L、C 元件的频率特性时，如何测量流过被测元件的电流？为什么要与它们串联一个小电阻？

2. 如何用示波器观测阻抗角的频率特性？

3. 在直流电路中，电感和电容的作用如何？

任务三　复合参数元件电路的测试

学 习 目 标

掌握基尔霍夫定律的相量形式，掌握 RLC 串联电路的分析与计算，掌握单相电路功率的计算与分析，学会使用交流电流表、交流电压表及功率表，利用三表法测试交流电路的等效参数。

任 务 描 述

基尔霍夫定律不仅在直流电路中成立，在正弦稳态电路中也成立。本任务通过典型交流电路模型 RLC 串联电路的分析，可使大家掌握基尔霍夫定律的相量形式，学习交流电路的一般分析方法，学会使用交流电压表、交流电流表及功率表测量交流电路的参数。

相 关 知 识

一、基尔霍夫定律的相量形式

1. 基尔霍夫定律的相量形式

基尔霍夫电流定律指出，任一时刻对任意节点而言，流入、流出该节点的电流的代数和等于零。基尔霍夫电流定律是电流连续性的体现，在交流电路中对任一瞬时电流都是连续的，那么定律对交流电路的任一瞬时都是适用的。既然定律适用于正弦交流电的瞬时值，那么解析式也同样适用。即连接电路任一节点所有支路电流的解析式的代数和等于零，有

$$\sum i(t) = 0 \qquad\qquad (2-39)$$

在正弦交流电路中，各支路电流都是同频率的正弦量，各支路电流都可以用相量表示。根据正弦量与相量的关系，可得到基尔霍夫定律的相量形式，有

$$\sum \dot{I} = 0 \qquad\qquad (2-40)$$

式（2-40）表明，在正弦稳态电路中，流过任一节点所有支路电流相量的代数和等于零。代数和中的正负号可根据支路电流的参考方向来确定，若参考方向指向节点的电流的相量前面取"＋"号，则参考方向离开节点的电流的相量前面取"－"号，反之亦可。

2. 基尔霍夫电压定律的相量形式

基尔霍夫电压定律指出：在电路中，任一时刻，沿电路中任一回路所有元件上电压的代数和等于零。基尔霍夫电压定律也同样适用于交流电路的任一瞬间。即电路中任一回路所有元件电压的解析式的代数和等于零，有

$$\sum u(t) = 0 \qquad\qquad (2-41)$$

在正弦交流电路中，各支路电压都是同频率的正弦量，各支路电压都可以用相量表示。根据正弦量与相量的关系，可得到基尔霍夫定律的相量形式，即

$$\sum \dot{U} = 0 \qquad\qquad (2-42)$$

式（2-42）表明，在正弦交流电路中，沿任一回路所有元件上电压相量的代数和等于零。当元件上的电压的参考方向与回路绕行方向一致时，取"＋"号，反之取"－"号。

【例 2-13】 电路如图 2-27 所示，已知交流电流表 A1 读数为 6A，A2 的读数为 8A，求电路中电流表 A 的读数。

解 设端电压 $\dot{U} = U\angle 0°$V，选定电流的参考方向如图 2-27 所示，则

$$\dot{I}_1 = 6\angle 0°\text{A}$$

$$\dot{I}_2 = 8\angle -90°\text{A}$$

$$\dot{I} = \dot{I}_1 + \dot{I}_2 = 6\angle 0° + 8\angle -90° = 10\angle -36.9°(\text{A})$$

则电流表 A 的读数为 10A。

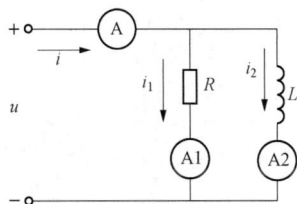

图 2-27 ［例 2-13］图

二、电阻、电感和电容元件串联的正弦交流电路

1. 电压与电流的关系

RLC 串联电路如图 2-28（a）所示。当电路两端外加交流电压 u 时，电路中流过的电流为 i，电流通过各元件时产生的电压分别为 u_R、u_L、u_C。若选定电流和电压的参考方向均为一致，根据 KVL 可得 $u = u_R + u_L + u_C$。

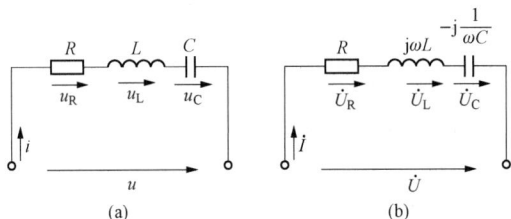

图 2-28 RLC 串联的电路

在正弦交流电路中，各元件的电压和电流均为同频率的正弦量，正弦量可以用相量表示。将电路中各电压和电流用相量表示，将各元件参数用复数表示，可得到 RLC 串联电路的相量模型，如图 2-28（b）所示。

根据基尔霍夫电压定律的相量形式，可得

$$\dot{U} = \dot{U}_R + \dot{U}_L + \dot{U}_C \qquad (2-43)$$

由前面分析可知，各元件的电压与电流的相量关系分别为

$$\dot{U}_R = R\dot{I}$$

$$\dot{U}_L = jX_L\dot{I}$$

$$\dot{U}_C = -jX_C\dot{I}$$

代入式（2 - 43），有

$$\dot{U} = R\dot{I} + jX_L\dot{I} - jX_C\dot{I} = [R + j(X_L - X_C)]\dot{I} = Z\dot{I} \tag{2 - 44}$$

由式（2 - 44）可见，电阻、电感和电容元件串联电路的电压相量 $\dot{U}$ 等于电流相量 $\dot{I}$ 与阻抗 Z 的乘积，其中 $Z = R + j(X_L - X_C)$。

2. 电路的性质

RLC 串联电路的端电压与电流之间的相位关系取决于 X_L 与 X_C 的相对大小。根据 X_L 与 X_C 的大小关系可确定，RLC 串联电路存在下述三种情况。

（1）电感性电路。$X_L > X_C$，此时 $X > 0$，$U_L > U_C$，阻抗角 $\varphi > 0$。相量图如图 2 - 29 (a) 所示。

（2）电容性电路。$X_L < X_C$，此时 $X < 0$，$U_L < U_C$，阻抗角 $\varphi < 0$。相量图如图 2 - 29 (b) 所示。

（3）电阻性电路。$X_L = X_C$，此时 $X = 0$，$U_L = U_C$，阻抗角 $\varphi = 0$。相量图如图 2 - 29 (c) 所示。

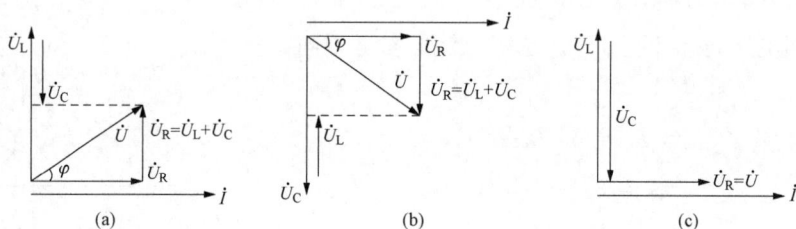

图 2 - 29　电感性电路相量图

【例 2 - 14】　RLC 串联电路中，加在电路端口电压为 $u = 220\sqrt{2}\sin 314t\,V$，已知 $R = 30\Omega$，$L = 127.4mH$，$C = 39.8\mu F$，$U = 220V$。（1）求电路中的电流相量 $\dot{I}$ 及电压相量 $\dot{U}_R$、$\dot{U}_L$、$\dot{U}_C$，并写出 i、u_R、u_L、u_C 的解析式；（2）画出电流及各电压的相量图。

解　（1）$\omega = 2\pi f = 2 \times 3.14 \times 50 = 314(rad/s)$

$$X_L = \omega L = 314 \times 127.4 \times 10^{-3} = 40(\Omega)$$

$$X_C = \frac{1}{\omega C} = \frac{1}{314 \times 39.8 \times 10^{-6}} = 80(\Omega)$$

$$Z = R + j(X_L - X_C) = 30 + j(40 - 80) = 30 - j40 = 50\angle -53.1°(\Omega)$$

$$\dot{U} = 220\angle 0°\,V$$

设各电压和电流的参考方向均一致，故有

$$\dot{I} = \frac{\dot{U}}{Z} = \frac{220\angle 0°}{50\angle -53.1°} = 4.4\angle 53.1°(A)$$

$$\dot{U}_R = R\dot{I} = 30 \times 4.4\angle 53.1° = 132\angle 53.1°(V)$$

$$\dot{U}_L = jX_L\dot{I} = j40 \times 4.4\angle 53.1° = 40\angle 90° \times 4.4\angle 53.1° = 176\angle 143.1°(V)$$

$$\dot{U}_{\mathrm{C}} = -\mathrm{j}X_{\mathrm{C}}\dot{I} = -\mathrm{j}80 \times 4.4\angle 53.1° = 80\angle -90° \times 4.4\angle 53.1 = 352\angle -36.9°(\mathrm{V})$$

根据电压、电流的相量式，写出对应的解析式为

$$i = 4.4\sqrt{2}\sin(314t + 53.1°)\ \mathrm{A}, \quad u_{\mathrm{R}} = 132\sqrt{2}\sin(314t + 53.1°)\ \mathrm{V}$$

$$u_{\mathrm{L}} = 176\sqrt{2}\sin(314t + 143.1°)\ \mathrm{V}, \quad u_{\mathrm{C}} = 352\sqrt{2}\sin(314t - 36.9°)\ \mathrm{V}$$

（2）电压、电流的相量图如图 2-30 所示。

三、阻抗的串联和并联

1. 复阻抗和复导纳

（1）复阻抗。在正弦交流电路中，对于任一不含独立电源的二端网络（见图 2-31），在端口电压和端口电流取关联参考方向的情况下，端口电压相量 $\dot{U} = U\angle \theta_u$ 与端口电流相量 $\dot{I} = I\angle \theta_i$ 之比称为该二端网络的输入复阻抗，简称为该二端网络的复阻抗，用 Z 表示，即

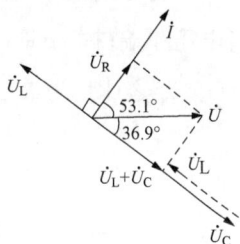

图 2-30　［例 2-14］图

$$Z = \frac{\dot{U}}{\dot{I}} = \frac{U\angle \theta_u}{I\angle \theta_i} = \frac{U}{I}\angle \theta_u - \theta_i = |Z|\angle \varphi \qquad (2-45)$$

其中，$|Z|$ 为阻抗的模，$|Z| = \dfrac{U}{I}$；φ 为阻抗角，$\varphi = \theta_u - \theta_i$。复阻抗的图形符号与电阻的图形符号相似。复阻抗的单位为 Ω。

式（2-45）表明，无源二端网络的阻抗模等于端口电压与端口电流的有效值之比，阻抗角等于电压与电流的相位差。若 $\varphi > 0$，表示电压超前电流，电路呈电感性（感性）；若 $\varphi < 0$，表示电压滞后电流，电路呈电容性（容性）；若 $\varphi = 0$，表示电压与电流同相，电路呈电阻性（阻性）。应注意复阻抗是复数但不是相量，Z 上不能加点。

阻抗用代数形式表示时，有 $Z = R + \mathrm{j}X$。其中，Z 的实部为 R，称为电阻；Z 的虚部为 X，称为电抗。它们和 $|Z|$ 及 φ 之间的关系符合阻抗三角形的关系（见图 2-32），即

$$R = |Z|\cos\varphi, \quad |Z| = \sqrt{R^2 + X^2}$$

$$X = |Z|\sin\varphi, \quad \varphi = \arctan\frac{X}{R}$$

图 2-31　正弦交流电路的复阻抗

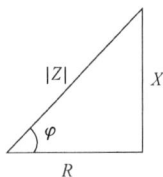

图 2-32　阻抗三角形

在正弦交流电路中，若各个电路元件上的电压和电流取关联参考方向，则每个元件（非电源元件）上的电压相量与电流相量之比称为该元件的复阻抗。电阻、电感和电容元件的复阻抗 Z_{R}、Z_{L} 和 Z_{C} 分别为

$$Z_{\mathrm{R}} = \frac{\dot{U}_{\mathrm{R}}}{\dot{I}_{\mathrm{R}}} = R$$

$$Z_L = \frac{\dot{U}_L}{\dot{I}_L} = j\omega L = jX_L$$

$$Z_C = \frac{\dot{U}_C}{\dot{I}_C} = \frac{1}{j\omega C} = -jX_C$$

（2）复导纳。在正弦交流电路中，对于任一不含独立电源的二端网络（见图 2-33），在端口电压和端口电流取关联参考方向的情况下，端口电流相量 $\dot{I} = I\angle\theta_i$ 与端口电压相量 $\dot{U} = U\angle\theta_u$ 之比称为该二端网络的输入复导纳，简称为该二端网络的复导纳，用 Y 表示，即

$$Y = \frac{\dot{I}}{\dot{U}} = \frac{I\angle\theta_i}{U\angle\theta_u} = \frac{I}{U}\angle\theta_i - \theta_u = |Y|\angle\varphi' \qquad (2-46)$$

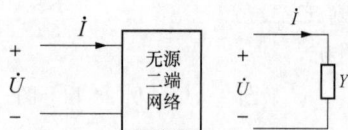

图 2-33　正弦交流电路的复导纳

其中，$|Y|$ 为复导纳的模；φ' 为复导纳的导纳角。在国际单位制中，Y 的单位是西门子，用 S 表示，简称西。

式（2-46）表明，无源二端网络的导纳模等于端口电流与端口电压的有效值之比，导纳角等于电流与电压的相位差。若 $\varphi' < 0$，总电流滞后电压，电路呈感性；若 $\varphi' > 0$，总电流超前电压，电路呈容性；若 $\varphi' = 0$，总电流 $I = I_R$ 最小，电路呈电阻性。

复导纳用代数形式表示时，有 $Y = G + jB$。复导纳 Y 的实部称为电导，用 G 表示；复导纳的虚部称为电纳，用 B 表示。它们和 $|Y|$ 及 φ' 之间的关系符合导纳三角形的关系，如图 2-34 所示，即

$$G = |Y|\cos\varphi', \quad |Y| = \sqrt{G^2 + B^2}$$

$$B = |Y|\sin\varphi', \quad \varphi' = \arctan\frac{B}{G}$$

在正弦交流电路中，若各个电路元件上的电压和电流取关联参考方向，对于电阻、电感和电容元件的复导纳 Y_R、Y_L 和 Y_C 分别为

$$Y_R = \frac{\dot{I}_R}{\dot{U}_R} = \frac{1}{R} = G$$

$$Y_L = \frac{\dot{I}_L}{\dot{U}_L} = \frac{1}{j\omega L} = -j\frac{1}{\omega L} = -jB_L$$

$$Y_C = \frac{\dot{I}_C}{\dot{U}_C} = j\omega C = jB_C$$

式中：B_L 为感纳；B_C 为容纳。

（3）复阻抗与复导纳的关系。复阻抗 $Z = R + jX$ 与复导纳 $Y = G + jB$ 之间可以相互转换、相互替代，见图 2-35。从前面的分析可以看出，复阻抗和复导纳呈倒数关系，即

$$Y = \frac{1}{Z} \qquad (2-47)$$

其中

$$|Y| = \frac{1}{|Z|}, \quad \varphi' = -\varphi$$

将复阻抗等效为复导纳，有

$$Y = \frac{1}{Z} = \frac{1}{R+jX} = \frac{R-jX}{R^2+X^2} = \frac{R}{|Z|^2} + j\frac{-X}{|Z|^2} = G+jB$$

将复导纳等效为复阻抗，有

$$Z = \frac{1}{Y} = \frac{1}{G+jB} = \frac{G-jB}{G^2+B^2} = \frac{G}{G^2+B^2} - \frac{jB}{G^2+B^2} = R+jX$$

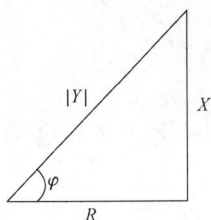

图 2 - 34　导纳三角形

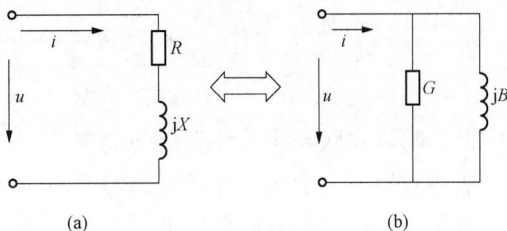

图 2 - 35　复阻抗与复导纳的等效变换

【**例 2 - 15**】　已知加在电路上的端电压为 $u = 220\sqrt{2}\sin(314t-60°)\text{V}$，通过电路中的电流为 $i = 10\sqrt{2}\sin(314t+60°)\text{A}$。求 $|Z|$、阻抗角 φ 和导纳角 φ'。

解　电压的相量为 $\dot{U} = 220\angle-60°\text{V}$，电流的相量为 $\dot{I} = 10\angle60°\text{A}$，所以

$$|Z| = \frac{U}{I} = \frac{220}{10} = 22\Omega$$

$$\varphi = \theta_u - \theta_i = -60° - 60° = -120°$$

$$\varphi' = -\varphi = 120°$$

2. 阻抗串联电路

若干个阻抗依次一个接一个地连接起来，构成一条电流通路，这种连接方式称为阻抗的串联。图 2 - 36（a）所示为 n 个阻抗串联的电路。

在图 2 - 36（a）所示参考方向下，根据基尔霍夫电压定律可列出

$$\dot{U} = \dot{U}_1 + \dot{U}_2 + \cdots + \dot{U}_n = \dot{I}Z_1 + \dot{I}Z_2 + \cdots + \dot{I}Z_n = \dot{I}(Z_1 + Z_2 + \cdots + Z_n)\dot{I}Z$$

根据等效网络的定义［见图 2 - 36（b）］，可确定两电路的等效条件为

$$Z = Z_1 + Z_2 + \cdots + Z_n \tag{2-48}$$

由此可见，阻抗串联电路的等效阻抗等于各个串联阻抗之和。

3. 阻抗并联电路

若干个阻抗的两端分别连接在一起，构成一个具有两个节点、多条支路的二端网络。这种连接方式称为阻抗的并联。图 2 - 37（a）所示为 n 个阻抗并联的电路。

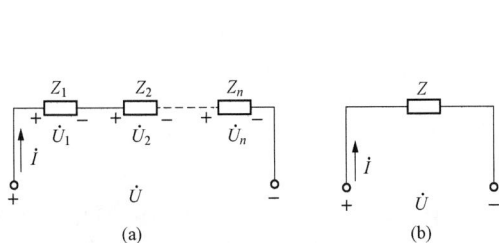

图 2 - 36　阻抗的串联

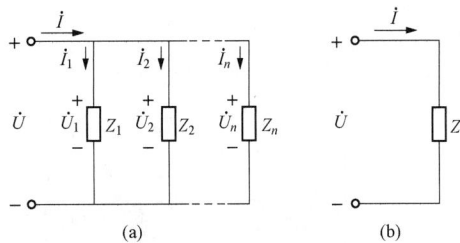

图 2 - 37　阻抗的并联

在 2 - 37（a）所示参考方向下，根据基尔霍夫电流定律，可列出

$$\dot{I} = \dot{I}_1 + \dot{I}_2 + \cdots + \dot{I}_n = \frac{\dot{U}}{Z_1} + \frac{\dot{U}}{Z_2} + \cdots + \frac{\dot{U}}{Z_n} = \dot{U}\left(\frac{1}{Z_1} + \frac{1}{Z_2} + \cdots + \frac{1}{Z_n}\right)$$

若干个阻抗并联的电路同样可以用一个阻抗来等效替代，这表明图 2 - 37（a）所示电路可以用图 2 - 37（b）所示电路来等效替代。根据等效网络的定义，可确定两电路的等效条件为

$$\frac{1}{Z} = \frac{1}{Z_1} + \frac{1}{Z_2} + \cdots + \frac{1}{Z_n} \tag{2-49}$$

即

$$Y = Y_1 + Y_2 + \cdots + Y_n \tag{2-50}$$

由此可见，阻抗并联电路等效阻抗的倒数等于各个并联阻抗的倒数之和。也就是说，阻抗并联电路的等效导纳等于各个并联支路的导纳之和。

【例 2 - 16】 已知 RLC 并联电路如图 2 - 38 所示。已知 $R = 40\Omega$，$X_L = 30\Omega$，$X_C = 50\Omega$，端电压 $u = 220\sqrt{2}\sin(\omega t + 60°)$V。求各支路电流 $\dot{I}_1$、$\dot{I}_2$ 及总电流 $\dot{I}$，并画出相量图。

解　选 u、i_1、i_2、i 的参考方向如图 2 - 38 所示。

$$Z_1 = R + jX_L = 40 + j30 = 50\angle 36.9°(\Omega)$$

$$Z_2 = -jX_C = -j50 = 50\angle -90°(\Omega)$$

$$\dot{U} = 220\angle 60°\text{V}$$

$$\dot{I}_1 = \frac{\dot{U}}{Z_1} = \frac{220\angle 60°}{50\angle 36.9°} = 4.4\angle 23.1°(\text{A})$$

$$\dot{I}_2 = \frac{\dot{U}}{Z_2} = \frac{220\angle 60°}{50\angle -90°} = 4.4\angle 150°(\text{A})$$

$$\dot{I} = \dot{I}_1 + \dot{I}_2 = 22\angle 23.1° + 22\angle 150° = 20.2 + j8.6 - 19.1 + j11$$
$$= 1.1 + j19.6 = 19.7\angle 86.8°(\text{A})$$

电流超前电压，电路呈容性，相量图如图 2 - 39 所示。

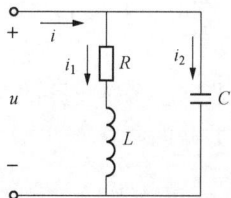

图 2 - 38　RLC 并联电路

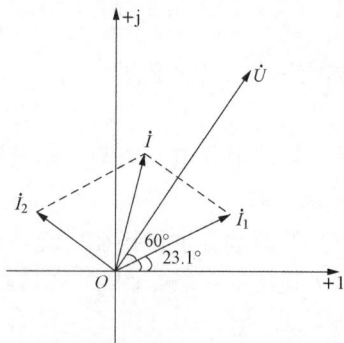

图 2 - 39　相量图

四、正弦交流电路中的功率

1. 瞬时功率 p

任意二端网络的瞬时功率等于其端口的瞬时电压与瞬时电流的乘积。如图 2 - 40 所示，二端网络端口电压和端口电流取关联参考方向，设该二端网络的端口电压和电流分别为

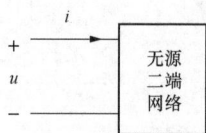

图 2 - 40　无源二端网络

$$u = \sqrt{2}U\sin(\omega t + \varphi)$$
$$i = \sqrt{2}I\sin\omega t$$

式中：φ 为阻抗角，$\varphi = \theta_u - \theta_i$。

该二端网络吸收的瞬时功率为

$$p = ui = \sqrt{2}U\sin(\omega t + \varphi) \times \sqrt{2}I\sin\omega t = 2UI\sin(\omega t + \varphi)\sin\omega t$$

$$= 2UI \times \frac{1}{2}[\cos(\omega t + \varphi - \omega t) - \cos(\omega t + \varphi + \omega t)]$$

$$= UI[\cos\varphi - \cos(2\omega t + \varphi)] \tag{2-51}$$

瞬时功率由两部分组成：一部分为恒定分量 $UI\cos\varphi$；另一部分为正弦分量 $UI\cos(2\omega t + \varphi)$，正弦分量的频率是电源频率的两倍。从其瞬时功率波形图（见图 2-41）可以看出，当 $p > 0$ 时，表示电路吸收电能（电阻元件的作用）；当 $p < 0$ 时，表示电路发出电能（储能元件的作用）。

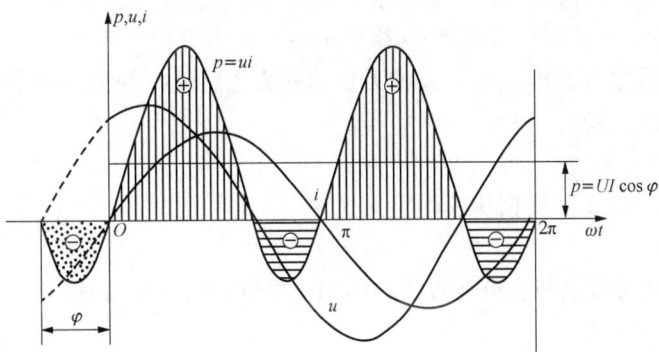

图 2-41　瞬时功率波形图

2. 有功功率 P

把一个周期内瞬时功率的平均值称为平均功率，或称有功功率，用字母 P 表示，即

$$P = \frac{1}{T}\int_0^T p\,\mathrm{d}t = \frac{1}{T}\int_0^T UI[\cos\varphi - \cos(2\omega t + \varphi)]\,\mathrm{d}t$$

$$= \frac{1}{T}\int_0^T (UI\cos\varphi)\,\mathrm{d}t - \frac{1}{T}\int_0^T [UI\cos(2\omega t + \varphi)]\,\mathrm{d}t$$

$$= UI\cos\varphi - 0 = UI\cos\varphi \tag{2-52}$$

所以

$$P = UI\cos\varphi = UI\lambda \tag{2-53}$$

式中：φ 为功率因数角；λ 为功率因数，$\lambda = \cos\varphi$。

可见，正弦交流电路中的有功功率一般并不等于电压与电流有效值的乘积，它还与电压电流之间的相位差 φ 有关。当 $\varphi = 0$ 时，$P = UI\cos\varphi = UI$，二端网络呈纯阻性；当 $\varphi = \pm\dfrac{\pi}{2}$ 时，$P = UI\cos\varphi = 0$，二端网络呈纯电抗特性。

所以，对于含有 R、L、C 元件的电路，由于 $P_L = 0$，$P_C = 0$，则

$$P = UI\cos\varphi = P_R \tag{2-54}$$

3. 无功功率 Q

在正弦电路中，无功功率也是一个重要的量，特别是电力系统的正常运行与无功功率有密切的关系。

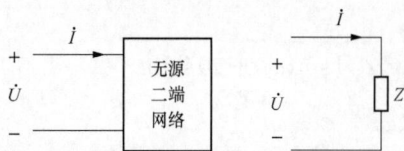

图 2-42 无源二端网络及其等效电路

如图 2-42 所示的无源二端网络，可用电阻与电抗相串联的等效电路代替（$Z=R+jX$），从而无源二端网络的无功功率就等于等效电路电抗 X 的无功功率，即

$$Q = U_X I = UI \sin\varphi$$

所以无功功率的定义式为

$$Q = UI \sin\varphi \tag{2-55}$$

其中，φ 仍为阻抗角。

当 $\varphi=0$ 时，$Q=UI\sin\varphi=0$，二端网络呈纯阻性；

当 $\varphi>0$ 时，$Q=UI\sin\varphi>0$，二端网络呈感性（吸收无功功率）；

当 $\varphi<0$ 时，$Q=UI\sin\varphi<0$，二端网络呈容性（发出无功功率）。

在既有电感又有电容的电路中，总的无功功率为电感吸收的无功功率与电容发出的无功功率之差，即 $Q=Q_L-Q_C$。

4. 视在功率 S

（1）视在功率的定义。视在功率的定义式为

$$S = UI \tag{2-56}$$

视在功率为电压有效值与电流有效值的乘积，单位为伏·安（V·A）。工程上常用 kV·A，$1kV·A=1000V·A$。

由 $P=UI\cos\varphi=UI\lambda$，可知

$$\lambda = \frac{P}{UI} = \frac{P}{S} \tag{2-57}$$

一般 $P<S$，即 $\lambda<1$。

（2）视在功率的意义。电机或电器都有一个额定电压和额定电流，所以其视在功率也有一个额定值。例如 4000kV·A 的变压器，如其高压侧额定电压是 35kV，则可近似算得高压侧的额定电流为 114.3A。当 $\lambda=1$ 且电流等于额定电流时，变压器传输的有功功率为 4000kW；当 $\lambda=0.5$ 时，虽然它的额定视在功率为 4000kV·A，变压器传输的有功功率只有 2000kW，为了充分利用变压器的设备容量，应尽量提高负载的功率因数。

5. 功率三角形

由 $P=UI\cos\varphi=UI\lambda$，$Q=UI\sin\varphi$，$S=UI$，则 P、Q、S 之间符合三角形关系称为功率三角形，如图 2-43 所示。

从功率三角形可以看出

$$S = \sqrt{P^2 + Q^2}$$

$$\tan\varphi = \frac{Q}{P}$$

$$\lambda = \cos\varphi = \frac{P}{S}$$

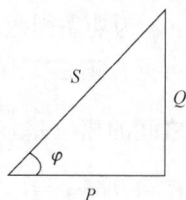

图 2-43 功率三角形

【例 2 - 17】　如图 2 - 44 所示，用三表法测量一个交流线圈的参数，测得电压表的读数为 50V，电流表的读数为 1A，功率表的读数为 30W，试求该线圈的参数 R 和 L（电源的频率为 50Hz）。

解　选 u、i 为关联参考方向，如图 2 - 44 所示。

根据 $P = I^2R$，求得

$$R = \frac{P}{I^2} = \frac{30}{I^2} = 30(\Omega)$$

线圈的阻抗　$|Z| = \frac{U}{I} = \frac{50}{1} = 50(\Omega)$

由于 $Z = \sqrt{R^2 + X_L^2}$，则

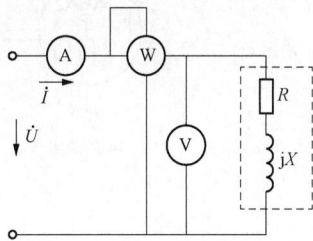

图 2 - 44　［例 2 - 17］图

$$X_L = \sqrt{|Z|^2 - R^2} = \sqrt{50^2 - 30^2} = 40(\Omega)$$

$$L = \frac{X_L}{\omega} = \frac{40}{314} = 0.127(H)$$

实 践 知 识

在电气设备的生产、调试、检修、使用等过程中都离不开电工测量，测量仪表和测量技术的发展促进了生产发展和科技进步。电工测量仪表种类繁多，随着技术的发展，测量仪表向着数字化、高精度、智能化的方向发展。下面介绍几种常用的电工测量仪表的使用方法。

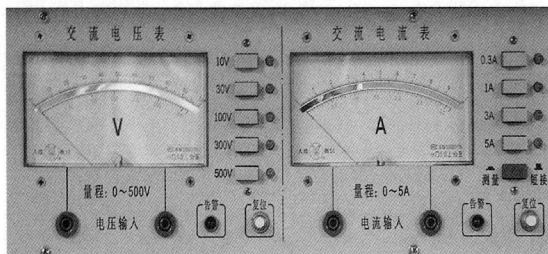

图 2 - 45　交流电压表和交流电流表

一、交流电流表和交流电压表

测量电流时电流表必须与被测电路串联，电压表必须与被测电路并联，否则将会烧毁表计。测量时应选择合适的量程，便于读数。测高电压大电流时为了安全，一般采用电压互感器将电压降低测量，电流互感器将电流降低测量。本任务采用的交流电流表和交流电流表，如图 2 - 45 所示。

二、功率表

一般单相功率表（又称为瓦特表）是一种动圈式仪表，它有两个测量线圈，分别为电流线圈和电压线圈，其电压线圈应与负载并联，电流线圈应与负载串联。

为了不使功率针反向偏转或者功率表的读数为负值，在电流线圈和电压线圈的一个端钮上都标有"＊"标记。正确的连接方法是：必须将标有"＊"标记的两个端钮接在电源的同一端，电流线圈的另一端接至负载端，电压线圈的另一端则接至负载的另一端。功率表在电路中的连接线路和测试端钮的外部连接示意见图 2 - 46。

功率表在使用过程中还应该注意量程的选择，不仅功率要符合量程，同时电压和电流的大小不超过功率表电压和电流的量限。

本任务测量功率时所用的功率表为智能交流功率表。

三、测量过程中的注意事项

（1）本任务直接用市电 220V 交流电源供电，实验中要特别注意人身安全，必须严格遵

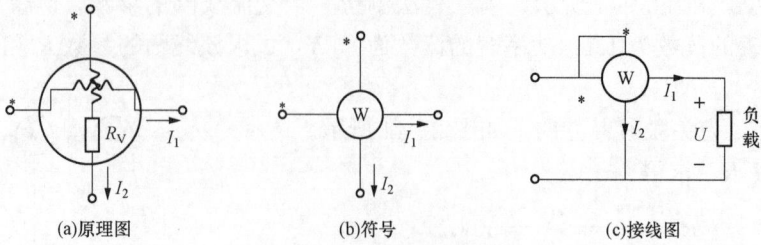

(a)原理图 (b)符号 (c)接线图

图 2-46 功率表

守安全用电操作规程，不可用手直接触摸通电线路的裸露部分，以免触电。

（2）自耦调压器在接通电源前，应将其手柄置在零位上，输出电压从零开始逐渐升高。每次改接实验线路或实验完毕，都必须先将其旋柄慢慢调回零位，再断电源。

四、三表法测试交流电路的等效参数

1. 任务目的

（1）学习用交流电压表、交流电流表和功率表测量交流电路的等效参数。

（2）熟练掌握功率表的接法和使用方法。

2. 原理说明

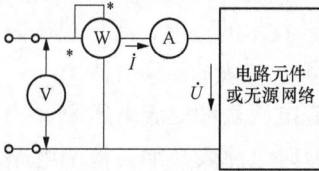

图 2-47 三表法测交流电路等效参数原理接线图

（1）三表法测电路元件的参数。正弦交流激励下的元件参数值或阻抗大小，可以用交流电压表、交流电流表及功率表分别测量出元件两端的电压 U、流过该元件的电流 I 和它所消耗的功率 P，如图 2-47 所示，然后通过计算得到所求的各值。这种方法称为三表法，是测量 50 Hz 交流电路参数的基本方法。

根据交流电的欧姆定律，可以有阻抗的模

$$|Z| = \frac{U}{I}$$

电路的功率因数

$$\cos\varphi = \frac{P}{UI}$$

等效电阻

$$R = \frac{P}{I^2} = |Z|\cos\varphi$$

等效电抗

$$X = |Z|\sin\varphi$$

对于感性元件

$$X = X_L = 2\pi f L$$

对于容性元件

$$X = X_C = \frac{1}{2\pi f C}$$

如果被测对象不是一个单一元件，而是一个无源二端网络，也可以用三表法测出 U、I、P 后，由上述公式计算出 R 和 X，但无法判定出电路的性质（即阻抗性质）。

（2）阻抗性质的判别方法。阻抗性质的判别可以在被测电路元件两端并联或串联电容来实现。

1）并联电容判别法。在被测电路 Z 两端并联可变容量的试验电容 C'，如图 2-48（a）所示。图 2-48（b）是图（a）的等效电路，图中 G、B 为待测阻抗 Z 的等效电导和电纳，$B'=\omega C'$ 为并联电容 C' 的电纳。根据串接在电路中电流表示数的变化，可判定被测阻抗的性质。

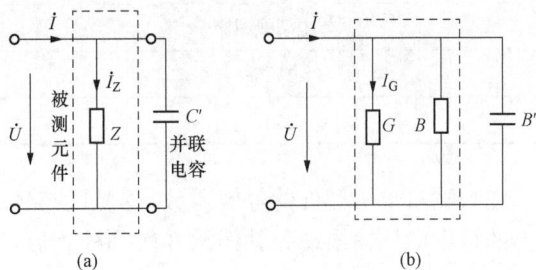

图 2-48　并联电容测试法

设并联电路中 $B+B'=B''$，在端电压 U 不变的条件下：①若 B' 增大，B'' 也增大，总电流 I 将单调地上升，故可判断 B 为容性元件；②若 B' 增大，B'' 先减小后再增大，总电流 I 也是先减小后上升，如图 2-49 所示，则可判断 B 为感性元件。

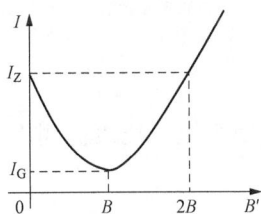

图 2-49　感性电路的 I-B' 的关系曲线

由上述分析可见，当 B 为容性元件时，对并联电容 C' 值无特殊要求；而当 B 为感性元件时，$B'<|2B|$ 才有判定为感性的意义。$B'>|2B|$ 时，电流将单调上升，与 B 为容性时的情况相同，并不能说明电路是感性的。因此，判断电路性质的可靠条件为 $C'<|2B|/\omega$。

2）串联电容判别法。在被测元件电路中串联一个适当容量的试验电容 C'，在电源电压不变的情况下，根据被测阻抗的端电压的变化，可以判断电路阻抗的性质。若串联电容后被测阻抗的端电压单调下降，则为容性；若端电压先上升后下降，则被测阻抗为感性，判定条件为 $C'>\dfrac{1}{\omega|2X|}$。其中，X 为被测阻抗的电抗值；C' 为串联试验电容值。

3）相位关系测量法。判断待测元件的性质，还可以利用单相相位表测量电路中电流、电压间的相位关系进行判断，若电流超前于电压，则电路为容性；电流滞后于电压，则电路为感性。

3. 任务内容及实施

（1）实验设备见表 2-5。

表 2-5　　　　　　　　　　　实　验　设　备

序号	名称	型号与规格	数量
1	单相交流电源	0～220V	1
2	交流电压表	0～300V	1
3	交流电流表	0～5A	1
4	单相功率表	D34-W 0～500V，0～3A，精度 0.5	1
5	自耦调压器	0～430V，1.5kV·A	1

续表

序号	名称	型号与规格	数量
6	电感线圈	30W日光灯配用镇流器	1
7	电容器	4.7μF/400V	1
8	白炽灯	10W/220V	3

（2）测量单一元件的等效参数。测试线路如图 2-50 所示，电源电压取自实验装置配电屏上的可调电压输出端，并经指导教师检查后，方可接通市电电源。

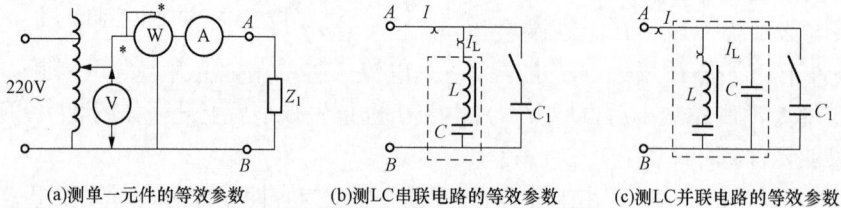

(a)测单一元件的等效参数　(b)测LC串联电路的等效参数　(c)测LC并联电路的等效参数

图 2-50　测量交流电路等效电路

1）分别将 10W 白炽灯（R）和 4.7μF 电容器（C）接入电路，用交流电压表监测将电源电压调到 220V，读出电流表和功率表的读数，数据记入表 2-6 中。

2）将调压器调回到零，断开电源。

3）将 30W 日光灯镇流器（L）接入电路，将电源电压从零调到电流表的示数为额定电流 0.4A 时为止。

4）读出电压表和功率表的读数，数据记入表 2-6 中。

（3）测量 L、C 串联与并联后的等效参数。分别将元件 L、C 串联和并联后接入电路，在电感支路中串入电流表，调节输入电压时使 $I_L=0.4A$，并将电压表和功率表的读数记入表 2-6 中。

表 2-6　　　　　　　　　　　　　测量单一元件的等效参数

被测阻抗	测量值				计算电路等效参数				
	$U(V)$	$I(A)$	$P(W)$	$\cos\varphi$	$Z(\Omega)$	$\cos\varphi$	$R(\Omega)$	$L(mH)$	$C(\mu F)$
25W 白炽灯								/	/
电容器 C						/		/	
电感线圈 L		0.4A							/
LC 串联		0.4A							
LC 并联									

（4）测量电路的阻抗性质。在 LC 串联和并联电路中，保持输入电压不变，并接不同数值的试验电容，测量电路中总电流的数值，根据电流的变化情况来判别 LC 串联和并联后阻抗的性质。数据记入表 2-7 中。

表 2-7   测量电路的阻抗性质

测量电路	并联电容（μF）／电路电流（A）	0	1	2.2	3.2	4.7	5.7	6.9	电路性质
LC 串联	I								
LC 并联	I'								

4. 测试结果分析

通过测量数据分析并联电容判别法和串联电容判别法判别阻抗的性质。

【思考题】

1. 在 50Hz 的交流电路中，测得一只铁芯线圈的 P、I 和 U，如何计算它的阻值及电感量？

2. 如何用串联电容的方法来判别阻抗的性质？试用 I 随 X'_C（串联容抗）的变化关系作定性分析，证明串联试验时，C' 满足 $\frac{1}{\omega C} < |2X|$。

任务四 日光灯电路的装接与测试

学 习 目 标

学会日光灯电路的接线与安装，掌握测试日光灯电路的功率因数的概念及提高功率因数的方法，解决感性电路功率因数提高的问题。

任 务 描 述

在电力系统中绝大多数负载属于感性负载，例如日常生活中常用的日光灯。通过测量会发现，日光灯是感性负载，正常工作时的功率因数比较低，仅为 0.45 左右。功率因数的大小直接影响电能的利用率，为提高感性负载的功率因数，通常采用在感性负载侧并联电容的方法来实现。因此，在本任务中将装接日光灯电路并测试并联电容对功率因数的影响。

相 关 知 识

一、提高功率因数的意义

交流电路的负载多为感性（如日光灯、电动机、变压器等），电感与外界交换能量本身需要一定的无功功率，但是无功功率过大，会使功率因数比较低（$\cos\varphi < 0.5$），从而引起下述不良后果。

1. 造成电源设备容量不能充分利

正常情况下，电源设备的额定容量是一定的，即视在功率等于额定电压乘以额定电流。若功率因数过低，电源设备向外提供的有功功率就越低，造成电源设备容量不能充分利用。

2. 增加线路的电压降落和功率损耗

在输电线路上能量损耗和电压降低较大，引起负载电压的降低，影响负载的正常工作。

可见，提高功率因数，既能使电源设备的容量得到合理利用，减少输电电能损耗，又能改善供电的电压质量。

二、改善功率因数方法及原理

在电力系统中，提高功率因数一般从两方面考虑。一是提高自然功率因数，即不增加任何补偿设备，譬如通过合理地选择电动机和变压器的容量，改进电动机运行方式，改善配电线路的布局等，来减少供电系统无功功率的需要量；二是采用功率因数的人工补偿，即无功补偿，无功补偿最常采用的措施是在用户变电所或无功功率较大的用电设备附近安装电容器，来提高功率因数。

如图 2-51（a）所示的电路中，一感性负载（用 RL 串联电路来表示）接于电压为 $\dot{U}$ 的交流电源上，在其两端并联电容实现功率因数提高。

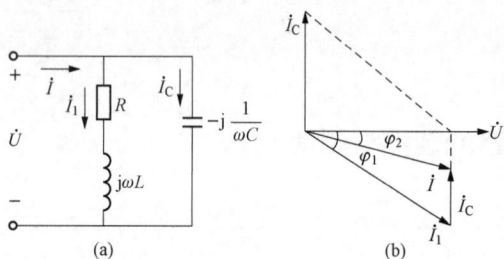

图 2-51　并联电容器提高功率因数

从相量图 2-51（b）可见，在感性负载两端并联电容器后，电路的总电流减小（$I < I_1$），功率因数角减小（$\varphi_2 < \varphi_1$），功率因数提高（$\cos\varphi_2 > \cos\varphi_1$）。可见，并联电容器提高功率因数的实质就是利用超前电容电流去补偿感性滞后的电流。

但是应该注意，所谓提高功率因数并不是提高感性负载本身的功率因数，负载在并联电容前后，由于端电压没变，那么负载的工作状况就未发生改变。也就是说，提高功率因数只是提高了电路中的功率因数。在功率因数的提高过程中，从经济性的角度考虑，一般提高到 0.9 左右就可以了。

并联电容前，有

$$P = UI_1\cos\varphi_1, \quad I_1 = \frac{P}{U\cos\varphi_1} \qquad (2\text{-}58)$$

并联电容后，有

$$P = UI\cos\varphi_2, \quad I = \frac{P}{U\cos\varphi_2} \qquad (2\text{-}59)$$

由图 2-51（b）可以看出

$$I_C = I_1\sin\varphi_1 - I\sin\varphi_2 = \frac{P\sin\varphi_1}{U\cos\varphi_1} - \frac{P\sin\varphi_2}{U\cos\varphi_2} = \frac{P}{U}(\tan\varphi_1 - \tan\varphi_2)$$

又知

$$I_C = \frac{U}{X_C} = \omega CU$$

代入上式可得

$$\omega CU = \frac{P}{U}(\tan\varphi_1 - \tan\varphi_2)$$

即

$$C = \frac{P}{\omega U^2}(\tan\varphi_1 - \tan\varphi_2) \qquad (2-60)$$

补偿电容器的补偿容量为

$$Q_C = Q_1 - Q_2 = P_1(\tan\varphi_1 - \tan\varphi_2) \qquad (2-61)$$

【例 2-18】　一台电动机的功率为 1.2kW，接到 220V 的工频电源上，其工作电流为 10A。试求：（1）电动机的功率因数；（2）若在电动机两端并上一只 80μF 的电容器，此时电路的功率因数为多少。

解　（1）根据题意，电动机的有功功率及电路的视在功率为

$$P = 1.2\text{kW} = 1200\text{W}$$
$$S = UI_1 = 220 \times 10 = 2200(\text{V} \cdot \text{A})$$

电动机的功率因数为

$$\cos\varphi_1 = \frac{P}{S} = \frac{P}{UI_1} = \frac{1200}{2200} = 0.545$$

$$\varphi_1 = 56.9°, \quad \tan\varphi_1 = \tan56.9° = 1.534$$

（2）电动机两端并上电容器后，根据

$$C = \frac{P}{\omega U^2}(\tan\varphi_1 - \tan\varphi_2)$$

$$\tan\varphi_2 = \tan\varphi_1 - \frac{C\omega U^2}{P} = 1.534 - \frac{80 \times 10^{-6} \times 314 \times 220^2}{1200} = 0.521$$

所以 $\varphi_2 = 27.5°$。

电路的功率因数变为 $\cos\varphi_2 = \cos27.5° = 0.89$。

实 践 知 识

一、日光灯电路的接线及工作原理

1. 日光灯电路接线

日光灯电路接线如图 2-52 所示。其中，A 为日光灯管；L 为镇流器；S 为启辉器；C 为补偿电容器；用以改善电路的功率因数（cosφ 值）。

2. 日光灯工作原理

在图 2-52 所示的电路中，当开关闭合后电源把电压加在启动器的两极之间，使氖气放电而发出

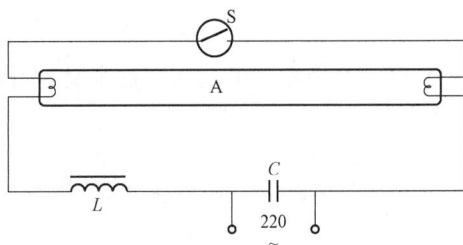

图 2-52　日光灯电路接线

辉光，辉光产生的热量使 U 形动触片膨胀伸长，跟静触片接触进而把电路接通，于是镇流器线圈和灯管中的灯丝就有电流通过。电路接通后，启动器中的氖气停止放电，U 形片冷却收缩，两个触片分离，电路自动断开。在电路突然断开的瞬间，由于镇流器电流急剧减小，会产生很高的自感电动势，方向与原来的电压方向相同。这个自感电动势与电源电压加在一起，形成一个瞬时高压，加在灯管两端，使灯管中的气体开始放电，于是日光灯开始发光。日光灯开始发光时，由于交变电流通过镇流器的线圈，线圈中产生的感应电动势总是阻碍电流变化的，这时镇流器起着降压限流作用，保证日光灯正常工作。

镇流器在起动时产生瞬时高压，在正常工作时起降压限流作用；启动器中电容器的作用

是避免产生电火花。

启辉器主要是一个充有氖气的小玻璃泡，里面装有两个电极，一个是静触片，另一个是由两个膨胀系数不同的金属制成的 U 形动触片。通电后，温度升高，使双金属片受热膨胀，因为动触片的膨胀程度不同，U 形动触片膨胀伸长，与静触片接触而接通电路。

二、日光灯电路两端并联电容提高功率因数电路

日光灯电路两端并联电容提高功率因数电路如图 2-53 所示。

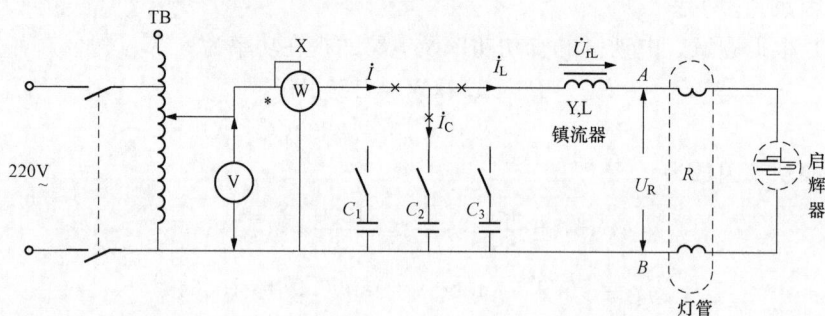

图 2-53 日光灯电路两端并联电容提高功率因数电路

三、日光灯电路装接与功率因数测试

1. 任务目的

(1) 测试正弦稳态交流电路中电压、电流相量之间的关系。

(2) 了解日光灯电路的特点，理解改善电路功率因数的意义并掌握其方法。

2. 原理说明

(1) 交流电路中电压、电流相量之间的关系。在单相正弦交流电路中，各支路电流和回路中各元件两端的电压满足相量形式的基尔霍夫定律，即

$$\sum \dot{I} = 0, \quad \sum \dot{U} = 0$$

(2) 交流电路的功率因数定义为有功功率与视在功率之比，即

$$\cos\varphi = \frac{P}{S}$$

其中，φ 为电路总电压与总电流之间的相位差。

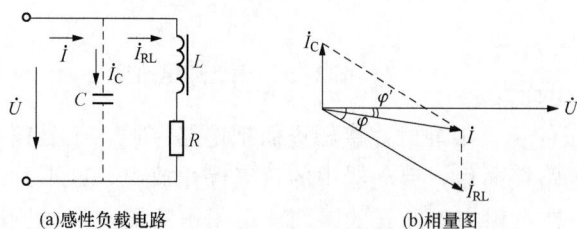

(a)感性负载电路　　　(b)相量图

图 2-54 交流电路的功率因数及改善

(3) 为了提高交流电路的功率因数，可在感性负载两端并联适当的电容 C，如图 2-54 所示。并联电容 C 以后，对于原电路所加的电压和负载参数均未改变，但由于 $\dot{I}_C$ 的出现，电路的总电流 $\dot{I}$ 减小了，总电压与总电流之间的相位差 φ 减小，即功率因数 $\cos\varphi$ 得到提高。

3. 任务内容及实施

(1) 实验设备见表 2-8。

表 2 - 8   实 验 设 备

序号	名称	型号与规格	数量
1	自耦调压器	0~430, 1.5kV·A	1
2	交流电流表	0~5A	1
3	交流电压表	0~300V	1
4	单相功率表	D34 - W 0~500V, 0~3A, 精度 0.5	1
5	白炽灯泡	25W/220V	3
6	镇流器	与 30W 灯管配用	1
7	启辉器	S10 - C	1
8	电容器	1μF, 2.2μF, 4.7μF/400V	各 1
9	日光灯灯管	30W	1
10	电流插座	—	3

（2）日光灯线路接线与测量。按图 2 - 53 所示接好线路，经指导教师检查后，接通市电交流 220V 电源，调节自耦调压器的输出，使其输出电压缓慢增大，直至启辉开始闪烁，日光灯被点亮，按表 2 - 9 记录启辉状态下各测量值。然后将电压调至 220V，测量功率 P 和 P_r，电流 I，电压 U、U_{rL}、U_R 等值，计算镇流器等值电阻 r 和等效电感 L。

表 2 - 9   日 光 灯 电 路 的 测 量

日光灯	测量值					计算值		
工作状态	$U(V)$	$I(A)$	$P(W)$	$U_R(V)$	$U_{rL}(V)$	$P_r(W)$	$r(\Omega)$	$L(H)$
启辉状态								
正常工作								

（3）并联电路——电路功率因数的改善。按图 2 - 53 所示接好线路，经指导老师检查后，接通市电，将自耦调压器的输出调至 220V，记录功率表，电压表读数，通过一只电流表和三个电流插孔分别测得三条支路的电流，改变电容值，进行重复测量，按表 2 - 10 记录各表数据。

表 2 - 10   电路功率因数的改善

电容值 （μF）	测量数值						计算值	
	$P(W)$	$U(V)$	$I(A)$	$I_L(A)$	$I_C(A)$	$\cos\varphi$	$I'(A)$	$\cos'\varphi$
1								
2.2								
3.2								
4.7								
5.7								
6.9								

4. 测试结果分析

（1）完成数据表格中的计算。

（2）总结改善电路功率因数的方法。

【思考题】

1. 在日常生活中，当日光灯上缺少启辉器时，人们常用一根导线将启辉器的两端短接一下，然后迅速断开，使日光灯点亮；或用一只启辉器去点亮多只同类型的日光灯。这是为什么？

2. 为了提高电路的功率因数，常在感性负载上并联电容器，此时增加了一条电流支路。试问电路的总电流是增大还是减小，此时感性元件上的电流和功率是否改变。

3. 提高线路功率因数为什么只采用并联电容器法，而不用串联法？所并联的电容器是否越大越好？

任务五　谐振电路的分析

学习目标

掌握串联谐振和并联谐振的条件及特点，掌握电路品质因数（电路 Q 值）、通频带的物理意义及其测定方法，熟练使用信号源、频率计和交流毫伏表。

任务描述

在交流电路中研究谐振现象具有重要的意义。在电子电路里，我们经常利用谐振电路接收和放大信号，而在电力系统中，若出现谐振，将引起过电压，可能破坏电力系统的正常工作。本任务通过对谐振现象的分析，掌握串联谐振和并联谐振的特点。

相关知识

正弦交流电路中任一具有电感和电容元件的不含独立电源的二端网络，在某一特定条件下，出现网络的端口电压和端口电流同相位的现象，称为谐振。通常可把谐振分为串联谐振和并联谐振。

一、串联谐振

对于 RLC 串联电路来说，其复阻抗

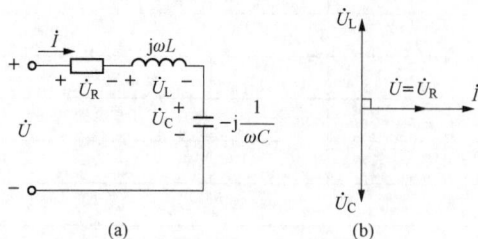

图 2-55　串联谐振电路及其相量图

$$Z = R + j(X_L - X_C) = R + jX = |Z| \angle \varphi$$

当 $X = X_L - X_C = 0$ 时，电路相当于纯电阻电路，其总电压 $\dot{U}$ 和总电流 $\dot{I}$ 同相。电路出现的这种现象称为谐振。串联电路发生的谐振称为串联谐振。

1. 串联谐振的条件

由前述分析可知，对于图 2-55（a）所示的 RLC 串联电路，发生谐振的条件为电路的总电抗为零：

$$X = X_L - X_C = 0$$

即

$$\omega L = \frac{1}{\omega C} \tag{2-62}$$

式（2-62）表明，在感抗和容抗相等时，RLC 串联电路发生谐振。

发生谐振时的角频率 ω_0 和频率 f_0 分别为

$$\omega_0 = \frac{1}{\sqrt{LC}} \quad \text{或} \quad f_0 = \frac{1}{2\pi\sqrt{LC}} \tag{2-63}$$

串联电路的谐振频率 f_0 又称为电路的固有频率，由式（2-63）可知与电路中的电阻 R 和电压 U 无关，仅取决于串联电路中的电感 L 和电容 C 的数值。改变 f、L、C 中的任意一个量都可以使电路发生谐振。

2. 串联谐振电路的特征

（1）谐振时电路阻抗 Z 为最小，即 $Z=R$。

（2）谐振时电路中的电流 I_0 达到最大值。RLC 串联电路电流的有效值为

$$I = \frac{U}{|Z|} \tag{2-64}$$

因为谐振时电路的阻抗模 $|Z|$ 达到最小值，所以当电路的端电压 U 保持一定时，谐振时电路中的电流达到最大值。谐振时的电流有效值为

$$I_0 = \frac{U}{R} \tag{2-65}$$

（3）谐振时电感元件的电压 $\dot{U}_L$ 与电容元件的电压 $\dot{U}_C$ 大小相等、相位相反、相互抵消，电阻元件的电压 $\dot{U}_R$ 等于电源电压 $\dot{U}_L$。谐振时电感元件和电容元件的电压分别为

$$\dot{U}_L = jX_L\dot{I}_0 = jX_L\frac{\dot{U}}{R} = jQ\dot{U} \tag{2-66}$$

$$\dot{U}_C = -jX_C\dot{I}_0 = -jX_C\frac{\dot{U}}{R} = -jQ\dot{U} \tag{2-67}$$

其中，Q 为谐振电路的品质因数，有

$$Q = \frac{X_L}{R} = \frac{\omega_0 L}{R} = \frac{1}{\omega_0 CR} \tag{2-68}$$

RLC 串联电路谐振时的相量图如图 2-55（b）所示。

由式（2-66）和式（2-67）可知，当 $X_L = X_C \gg R$，即 $Q \gg 1$ 时，U_L 和 U_C 都将远大于电源电压 U，所以把串联谐振又称为电压谐振。

（4）谐振时电感元件吸收的感性无功功率 Q_L 等于电容元件吸收的容性无功功率 Q_C，即

$$Q_L = Q_C \tag{2-69}$$

这时电路吸收的无功功率等于零，即 $Q = Q_L - Q_C = 0$。

二、并联谐振

并联谐振的定义与串联谐振的定义相同，在并联电路中，总电压 $\dot{U}$ 和总电流 $\dot{I}$ 同相，就称为并联谐振。

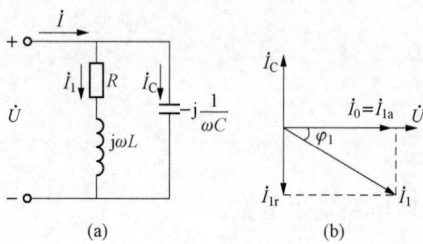

图 2-56　并联谐振电路及其相量图

图 2-56（a）所示电路是一种工程中常用的并联谐振电路。现讨论这种电路的谐振条件和谐振时电路的特征。

1. 并联谐振的条件

图 2-56（a）所示电路的复导纳为

$$Y = \frac{1}{R+j\omega L} + j\omega C$$

$$= \frac{R}{R^2+(\omega L)^2} + j\left[\omega C - \frac{\omega L}{R^2+(\omega L)^2}\right]$$

当复导纳 Y 的虚部等于零时，电路的端口电流 $\dot{I}$ 与端口电压 $\dot{U}$ 同相，即电路发生谐振。因此，电路的谐振条件为

$$\omega C = \frac{\omega L}{R^2+(\omega L)^2}$$

即

$$C = \frac{L}{R^2+(\omega L)^2} \tag{2-70}$$

由式（2-70）可知，电路的谐振角频率为

$$\omega_0 = \sqrt{\frac{1}{LC} - \frac{R^2}{L^2}} = \frac{1}{\sqrt{LC}}\sqrt{1-\frac{CR^2}{L}} \tag{2-71}$$

电路的谐振频率为

$$f_0 = \frac{1}{2\pi\sqrt{LC}}\sqrt{1-\frac{CR^2}{L}} \tag{2-72}$$

由式（2-72）可见，电路的谐振频率完全由电路参数决定。只有当 $1-\frac{CR^2}{L}>0$，即 $R<\sqrt{\frac{L}{C}}$ 时，电路才有谐振频率。如果 $R>\sqrt{\frac{L}{C}}$，则电路不会发生谐振。

2. 并联谐振电路的特征

（1）谐振时电路的复阻抗。谐振时电路的复导纳为

$$Y = \frac{R}{R^2+(\omega_0 L)^2} = \frac{R}{R^2+\left(\frac{1}{LC}-\frac{R^2}{L^2}\right)L^2} = \frac{CR}{L}$$

所以

$$Z = \frac{L}{CR} \tag{2-73}$$

（2）谐振时 RL 串联支路中的电流的无功分量 $\dot{I}_{1r}$ 与电容元件中的电流 $\dot{I}_C$ 大小相等、相位相反、相互抵消，电路中的总电流 $\dot{I}$ 等于 RL 串联支路中的电流的有功分量 $\dot{I}_{1a}$。

并联谐振时电路的相量图如图 3-44（b）所示。谐振时 RL 串联支路中的电流的无功分量为

$$\dot{I}_{1r} = \dot{I}_1 \sin\varphi_1 = \frac{U}{\sqrt{R^2+(\omega_0 L)^2}} \frac{\omega_0 L}{\sqrt{R^2+(\omega_0 L)^2}} = \frac{\omega_0 L}{R^2+(\omega_0 L)^2}U$$

谐振时电容元件中的电流为

$$I_C = \omega_0 C U = \frac{\omega_0 L}{R^2 + (\omega_0 L)^2} U \tag{2-74}$$

所以

$$I_{1r} = I_C$$

$$\dot{I}_{1r} = -\dot{I}_C \tag{2-75}$$

谐振时电路中的总电流为

$$\dot{I}_0 = \dot{I}_1 + \dot{I}_C = \dot{I}_{1a} + \dot{I}_{1r} + \dot{I}_C = \dot{I}_{1a}$$

$$\dot{I}_0 = \frac{\dot{U}}{Z} = \frac{CR}{L}\dot{U} \tag{2-76}$$

（3）谐振时电感元件吸收的感性无功功率 Q_L 等于电容元件吸收的容性无功功率 Q_C，能量互换完全发生在电感元件与电容元件之间，谐振电路与电源之间不发生能量互换。

因为 $Q_L = UI_1\sin\varphi_1 = UI_{1r}$，$Q_C = UI_C$，$I_{1r} = I_C$，所以

$$Q_L = Q_C$$

$$Q = Q_L - Q_C = 0 \tag{2-77}$$

实 践 知 识

一、频率计

频率计可以用来测量无线电电波载波频率和振荡器的振荡频率，为调校和监视带来方便。借助频率计，我们可以测量常见晶体振荡器的工作频率并加以校正，减小实际误差 Z。晶体振荡器广泛应用于各种无线电电路、时间频标电路、单片机电路。在无线电收发信机中，应用最多的频率合成器的基础参考频率就是通过晶体振荡器获得的，通过修正晶体振荡器的频率便能校准无线电收发信机的工作频率。

频率计通过一个振荡电路能检测石英晶体的品质（稳定性）和性能（谐振频率），有的多功能频率计将振荡电路集成在仪器内部，用户只需要插上石英晶体就能知道晶体的谐振频率。若有能力打磨石英晶体进而修改晶体谐振频率，通过频率计可以监测石英晶体打磨后实际谐振频率的变化。

频率计的稳定度和准确性是标志频率计性能的两大重要指标。频率计的稳定度和准确性主要取决于自身的基准参考频率，该频率同样是由晶体振荡器产生的。众所周知，普通晶体振荡器中的石英晶体谐振频率会根据温度的变化发生微小的变化，不同品质的石英晶体的变化幅度不同，但不能完全避免。晶体这种微小的变化在很多消费类电子产品的电子线路中可以忽略不计，但作为高精度的频率计基准参考频率则不可忽略。

二、交流毫伏表

交流毫伏表是一种用来测量正弦电压的交流电压表，主要用于测量毫伏级以下交流电压。

交流毫伏表使用时的注意事项如下：

（1）测量前应短路调零。打开电源开关，将测试线（也称开路电缆）的红黑夹子夹在一起，将量程旋钮旋到 1mV 量程，指针应指在零位。有的毫伏表可通过面板上的调零电位器

进行调零，凡面板无调零电位器的，内部设置的调零电位器已调好。若指针不指在零位，应检查测试线是否断路或接触不良并更换测试线。

（2）交流毫伏表灵敏度较高，打开电源后，在较低量程时由于干扰信号（感应信号）的作用，指针会发生偏转，称为自起现象。因此在不测试信号时应将量程旋钮旋到较高量程挡，以防打弯指针。

（3）交流毫伏表接入被测电路时，其地端（黑夹子）应始终接在电路的地上（成为公共接地），以防干扰。

（4）调整信号时，应先将量程旋钮旋到较大量程，改变信号后，再逐渐减小。

（5）交流毫伏表表盘刻度分为 0～1 和 0～3 两种刻度，量程旋钮切换量程分为逢一量程（1mV、10mV、0.1V…）和逢三量程（3mV、30mV、0.3V…）。凡逢一的量程直接在 0～1 刻度线上读取数据，凡逢三的量程直接在 0～3 刻度线上读取数据，单位为该量程的单位，无需换算。

（6）使用前应先检查量程旋钮与量程标记是否一致，若错位会产生读数错误。

（7）交流毫伏表只能用来测量正弦交流信号的有效值，若测量非正弦交流信号要经过换算。

（8）不可用万用表的交流电压挡代替交流毫伏表测量交流电压（万用表内阻较低，用于测量 50Hz 左右的工频电压）。

三、RLC 串联谐振电路的研究

1. 任务目的

（1）加深理解电路发生谐振的条件、特点，掌握电路品质因数（电路 Q 值）、通频带的物理意义及其测定方法。

（2）学习用实验方法绘制 RLC 串联电路不同 Q 值下的幅频特性曲线。

（3）熟练使用信号源、频率计和交流毫伏表。

2. 原理说明

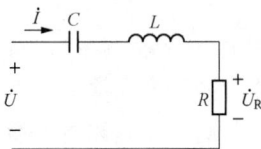

图 2-57 RLC 串联电路

在图 2-57 所示的 RLC 串联电路中，电路复阻抗 $Z = R + j\left(\omega L - \dfrac{1}{\omega C}\right)$，当 $\omega L = \dfrac{1}{\omega C}$ 时，$Z = R$，$\dot{U}$ 与 $\dot{I}$ 同相，电路发生串联谐振，谐振角频率 $\omega_0 = \dfrac{1}{\sqrt{LC}}$，谐振频率 $f_0 = \dfrac{1}{2\pi\sqrt{LC}}$。

在图 2-57 所示的电路中，若 $\dot{U}$ 为激励信号，$\dot{U}_R$ 为响应信号，其幅频特性曲线如图 2-58 所示。当 $f = f_0$ 时，$A = 1$，$U_R = U$；当 $f \neq f_0$ 时，$U_R < U$，呈带通特性。$A = 0.707$，即 $U_R = 0.707U$ 所对应的两个频率 f_L 和 f_H 为下限频率和上限频率，$f_H - f_L$ 为通频带。通频带的宽窄与电阻 R 有关。不同电阻值的幅频特性曲线如图 2-59 所示。

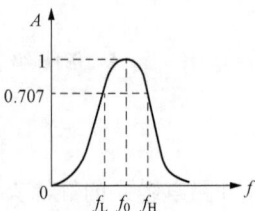

图 2-58 幅频特性曲线

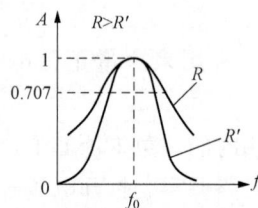

图 2-59 不同电阻值的幅频特性曲线

电路发生串联谐振时，$U_R=U$，$U_L=U_C=QU$，Q 称为品质因数，与电路的参数 R、L、C 有关。Q 值越大，幅频特性曲线越尖锐，通频带越窄，电路的选择性越好。在恒压源供电时，电路的品质因数、选择性与通频带只取决于电路本身的参数，与信号源无关。在本实验中，用交流毫伏表测量不同频率下的电压 U、U_R、U_L、U_C，绘制 RLC 串联电路的幅频特性曲线，并根据 $\Delta f=f_H-f_L$ 计算出通频带，根据 $Q=\dfrac{U_L}{U}=\dfrac{U_C}{U}$ 或 $Q=\dfrac{f_0}{f_H-f_L}$ 计算出品质因数。

3. 任务内容及实施

(1) 实验设备见表 2-11。

表 2-11 实 验 设 备

序号	名称	型号与规格	数量
1	信号源（含频率计）	0.2Hz~2MHz	1
2	交流毫伏表	30μV~300V	1
3	元件箱	含有	1

(2) RLC 串联谐振电路测试实施过程。

1) 按图 2-60 组成监视、测量电路。用交流毫伏表测电压，令其输出有效值为 1V，并保持不变。图中 $L=9\text{mH}$，$R=51\Omega$，$C=0.033\mu\text{F}$。

2) 测量 RLC 串联电路谐振频率选取，调节信号源正弦波输出电压频率，由小逐渐变大，并用交流毫伏表测量电阻 R 两端的电压 U_R，当 U_R 的读数最大时，读得频率计上的频率值即为电路的谐振频率 f_0，并测量此时的 U_C 与 U_L 值（注意及时更换毫伏表的量限），将测量数据记入自拟的数据表格中。

图 2-60 RLC 串联谐振电路测试等效电路图

3) 测量 RLC 串联电路的幅频特性。在上述实验电路的谐振点两侧，调节信号源正弦波输出频率，按频率递增或递减 500Hz 或 1kHz，依次各取 7 个测量点，逐点测出 U_R、U_C 和 U_L 值，记入表 2-12 中。

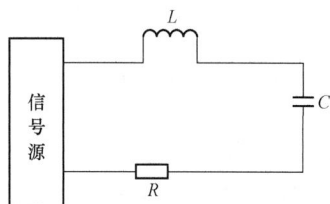

表 2-12 幅频特性实验数据一

$f(\text{kHz})$														
$U_R(\text{V})$														
$U_C(\text{V})$														
$U_L(\text{V})$														

4) 在上述实验电路中，改变电阻值，使 $R=100\Omega$，重复步骤 1)、2) 的测量过程，将幅频特性数据记入表 2-13 中。

表 2 - 13　　　　　　　　　　　幅频特性实验数据二

$f(\text{kHz})$										
$U_R(\text{V})$										
$U_C(\text{V})$										
$U_L(\text{V})$										

4. 测试结果分析

(1) 电路谐振时，试比较输出电压 U_R 与输入电压 U 是否相等，U_L 和 U_C 是否相等，并分析原因。

(2) 计算出通频带与 Q 值，说明不同 R 值时对电路通频带与品质因素的影响。

(3) 对两种不同的测 Q 值的方法进行比较，分析误差原因。

(4) 试总结串联谐振的特点。

【思考题】

1. 改变电路的哪些参数可以使电路发生谐振，电路中 R 的数值是否影响谐振频率？

2. 如何判别电路是否发生谐振？测试谐振点的方案有哪些？

3. 电路发生串联谐振时，为什么输入电压 u 不能太大，如果信号源给出 1V 的电压，电路谐振时，用交流毫伏表测 U_L 和 U_C，应该选择多大的量程，为什么？

4. 要提高 RLC 串联电路的品质因数，电路参数应如何改变？

练 习 题

一、填空题

1. 正弦量的三要素是指＿＿＿＿＿＿、＿＿＿＿＿＿和＿＿＿＿＿＿。

2. 设相量 $\dot{I}=(-3+\text{j}4)\text{A}$，角频率 $\omega=314\text{rad/s}$，则对应的正弦量是＿＿＿＿＿＿。

3. 周期 $T=0.02\text{s}$，振幅为 50V、初相角为 60° 的正弦交流电压 u 的解析式为＿＿＿＿，其有效值 $U=$＿＿＿＿＿＿，其相量形式为＿＿＿＿＿＿。

4. 设正弦量 $u=10\sin(\omega t-135°)\text{V}$，则对应的相量 $\dot{U}=$＿＿＿＿＿＿。

5. 电容上电压与电流的相位关系是＿＿＿＿＿＿超前于＿＿＿＿＿＿，电感上电压与电流的相位关系是＿＿＿＿＿＿超前于＿＿＿＿＿＿。

6. 设电感 L 上的电压为 $u=\sqrt{2}U\sin(\omega t+\theta_u)$，则电感上的平均功率 $P=$＿＿＿＿＿＿，无功功率 $Q=$＿＿＿＿＿＿，Q 的单位是＿＿＿＿＿＿。

7. 设电容 C 上的电压为 $u_C=\sqrt{2}U\sin(\omega t+\theta_u)$，则电容上平均功率 $P=$＿＿＿＿＿＿，无功功率 $Q=$＿＿＿＿＿＿，P 的单位是＿＿＿＿＿＿。

8. 一个纯电感线圈接在直流电源上，其感抗 $X_L=$＿＿＿＿＿＿，电路相当于＿＿＿＿＿＿状态。

9. RLC 串联电路中，已知电阻为 30Ω，感抗为 40Ω，容抗为 80Ω，则阻抗为＿＿＿＿＿＿，该电路负载性质为＿＿＿＿＿＿性负载。

10. 已知 $X_L = 10\Omega$，$X_C = 10\Omega$，$R = 10\Omega$，若频率 f 增大 1 倍，则 $X'_L = $＿＿＿＿＿＿＿＿，$X'_C = $＿＿＿＿＿＿＿，$R' = $＿＿＿＿＿＿＿。

11. 若某电路的导纳 $Y = (3 + j4)$S，则阻抗 $Z = $＿＿＿＿＿＿＿。

12. 纯电阻负载的功率因数为＿＿＿＿＿＿，而纯电感和纯电容负载的功率因数为＿＿＿＿＿＿。

13. 实际电气设备大多为＿＿＿＿＿＿＿性设备，功率因数比较＿＿＿＿＿＿＿。若要提高感性电路的功率因数，常采用人工补偿法进行调整，即在＿＿＿＿＿＿＿＿＿＿＿＿＿。

14. 含 RLC 电路的串联谐振角频率为＿＿＿＿＿＿＿，RLC 串联谐振电路的品质因数 Q 与电路参数间的关系是＿＿＿＿＿＿＿。RLC 串联谐振电路的品质因数 Q 越＿＿＿＿＿＿＿，选择性越好。

二、选择题

1. 下列关于正弦量初相的说法正确的是（　　）。

A. 正弦量的初相与计时起点无关

B. 正弦量的初相与其参考方向的选择有关

C. 正弦电流 $i = -10\sin(\omega t - 50°)$A 的初相为 $-230°$

2. $u(t) = 5\sin(314t + 110°)$V 与 $i(t) = 3\cos(314t - 95°)$A 的相位差是（　　）。

A. $25°$　　　　　　　　B. $115°$　　　　　　　　C. $-65°$　　　　　　　　D. $-25°$

3. 电路如图 2-61 所示，电源电压 $U_S = $（　　）。

A. $U_R + U_L + U_C$　　　　　　　　　　B. $U_R + U_L - U_C$

C. $\sqrt{U_R^2 + (U_L - U_C)^2}$　　　　　　D. $\sqrt{U_R^2 + U_L^2 + U_C^2}$

4. 下列关于无功功率的说法正确的是（　　）。

A. 在正弦交流电路中，电感元件或电容元件的瞬时功率的平均值称为该元件的无功功率

B. 在正弦交流电路中，任一无源二端网络所吸收的无功功率等于其瞬时功率无功分量的最大值

C. 在正弦交流电路中，任一个无源二端网络所吸收的无功功率，一定等于网络中各元件无功功率的数值（指绝对值）之和

D. 无功功率就是无用（对电气设备的工作而言）的功率

5. 在图 2-62 所示的正弦稳态电路中，已知 $\dot{U}_1 = U_1 \angle 0°$，$\dot{U}_2 = U_2 \angle 60°$，可求得比值 $\dfrac{U_1}{U_2} = $（　　）。

A. $\dfrac{1}{\sqrt{3}}$　　　　　　　B. $\dfrac{\sqrt{3}}{2}$　　　　　　　C. $\dfrac{1}{3}$　　　　　　　D. 2

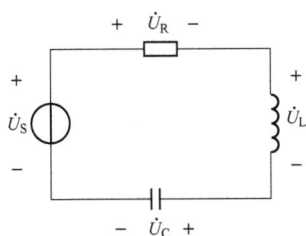

图 2-61

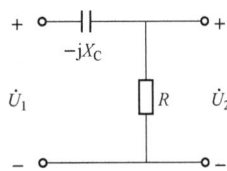

图 2-62

6. 下列正确的表达式是 (   )。

A. $\dot{U} = 2\angle 30°\text{V}$
B. $U = 5\angle 45°\text{V}$

C. $U = 5\sqrt{2}\sin(\omega t + 30°)\ \text{V}$
D. $u = 6\sqrt{2}\sin(\omega t + 30°)\text{V} = 6\angle 30°\text{V}$

7. 下列正确的表达式是 (   )。

A. $X_L = \dfrac{i_L}{u_L}$
B. $X_L = \dfrac{U_L}{I_L}$
C. $X_L = \dfrac{\dot{U}_L}{\dot{I}_L}$
D. $X_L = \dfrac{U_L}{\text{j}I_L}$

三、计算题

1. 某正弦电压的有效值 $U = 220\text{V}$，初相 $\theta_u = 30°$；某正弦电流的有效值 $I = 10\text{A}$，初相 $\theta_i = 60°$，频率都为 50Hz。试分别写出电压和电流的瞬时值表达式，计算相位差，说明相位关系。

2. 已知 $u_1 = 6\sqrt{2}\sin(\omega t + 30°)\text{V}$，$u_2 = 8\sqrt{2}\sin(\omega t - 60°)\text{V}$，求：（1）$\dot{U}_1$、$\dot{U}_2$；（2）$u = u_1 + u_2$。

3. 试求下列各正弦量的周期、频率和初相，二者的相位差如何。

(1) $u = 100\sqrt{2}\sin(\omega t + 30°)\text{V}$。

(2) $i = 2\sqrt{2}\sin(\omega t - 90°)\text{A}$。

4. 已知电压 $u_{12} = 311\sin(314t + \pi/3)\text{V}$，试：（1）求它的幅值、有效值、角频率、频率、周期、初相；（2）画出它的波形图；（3）求 $t = 0.015\text{s}$ 时的瞬时值，并指出它的实际方向；（4）写出 u_{21} 的解析式，画出它的波形图。

5. 一电阻 $R = 10\Omega$，加载电阻 R 两端的电压为 $u = 220\sqrt{2}\sin(314t + 60°)\text{V}$，求：（1）通过 R 的电流 I_R 和 i_R；（2）电阻 R 的平均功率 P_R；（3）作 $\dot{U}_R$、$\dot{I}_R$ 的相量图。

6. 在纯电感电路中，已知 $i = 22\sqrt{2}\sin(1000t + 30°)\text{A}$，$L = 0.01\text{H}$，试：（1）求电压的瞬时值表达式；（2）用相量表示电流和电压，并作出相量图；（3）求有功功率和无功功率。将电容 $C = 1\,\mu\text{F}$ 的电容器接入 $u = 311\sin(\omega t + \pi/6)\text{V}$ 的交流电源上，当 $f = 100\text{Hz}$ 时，求它的容抗、电流 I 和 i。

7. 有一 RC 串联电路，$u = 311\sin 100\pi t\text{V}$，$R = 200\Omega$，$C = 15.95\,\mu\text{F}$，试求电路中电流、电阻电压、电容电压的解析式，并作出它们的相量图。

8. 如图 2-63 所示，若已知电压表 V1、V2 和 V3 的读数分别为 60、100、40V，那么电压表 V 的读数应为多少？

9. 电路如图 2-64 所示，试求电流表 A0 的读数。

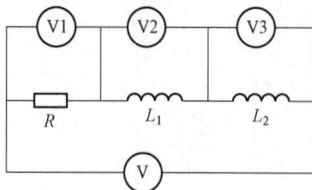

图 2-63

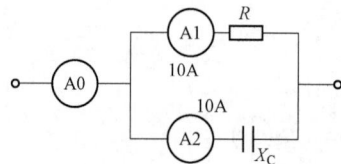

图 2-64

10. 如图 2-65 所示，若 $R = \omega L = 1/\omega C = 10\Omega$，电流表 A2 的读数为 1A，则电流表 A、A1、A3、A4 的读数分别为多少？

11. 图 2 - 66 所示为正弦交流稳态电路，测得各表的读数如下：A 为 1A，V1 为 100V，V2 为 110V。试求 V 的读数。（电表读数均为有效值，并忽略电表的内阻对电路的影响）

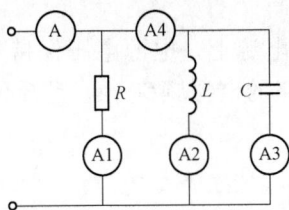

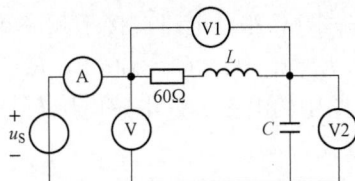

图 2 - 65　　　　　　　　　　　　　　　图 2 - 66

12. 一 RL 串联电路如图 2 - 67 所示，已知电阻 $R=12\Omega$，感抗 $\omega L=16\Omega$，外加正弦交流电压 $u=220\sqrt{2}\sin(\omega t-36.9°)$V，选择电压、电流参考方向一致。试求：（1）电路复阻抗 Z 和电流 i；（2）电路有功、无功、视在功率。

13. 电路如图 2 - 68 所示，已知 $R=12\Omega$，$L=0.2$H，$C=2500\mu$F，电源电压 $u=200\sqrt{2}\sin100t$V。试求：（1）电路的复阻抗 Z；（2）电流 $\dot{I}$ 及各元件上电压的相量各元件电压相量 $\dot{U}_R$、$\dot{U}_L$、$\dot{U}_C$；（3）电路的有功功率 P 和无功功率 Q。

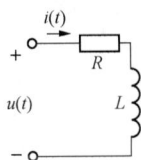

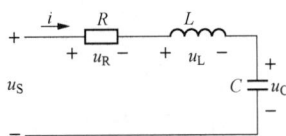

图 2 - 67　　　　　　　　　　　　　　图 2 - 68

14. 电路如图 2 - 69 所示，已知电阻 $R=60\Omega$，电感 $L=80$mH，电容 $C=1250\mu$F，电源电压 $u=120\sqrt{2}\sin100\pi t$V，试求电路的各支路电流和总电流。

15. 线性无源二端网络 N 如图 2 - 70 所示，已知端口处的电压、电流分别为 $u=100\sin(500t+15°)$V，$i=5\sin(500t+45°)$A。试求：（1）功率因数 $\cos\varphi$；（2）二端网络的有功功率 P、无功功率 Q。

16. 图 2 - 71 所示电路为三表法测电感线圈参数的实验方法之一，若已知 $\omega=200$rad/s，并由实验测得电压表读数（有效值）200V，电流表读数（有效值）2A，功率表读数（平均功率）240W。求电感 L。

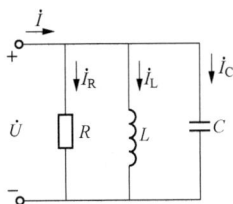

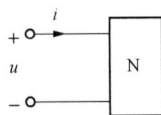

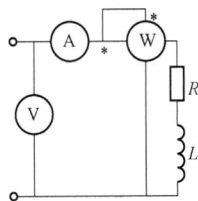

图 2 - 69　　　　　　图 2 - 70　　　　　　图 2 - 71

17. 有一感性负载，接在 $U=220$V，$f=50$Hz 的正弦交流电源上，其有功功率 $P=15$kW，功率因数 $\cos\varphi_1=0.6$。若将电路的功率因数提高到 $\cos\varphi_2=0.9$，试求：（1）并联电容器的补偿容量和电容；(2) 电容器并联前后的线路电流。

18. 一台电动机接到工频 220V 电源上，吸收的功率为 1.4kW，功率因数为 0.7，欲将功率因数提高到 0.9，需并联多大电容器？

19. 有一 RLC 串联电路，接于频率可调的正弦交流电源上，电源电压保持不变，$U = 220V$。已知 $L = 20mH$，$C = 200pF$，$R = 100\Omega$，求该电路的谐振频率 f_0、品质因数 Q，以及谐振时电路中的电流 I_0、电感电压 U_L、电容电压 U_C。

项目三　三相正弦交流电路的测试

项目描述

目前，国内外电力系统普遍采用三相制供电方式，通过本项目学习对称三相电源的特点、对称三相电路的连接方式和三相电路中性线电压与线电压的关系、线电流和相电流的关系等三相电路的基本知识，学会三相电路电压、电流及功率的计算方法和测量方法，分析三线制在电力系统中所具有的优越性。

任务一　三相交流电路电压电流的测试

学习目标

掌握对称三相电源的表达方法和特点，充分理解对称三相电源相序的概念和应用，掌握三相电源和三相负载的掌握三相负载作星形连接和三角形连接的方法，测试这两种接法下电压、电流的关系。

任务描述

目前，世界各国的电力系统中电能的生产、传输和供电方式绝大多数采用三相制，这是由于与单相制相比，三相制在技术和经济上具有更多的优点。本任务通过三相电路的负载星形连接和三角形连接两种条件下，测试三相电路的电压、电流，通过测量数据验证三相电路三角形连接和星形连接下电压和电流关系，说明三相电路具备的特点及在电力系统中采用三相制的供电方式的原因。

相关知识

一、三相电路的基本概念

1. 对称三相电源

对称三相电源是指三个频率相同、幅值相等且相位依次相差120°的交流电源。对称三相电源是由三相发电机产生的，三相电源可以连接成星形或者三角形。这三个电源依次为 U、V、W 三相，电压分别为

$$
\begin{aligned}
u_{\mathrm{U}} &= \sqrt{2}U\sin\omega t \\
u_{\mathrm{V}} &= \sqrt{2}U\sin(\omega t - 120°) \\
u_{\mathrm{W}} &= \sqrt{2}U\sin(\omega t - 240°) = \sqrt{2}U\sin(\omega t + 120°)
\end{aligned}
\tag{3-1}
$$

若以 U 相位参考相量，则上述对称三相正弦电压的相量式为

$$\dot{U}_U = U \angle 0°$$
$$\dot{U}_V = U \angle -120°$$
$$\dot{U}_W = U \angle 120°$$

(3-2)

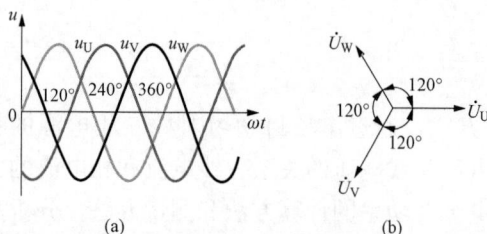

(a)　　　(b)

图 3-1　对称三相正弦电压的波形图和相量图

对称三相正弦电压的波形图和相量图如图 3-1（a）、（b）所示。从图 3-1 不难看出，对称三相正弦电压的瞬时值之和及相量之和均为零，即

$$u_U + u_V + u_W = 0$$
$$\dot{U}_U + \dot{U}_V + \dot{U}_W = 0$$

(3-3)

2. 三相正弦量的相序

为了描述对称三相正弦量具体的相位关系，引入相序的概念。对称三相正弦量出现同一值（如正幅值、相应的零值等）的先后次序、称为相序。三相正弦量的相序有三种，分别是正序、负序及零序。

以对称三相电压为例，如果三相正弦电压 u_U、u_V、u_W 的相位关系为 u_U 超前 u_V120°，u_V 超前 u_W120°，则称它们的相序为正序，其相量图见图 3-2（a）；如果三相正弦电压 u_U、u_V、u_W 的相位关系为 u_V 超前 u_U120°，u_U 超前 u_W120°，则称它们的相序为负序，其相量图见图 3-2（b）；如果三相正弦电压 u_U、u_V、u_W 彼此间相位差为 0°，即三者同相，则称它们的相序为零序，其相量图见图 3-2（c）。电力系统一般采用正序相序，正常运行时系统中的电压都是正序的。若无特殊说明，本书所说的对称三相电压均指正序电压。

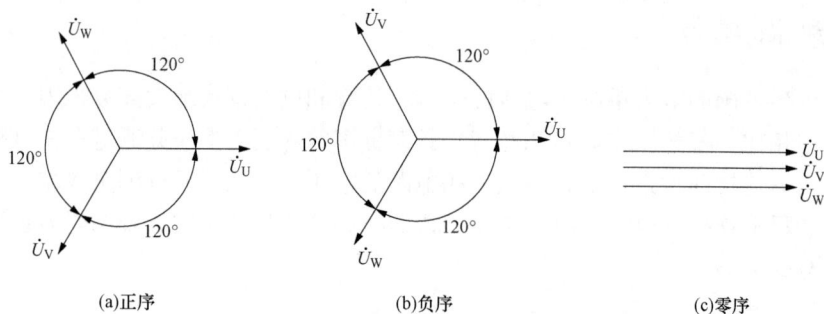

(a)正序　　　(b)负序　　　(c)零序

图 3-2　三种相序相量图

3. 三相电源的星形连接和角形连接

（1）三相电源的星形（Y）连接。将三相电源的一端连在一起，另外一端向外引出三根端线 U、V、W，称为三相电源的星形连接，如图 3-3 所示，图中 N 点称为电源的中性点（简称中点或零点）。从中性点引出的导线称为中性线；从 U、V、W 三端引出的 3 根导线称为端线。

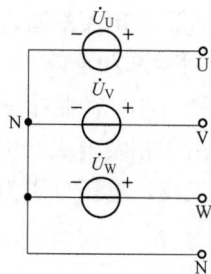

图 3-3　三相电源的星形连接

【例 3-1】 已知 u_U、u_V、u_W 是正序对称三相电压，其中 $u_U = 220\sqrt{2}\sin(100\pi t - 60°)$V，试：（1）写出 u_V、u_W 的解析式；（2）写出 $\dot{U}_U$、$\dot{U}_V$、$\dot{U}_W$

的相量式；（3）作出 $\dot{U}_U$、$\dot{U}_V$、$\dot{U}_W$ 的相量图；（4）在求 $t=T/4$ 时的各相电压及三相电压之和。

解 （1）根据对称性，有

$$u_V = 220\sqrt{2}\sin(100\pi t - 180°)\ \text{V}$$

$$u_W = 220\sqrt{2}\sin(100\pi t + 60°)\ \text{V}$$

（2）三相电压对应的相量形式

$$\dot{U}_U = 220\angle -60°\text{V}$$

$$\dot{U}_V = -220\angle -180°\text{V}$$

$$\dot{U}_W = 220\angle 60°\text{V}$$

（3）电压相量图如图 3-4 所示。

（4）当 $t=T/4$ 时，三相电压之和为

图 3-4 ［例 3-1］图

$$u_U\left(\frac{T}{4}\right)+u_V\left(\frac{T}{4}\right)+u_W\left(\frac{T}{4}\right)=220\sqrt{2}\sin30°+220\sqrt{2}\sin(-90°)+220\sqrt{2}\sin150°=0$$

（2）三相电源的三角形连接将三相电源的首、末端顺次相连，接成一个闭合回路，再从三个连接点引出三根端线 U、V、W，这样就构成三相电源的角形连接，如图 3-5 所示。

根据三相电源是对称三相电源，有

$$u_U + u_V + u_W = 0 \tag{3-4}$$

即回路中无环路电流。若有一相绕组首末端接错，则在三相绕组中将产生很大的环流，致使发电机烧毁。因此，发电机绕组很少用三角形接法，但作为三相电源用的三相变压器绕组，星形和三角形两种接法都会用到。因此，对于电源的三角形接法一般采用开口三角形的接线方式，如图 3-6 所示。在开口处接上一只电压表，测量回路电压，若电压表读数为零，则可判定接线正确，这时可将开口处连接；否则，应检查出错误，重新接线验证。

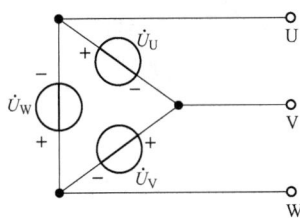

图 3-5 三相电源的三角形连接

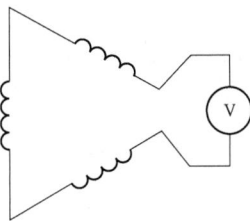

图 3-6 三相电源接成开口三角

【例 3-2】 三相发电机接成三角形供电。如果误将 U 相接反，会产生什么后果？如何使连接正确？

解 U 相接反时的电路如图 3-7（a）所示。此时回路中的电流为

$$\dot{I}_s = \frac{-\dot{U}_U + \dot{U}_V + \dot{U}_W}{3Z_{sp}} = \frac{-2\dot{U}_U}{3Z_{sp}}$$

由于绕组的阻抗很小，所以在三相绕组中将产生很大环流，使发电机烧毁。其电压相量图见图 3-7（b）。

为了正确连接，可按图 3-7（c）将一电压表（量程大于两倍的相电压）串接在绕组的

闭合回路中，若发电时电压为零，说明连接正确，这时可拆去电压表，再将回路闭合。

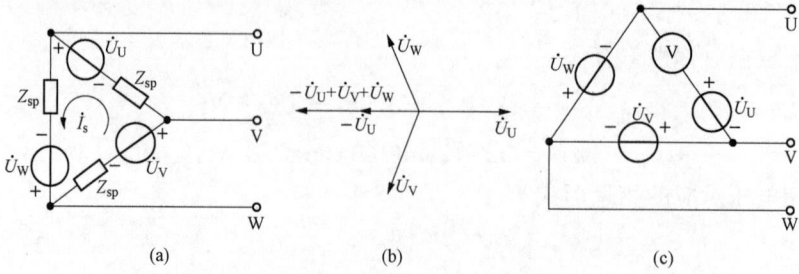

图 3-7　[例 3-2] 图

4. 三相负载的星形连接与三角形连接

三相电路的负载可分为单相负载和三相负载。工作时只需单相电源供电的负载称为单相负载，例如照明灯、电视机、电冰箱等。需要三相电源供电才能正常工作的负载称为三相负载，例如三相异步电动机、三相变压器等。三相绕组中的每一相绕组也是单相负载，所以也存在如何将这三个单相绕组连接起来接入电路的问题。

若每相负载的电阻相等，电抗相等而且性质相同的三相负载称为三相对称负载，即 $Z_U = Z_V = Z_W$，否则称为三相不对称负载。三相负载的连接方式也有两种，即星形连接和三角形连接。

（1）负载的星形（Y）连接。三相负载的星形连接，就是把三相负载的一端连接到一个公共端点，负载的另一端分别与电源的三个端线相连。负载的公共端称为负载的中性点，简称中点，用 N' 表示，如图 3-8 所示。

（2）负载的三角形（△）连接。三相负载三角形连接时，各相首尾端依次相连，三个连接点分别与电源的端线相连接，如图 3-9 所示。

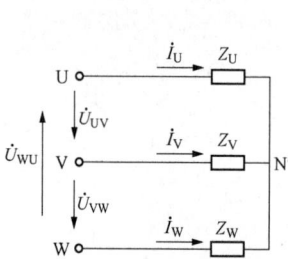

图 3-8　三相负载的星形连接

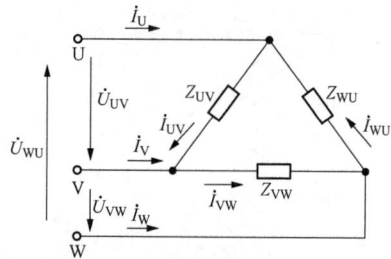

图 3-9　三相负载的三角形连接

5. 三相电路的基本接线方式

三相电路就是由三相电源和三相负载连接起来组成的系统。从三相电源与三相负载之间的连接形式上看，三相电路可分为两类：三相三线制和三相四线制。如图 3-10 和图 3-11 所示，共五种基本组合方式。

（1）三相三线制。如果三相电源与三相负载之间只通过三根端线连接起来，则这种连接方式称为三相三线制，如图 3-10 所示。

（2）三相四线制。如果三相电源和三相负载均接成星形，电源和负载的各相端子之间及中

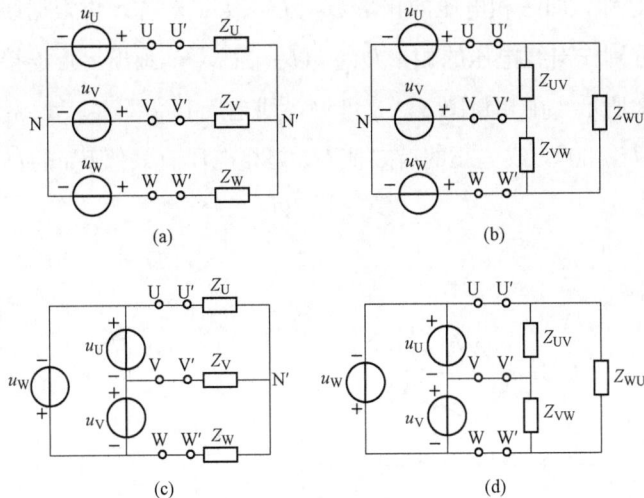

图 3 - 10　三相三线制电路

性点之间都有导线连接，也就是说，电源与负载之间共有四根连接导线，如图 3 - 11 所示，这种连接方式称为三相四线制。

通常低压供电网采用三相四线制供电方式。三相四线制电路可提供两种对称电压，一种是相电压，另一种是线电压。而三相三线制只能提供一组对称的线电压。

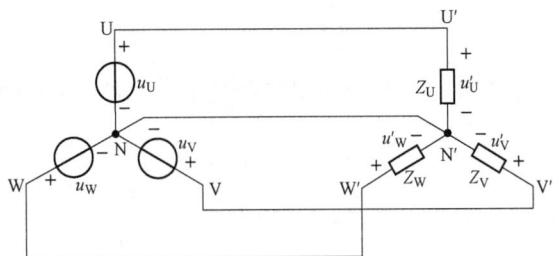

图 3 - 11　三相四线制电路

二、三相电路中的电压和电流的关系

1. 星形连接的电压和电流

（1）线电压与相电压的关系。三相电路中，每相电源和每相负载上的电压，称为相电压，电源的相电压用 u_U、u_V、u_W 表示，负载的相电压，用 u'_U、u'_V、u'_W 表示。三相电路中任意两条端线间的电压，称为线电压，电源的线电压用 u_{UV}、u_{VW}、u_{WU} 表示，负载的线电压 u'_{UV}、u'_{VW}、u'_{WU} 表示。流过每相电源和每相负载上的电流称为相电流，对于星形连接的电源的相电流可用 i_{NU}、i_{NV}、i_{NW} 表示。对于星形连接的负载的相电流可用 i'_{UN}、i'_{VN}、i'_{WN} 表示。流过端线的电流称为线电流，用 i_U、i_V、i_W 表示。流过中性线的电流称为中性线电流，用 i_N 表示。

以三相四线制电路为例，如图 3 - 12 所示。在正弦交流电路中，各电压均为同频率的正弦量，根据基尔霍夫电压定律的相量形式，可得

$$\left.\begin{array}{l}\dot{U}_{UV} = \dot{U}_U - \dot{U}_V \\ \dot{U}_{VW} = \dot{U}_V - \dot{U}_W \\ \dot{U}_{WU} = \dot{U}_W - \dot{U}_U\end{array}\right\} \tag{3 - 5}$$

式（3 - 5）表明，在星形连接电路中，无论对称与否，线电压的相量等于相应的两个相电压的相量之差。

如果三相电源对称，即三相电压的相量 $\dot{U}_U$、$\dot{U}_V$、$\dot{U}_W$ 对称，再根据线电压与相电压的相量关系式（3-5）分别作出线电压的相量 $\dot{U}_{UV}$、$\dot{U}_{VW}$、$\dot{U}_{WU}$，画出星形连接的三相电源的电压相量图，如图 3-13 所示。由相量图 3-13 可见，线电压 $\dot{U}_{UV}$、$\dot{U}_{VW}$、$\dot{U}_{WU}$ 在相位上分别超前于相电压 $\dot{U}_U$、$\dot{U}_V$、$\dot{U}_W$ 30°。线电压的有效值 U_L 是相电压有效值 U_P 的 $\sqrt{3}$ 倍，即

$$U_L = \sqrt{3}U_P \tag{3-6}$$

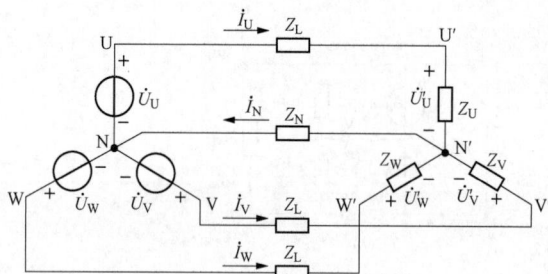

图 3-12　三相四线制电路

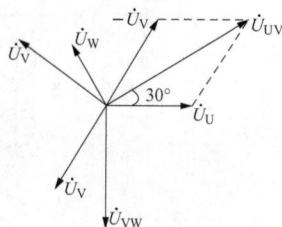

图 3-13　三相电源相电压、
线电压相量图

根据上述线电压与相电压之间的大小和相位的关系，可写出线电压与相电压的相量关系式，即

$$\left.\begin{array}{l} \dot{U}_{UV} = \sqrt{3}\dot{U}_U\angle30° \\ \dot{U}_{VW} = \sqrt{3}\dot{U}_V\angle30° \\ \dot{U}_{WU} = \sqrt{3}\dot{U}_W\angle30° \end{array}\right\} \tag{3-7}$$

以上分析结果表明，对于星形连接的三相电源或三相负载，若相电压是一组对称的正弦电压，则线电压也是一组对称的正弦电压。

（2）线电流与相电流及中性线电流的关系。在星形连接的三相电路中，相电流和线电流相等，若用 I_P 表示相电流的有效值，用 I_L 表示线电流的有效值，即有

$$I_L = I_P \tag{3-8}$$

按照图 3-12 中所选定的参考方向，应用基尔霍夫电流定律可得

$$\dot{I}_N = \dot{I}_U + \dot{I}_V + \dot{I}_W \tag{3-9}$$

若线电流是一组正弦对称电流，则有

$$\dot{I}_N = \dot{I}_U + \dot{I}_V + \dot{I}_W = 0 \tag{3-10}$$

由此可知，在三相四线制电路中，中性线电流的相量等于三个线电流的相量之和。若线电流为一组对称正弦电流，则中性线电流等于零。

2. 三角形连接的电压和电流

（1）线电压和相电压的关系。以三相负载的三角形连接为例，电路如图 3-14 所示，分析三相电路的电压和电流关系。从图 3-14 中可以看出，三相电路三角形连接中，各相相电压等于各相线电压。若电源为对称三相电源，则有

$$U_P = U_L \tag{3-11}$$

（2）线电流与相电流的关系。对图 3-14 所示的三角形连接的三相负载，应用 KCL 得

$$\left.\begin{array}{l} \dot{I}_U = \dot{I}_{UV} - \dot{I}_{WU} \\ \dot{I}_V = \dot{I}_{VW} - \dot{I}_{UV} \\ \dot{I}_W = \dot{I}_{WU} - \dot{I}_{VW} \end{array}\right\} \tag{3-12}$$

由式（3-12）可得下述结论：无论三相电源和三相负载是否对称，三角形连接的电源或负载中的线电流的瞬时值（或相量）等于相应的两个相电流的瞬时值（或相量）之差。

若三个相电流是一组对称三相正弦量，根据三相电流的对称性及线电流与相电流的相量关系式，可作出电流相量图，如图3-15所示。由相量图可见，线电流也是对称的，线电流 $\dot{I}_U$、$\dot{I}_V$、$\dot{I}_W$ 在相位上分别滞后于相电流 $\dot{I}_{UV}$、$\dot{I}_{VW}$、$\dot{I}_{WU}$ 30°。线电流与相电流在大小上的关系也很容易从相量图得出，即

$$I_L = \sqrt{3} I_P \tag{3-13}$$

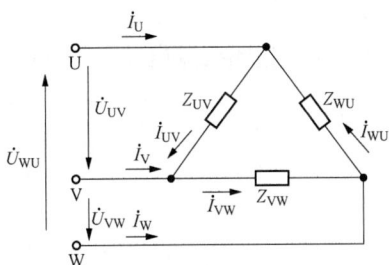

图 3-14 三相负载的三角形连接电路

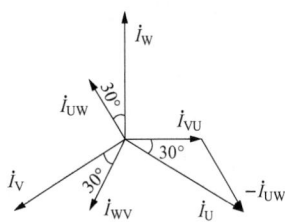

图 3-15 三角形连接电路电流相量图

根据上述线电流与相电流的大小和相位的关系，可写出线电流与相电流的相量关系式

$$\left.\begin{array}{l} \dot{I}_U = \sqrt{3}\, \dot{I}_{UV} \angle -30° \\ \dot{I}_V = \sqrt{3}\, \dot{I}_{VW} \angle -30° \\ \dot{I}_W = \sqrt{3}\, \dot{I}_{WU} \angle -30° \end{array}\right\} \tag{3-14}$$

以上分析结果表明，若三角形连接的三相电源或三相负载的三个相电流是一组对称的正弦电流，则它们的线电流也是一组对称的正弦电流。

【例3-3】 （1）三相对称电源星形连接，已知 U 相电压 $\dot{U}_U = 220\angle 0°\text{V}$，则 V 相线电压 $\dot{U}_{VW}$ 为多少？（2）对称三角形连接三相正弦交流电路，已知 U 相线电流 $\dot{I}_U = 17.32\angle -30°\text{A}$，则 U 相相电流 $\dot{I}_{UV}$ 为多少？

解 （1）根据对称性，V 相相电压为

$$\dot{U}_V = 220\angle -120°\text{V}$$

由于三相电源星形连接，则有

$$\dot{U}_{VW} = 380\angle -90°\text{V}$$

（2）由于三相电路三角形连接，则有

$$\dot{I}_{UV} = \frac{17.32}{\sqrt{3}}\angle 0° = 10\angle 0°(\text{A})$$

【例3-4】 对称负载接成三角形，接入线电压为380V的三相电源，若每相阻抗 $Z = 6 + \text{j}8\Omega$，求负载各相电流及各线电流。

解 相电流为

$$\dot{I}_{UV} = \frac{\dot{U}_{UV}}{Z} = \frac{380\angle 0°}{6+j8} = \frac{380\angle 0°}{10\angle 53.1°} = 38\angle -53.1°(A)$$

$$\dot{I}_{VW} = \dot{I}_{UV}\angle -120° = 38\angle -173.1°A$$

$$\dot{I}_{WU} = \dot{I}_{UV}\angle 120° = 38\angle 66.9°A$$

线电流为

$$\dot{I}_U = \sqrt{3}\dot{I}_{UV}\angle -30° = 66\angle -83.1°A$$

$$\dot{I}_V = \sqrt{3}\dot{I}_{VW}\angle -30° = 66\angle 156.9°A$$

$$\dot{I}_W = \sqrt{3}\dot{I}_{WU}\angle -30° = 66\angle 36.9°A$$

三、三相电路的计算

1. 对称三相电路的计算

（1）对称三相电路的特点。如图 3-16（a）所示的对称三相四线制电路，设对称三相电压源的电压分别为

$$\dot{U}_U = U\angle 0°$$

$$\dot{U}_V = U\angle -120°$$

$$\dot{U}_W = U\angle 120°$$

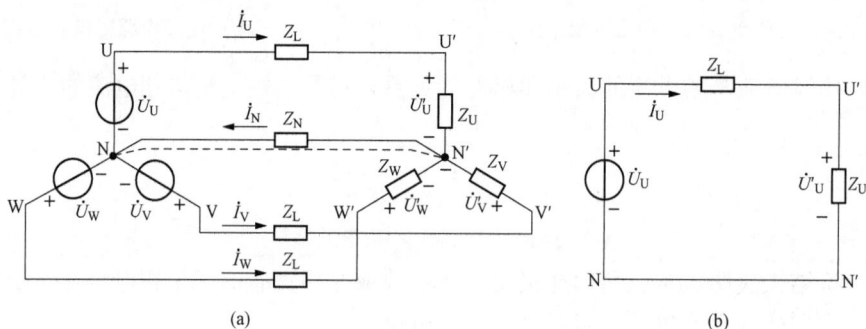

图 3-16　对称三相四线制电路

对称三相负载的复阻抗为

$$Z_U = Z_V = Z_W = Z$$

每根端线的复阻抗为 Z_L，中性线的复阻抗为 Z_N。应用节点电压法（弥尔曼定理）可求得

$$\dot{U}_{N'N} = \frac{\dfrac{\dot{U}_U}{Z_U+Z_L} + \dfrac{\dot{U}_V}{Z_V+Z_L} + \dfrac{\dot{U}_W}{Z_W+Z_L}}{\dfrac{1}{Z_U+Z_L} + \dfrac{1}{Z_V+Z_L} + \dfrac{1}{Z_W+Z_L} + \dfrac{1}{Z_N}}$$

$$= \frac{\dfrac{1}{Z+Z_L}(\dot{U}_U+\dot{U}_V+\dot{U}_W)}{\dfrac{3}{Z+Z_L} + \dfrac{1}{Z_N}} = 0 \tag{3-15}$$

综上所述，在电源和负载都是星形连接的对称三相电路中，无论中性线阻抗为何值，电源中性点 N 与负载中性点 N′之间的电压为零，也就是说，对称的 Y-Y 连接三电路中电源中性点 N 与负载中性点 N′等电位。根据电路等效变换的概念，电路中等电位点可以用无阻抗的导线连接起来。因此，对于电源和负载都是星形连接的对称三相电路，无论有无中性线，无论中性线阻抗为何值，在计算时都可用阻抗为零的导线将电源中性点与负载中性点连接起来。这一结论表明，从电路计算的角度看，对称的 Y-Y 连接三电路中各相之间彼此无关，相互独立；各相电流仅由各相电源电压和各相阻抗决定而与其他两相的阻抗、电源电压及中性线阻抗无关。这样，一相（如 U 相）电路中的电压、电流可用如图 3-16（b）所示的等效电路来计算。

由各相计算电路，应用 KVL，可求得各相电流（也即线电流），即

$$\left.\begin{array}{l} \dot{I}_U = \dfrac{\dot{U}_U}{Z_L + Z} = \dfrac{U}{|Z_L + Z|} \angle -\varphi_P \\[2mm] \dot{I}_V = \dfrac{\dot{U}_V}{Z_L + Z} = \dfrac{U}{|Z_L + Z|} \angle (-120° - \varphi_P) \\[2mm] \dot{I}_W = \dfrac{\dot{U}_W}{Z_L + Z} = \dfrac{U}{|Z_L + Z|} \angle (120° - \varphi_P) \end{array}\right\} \qquad (3-16)$$

式中：φ_P 为每相复阻抗 $Z_L + Z$ 的辐角。

中性线电流为

$$\dot{I}_N = \dot{I}_U + \dot{I}_V + \dot{I}_W = 0 \qquad (3-17)$$

由欧姆定律求得各相负载电压分别为

$$\left.\begin{array}{l} \dot{U}'_U = Z\dot{I}_U \\[2mm] \dot{U}'_V = Z\dot{I}_V = \dot{U}'_U \angle -120° \\[2mm] \dot{U}'_W = Z\dot{I}_W = \dot{U}'_U \angle 120° \end{array}\right\} \qquad (3-18)$$

根据星形连接负载的线电压与相电压的关系，可求得负载上的线电压为

$$\left.\begin{array}{l} \dot{U}'_{UV} = \sqrt{3}\dot{U}'_U \angle 30° \\[2mm] \dot{U}'_{VW} = \sqrt{3}\dot{U}'_V \angle 30° = \dot{U}'_{UV} \angle -120° \\[2mm] \dot{U}'_{WU} = \sqrt{3}\dot{U}'_W \angle 30° = \dot{U}'_{UV} \angle 120° \end{array}\right\} \qquad (3-19)$$

观察式（3-17）～式（3-19），可得出下述结论，在对称三相电路中，线电压、相电压、线电流、相电流等各组电压和电流都是和电源相电压同相序的对称量。因此，计算对称三相电路，只需计算其中一相电路即可。求出一相的电压、电流后，根据对称性，就可以写出另外两相的相应的电压和电流；再根据线电压与相电压、线电流与相电流之间的关系，求出线电压和线电流。

（2）对称三相电路的计算步骤。

1）首先根据电源和负载的接法，将电源和负载的三角形连接转换为星形连接。

2）画出一根假想的中性线，连接电源和负载。

3）画出一相（一般选取 U 相为例）的计算电路图，求出 U 相电流。

4）推算其他两相的相电流、线电流、相电压、线电压等。

5）求出原电路的各待求量。

【例 3 - 5】 在对称三相四线制电路中，如图 3 - 16 所示，每相负载阻抗 $Z = (40 +$ j30)Ω，端线阻抗 $Z_L = (3+j4)Ω$，中性线阻抗 $Z_N = (10+j10)Ω$，电源相电压为 220V，试求负载的相电压、线电压及线电流，并画出负载电压和电流的相量图。

解 （1）已知电源中性点和负载中性点是等电位的点，从三相电路中取出 U 相，画出 U 相的计算电路图。如图 3 - 17 （a）所示。

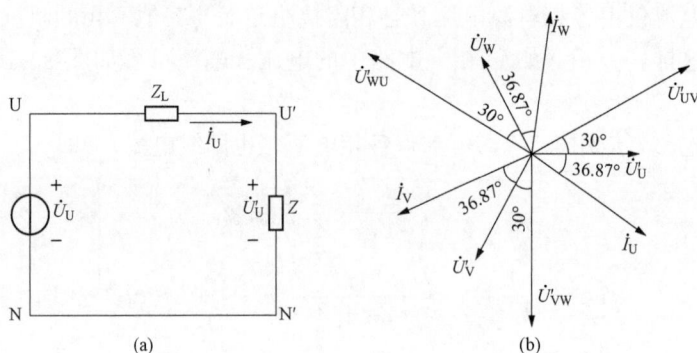

图 3 - 17 ［例 3 - 5］图

（2）计算出一相电路中的电压和电流。

设
$$\dot{U}_U = 220\angle 0°V$$
$$Z = 40 + j30 = 50\angle 36.87°(Ω)$$
$$Z_L + Z = 4 + j3 + 40 + j30 = 44 + j33 = 55\angle 36.87°(Ω)$$

则
$$\dot{I}_U = \frac{\dot{U}_U}{Z_L + Z} = \frac{220\angle 0°}{55\angle 36.87°} = 4\angle -36.87°(A)$$
$$\dot{U}'_U = Z\dot{I}_U = 50\angle 36.87 \times 4\angle -36.87° = 200\angle 0°(V)$$

（3）根据对称三相电路中的线电压与相电压的关系，由一相电压求出相应的线电压。
$$\dot{U}'_{UV} = \sqrt{3}\dot{U}'_U\angle 30° = \sqrt{3} \times 200\angle 0° \times \angle 30° = 346.41\angle 30°(V)$$

（4）根据对称性，写出另外两相相应的电压和电流及另外两个线电压。
$$\dot{I}_V = 4\angle -156.87°A, \quad \dot{I}_W = 4\angle 83.13°A$$
$$\dot{U}'_V = 200\angle -120°V, \quad \dot{U}'_W = 200\angle 120°V$$
$$\dot{U}'_{VW} = 346.41\angle -90°V, \quad \dot{U}'_{WU} = 346.41\angle 150°V$$

（5）根据计算结果画出各电压和电流的相量图，如图 3 - 17 （b）所示。

【例 3 - 6】 在图 3 - 18 （a）所示的三相电路中，已知 $Z_L = (3+j4)Ω$，$Z_\triangle = (24 +$ j24)Ω，电源线电压为 380V。试求负载的线电流、线电压和相电流。

解 （1）将三角形负载变换成等效星形负载，变换后的电路如图 3 - 18 （b）所示，则等效星形负载阻抗为
$$Z_Y = \frac{Z_\triangle}{3} = \frac{24 + j24}{3} = 8 + j8 = 8\sqrt{2}\angle 45°(Ω)$$

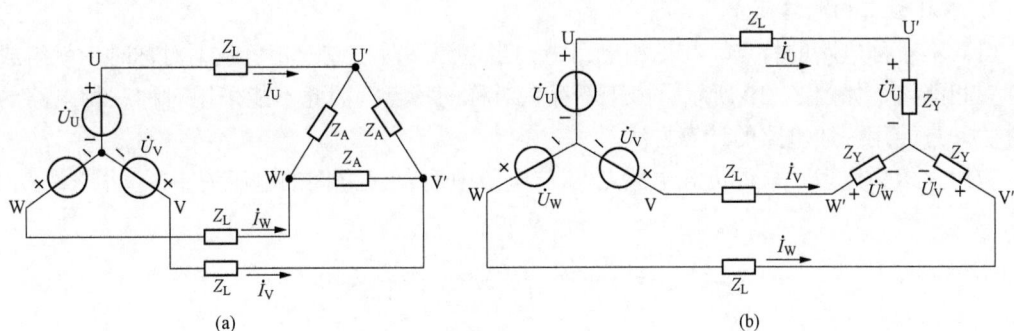

图 3-18　［例 3-6］图

（2）根据等效的 Y-Y 三相电路中的一相计算电路，计算一相电流和相电压。

设
$$\dot{U}_U = \frac{380}{\sqrt{3}}\angle 0° = 220\angle 0°(V)$$

$$Z_L + Z_Y = 3 + j4 + 8 + j8 = 11 + j12 = 16.28\angle 47.49°(\Omega)$$

$$\dot{I}_U = \frac{\dot{U}_U}{Z_L + Z_Y} = \frac{220\angle 0°}{16.28\angle 47.49°} = 13.51\angle -47.49°(A)$$

$$\dot{U}'_U = \dot{I}_U Z_Y = 13.51\angle 47.49° \times 8\sqrt{2}\angle 45° = 152.83\angle -2.49°(V)$$

（3）根据对称性，写出另外两相电流。

$$\dot{I}_V = \dot{I}_U\angle -120° = 13.51\angle(-47.49° -120°)$$
$$= 13.51\angle -167.49°(A)$$

$$\dot{I}_W = \dot{I}_U\angle 120° = 13.51\angle(-47.49° +120°)$$
$$= 13.51\angle 72.51°(A)$$

（4）根据对称性，写出等效星形负载的另外两相电压。

$$\dot{U}'_V = \dot{U}'_U\angle -120° = 152.83\angle(-2.49° -120°)$$
$$= 152.83\angle -122.49°(V)$$

$$\dot{U}'_W = \dot{U}'_U\angle 120° = 152.83\angle(-2.49° +120°)$$
$$= 152.83\angle 117.51°(V)$$

（5）根据对称三相星形电路的线电压与相电压的关系，计算负载线电压。

$$\dot{U}'_{UV} = \sqrt{3}\dot{U}'_U\angle 30° = \sqrt{3}\times 152.83\angle(-2.49° +30°)$$
$$= 264.70\angle 27.51°(V)$$

根据对称性写出另外两相线电压为

$$\dot{U}'_{VW} = 264.70\angle -92.49°V, \quad \dot{U}'_{WU} = 264.70\angle 147.51°V$$

（6）根据欧姆定律，求得负载 U 相电流。

$$\dot{I}'_{UV} = \frac{\dot{U}'_{UV}}{Z_\triangle} = \frac{264.70\angle 27.51°}{24\sqrt{2}\angle 45°} = 7.80\angle 17.49°(A)$$

根据对称性，另外两相电流为

$$\dot{I}'_{VW} = 7.8\angle -137.49°A, \quad \dot{I}'_{WU} = 7.8\angle 102.51°A$$

2. 不对称三相电路简介

（1）不对称电路的特点。在三相电路中，当电源不对称或三相负载不对称时，就组成不对称三相电路，如图 3 - 19 所示。由于不存在对称的特点，因此不能采用对称三相电路的计算方法，只能用一般电路的计算方法。

应用弥尔曼定理，求得负载中性点 N′ 与电源中性点 N 之间的电压为

$$\dot{U}_{N'N} = \frac{\dfrac{\dot{U}_U}{Z_U} + \dfrac{\dot{U}_V}{Z_V} + \dfrac{\dot{U}_W}{Z_W}}{\dfrac{1}{Z_U} + \dfrac{1}{Z_V} + \dfrac{1}{Z_W} + \dfrac{1}{Z_N}} \neq 0 \tag{3-20}$$

可以看到 N 与 N′ 不是等电位的点，各相负载的相电流及中性线电流为

$$\dot{I}_U = \frac{\dot{U}'_U}{Z_U}, \quad \dot{I}_V = \frac{\dot{U}'_V}{Z_V}, \quad \dot{I}_W = \frac{\dot{U}'_W}{Z_W} \tag{3-21}$$

$$\dot{I}_N = \frac{\dot{U}_{N'N}}{Z_N} \tag{3-22}$$

可以看出各相负载的电压都不相等，造成负载不能正常工作，出现了中性点位移。关于负载中性点位移的情况如相量图 3 - 20 所示。其中，U_{NN} 为位移电压。

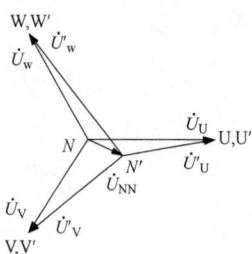

图 3 - 19　中性点位移相量图

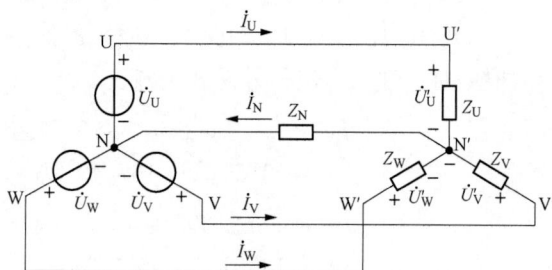

图 3 - 20　不对称三相四线制电路

【例 3 - 7】 三相四线制电路中，如图 3 - 21 所示，星形负载各相阻抗分别为 $Z_U = 8 + j6\Omega$，$Z_V = 3 - j4\Omega$，$Z_W = 10\Omega$ 电源线电压为 380V，求各相电流及中性线电流。

解　设电源为星形连接，则由题意知

$$U_P = \frac{U_L}{\sqrt{3}} = 220V$$

设 $\dot{U}_U = 220\angle 0°V$，各相负载的相电流：

$$\dot{I}_U = \frac{\dot{U}_U}{Z_U} = \frac{220\angle 0°}{8 + j6} = \frac{220\angle 0°}{10\angle 36.9°} = 22\angle -36.9°(A)$$

$$\dot{I}_V = \frac{\dot{U}_V}{Z_V} = \frac{220\angle -120°}{3 - j4} = \frac{220\angle -120°}{5\angle -53.1°} = 44\angle -66.9°(A)$$

$$\dot{I}_W = \frac{\dot{U}_W}{Z_W} = \frac{220\angle 120°}{10} = \frac{220\angle 120°}{10\angle 0°} = 22\angle 120°(A)$$

中性线电流

$$\dot{I}_N = \dot{I}_U + \dot{I}_V + \dot{I}_W$$

$$=22\angle-36.9°+44\angle-66.9°+22\angle120°$$
$$=17.6-j13.2+17.3-j40.5-11+j19.1$$
$$=23.9-j34.6=42\angle-55.4°(A)$$

【例 3 - 8】 如图 3 - 22 所示，已知电路为一不对称 Y - Y 连接的三相三线制电路，设三相电源电压对称，电源相电压为 U，电容器的电容为 C，白炽灯的电阻为 R，且 $R=\dfrac{1}{\omega C}$，试求每个负载上的电压。

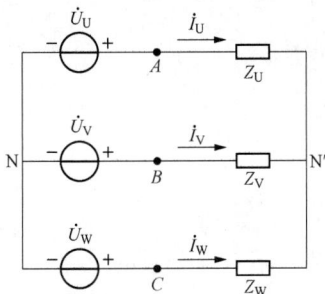 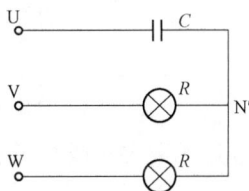

图 3 - 21 ［例 3 - 7］图   图 3 - 22 ［例 3 - 8］图

解 设 $\dot{U}_U=U\angle0°V$，则有
$$\dot{U}_V=U\angle-120°V,\quad \dot{U}_W=U\angle120°V$$

$$\dot{U}_{N'N}=\frac{j\omega C\dot{U}_U+\dfrac{1}{R}\dot{U}_V+\dfrac{1}{R}\dot{U}_W}{j\omega C+\dfrac{1}{R}+\dfrac{1}{R}}=\frac{jU\angle0°+U\angle-120°+U\angle120°}{j+2}$$
$$=0.62U\angle108.44°(V)$$

各相负载的电压为

$$\dot{U}_{VN'}=\dot{U}_V-\dot{U}_{N'N}=U\angle-120°-0.62U\angle108.44°=1.5U\angle-105.6°(V)$$

$$\dot{U}_{WN'}=\dot{U}_W-\dot{U}_{N'N}=U\angle120°-0.62U\angle108.44°=0.4U\angle138.4°(V)$$

可见，V 相电压高，因此灯泡亮。设电容为 U 相，则灯泡亮的为 V 相，暗的为 W 相。

（2）对称分量法。对称分量法是分析不对称电路的有效方法，这种方法在电力系统故障分析中得到广泛应用。其基本思想是把三相不对称的电流、电压分解成三组对称的正序相量、负序相量和零序相量，这样就把不对称的电路问题转化为对称电路进行处理。在三相电路中，对于任意一组不对称的三相相量（电压或电流），可以分解为 3 组三相对称的分量。

当选择 U 相作为基准相时，三相相量与其对称分量之间的关系为

$$\dot{U}_U=\dot{U}_{U1}+\dot{U}_{U2}+\dot{U}_{U0}$$
$$\dot{U}_V=\dot{U}_{V1}+\dot{U}_{V2}+\dot{U}_{V0}$$
$$\dot{U}_W=\dot{U}_{W1}+\dot{U}_{W2}+\dot{U}_{W0}$$

(3 - 23)

对于正序分量

$$\dot{U}_{V1}=\alpha^2\dot{U}_{U1},\dot{U}_{W1}=\alpha\dot{U}_{U1}$$

对于负序分量

$$\dot{U}_{V2} = \alpha\dot{U}_{U2}, \quad \dot{U}_{W2} = \alpha^2\dot{U}_{U2}$$

对于零序分量

$$\dot{U}_{U0} = \dot{U}_{V0} = \dot{U}_{W0}$$

其中，α 为运算子，$\alpha = 1\angle 120°$，有

$$\alpha^2 = 1\angle 240°, \quad \alpha^3 = 1, \quad \alpha + \alpha^2 + 1 = 0$$

由各相电压求电压序分量

$$\dot{U}_{U0} = \frac{1}{3}(\dot{U}_U + \dot{U}_V + \dot{U}_W)$$

$$\dot{U}_{U1} = \frac{1}{3}(\dot{U}_U + \alpha\dot{U}_V + \alpha^2\dot{U}_W)$$

$$\dot{U}_{U2} = \frac{1}{3}(\dot{U}_U + \alpha^2\dot{U}_V + \alpha\dot{U}_W)$$

上式可以通过代数方法或物理意义（方法）求解。不对称分量的对称分量法，只适用于线性电路。

【例 3 - 9】 已知三相电路电压分别为 $\dot{U}_U = 60\angle 0°\text{V}$，$\dot{U}_V = 60\angle -120°\text{V}$，$\dot{U}_W = 60\angle 120°\text{V}$，当 C 相断线时，求 U_{U1}、U_{U2}、U_{U0}。

解 当 W 相断线时，接入装置的 $\dot{U}_W = 0$。利用对称分量法分解，有

$$\dot{U}_{U1} = \frac{1}{3}(\dot{U}_U + \alpha\dot{U}_V + \alpha^2\dot{U}_W) = \frac{1}{3} \times (60\angle 0° + 1\angle 120° \times 60\angle -120°)$$

$$= 40\angle 0°(\text{V})$$

$$\dot{U}_{U2} = \frac{1}{3}(\dot{U}_U + \alpha^2\dot{U}_V + \alpha\dot{U}_W) = \frac{1}{3} \times (60\angle 0° + 1\angle 240° \times 60\angle -120°)$$

$$= 20\angle 60°(\text{V})$$

$$\dot{U}_{U0} = \frac{1}{3}(\dot{U}_U + \dot{U}_V + \dot{U}_W) = \frac{1}{3} \times (60\angle 0° + 60\angle -120°)$$

$$= 20\angle -160°(\text{V})$$

实 践 知 识

一、三相负载连接原则

电源提供的电压等于负载的额定电压；单相负载尽量均衡分配到三相电源上，如图 3 - 23 所示。

二、三相电路接线与测试

1. 任务目的

（1）掌握三相负载作星形连接和三角形连接的方法，验证这两种接法下线电量和相电量之间的关系。

（2）充分理解三相四线供电系统中中性线的作用。

2. 原理说明

在三相电源对称的情况下，三相负载可以接成星形或三角形。三相四线制电源的电压值

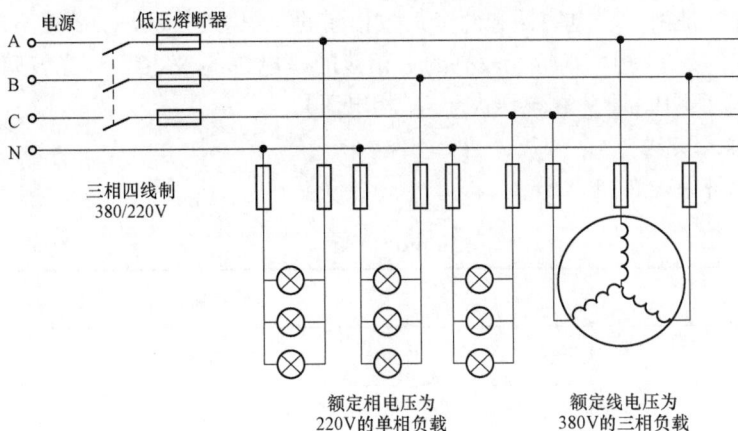

图 3-23 三相负载连接接线

一般是指线电压的有效值。例如，三相 380V 电源是指线电压 380V，其相电压为 220V；三相 220V 电源则是指线电压 220V，其相电压为 127V。

（1）负载作星形连接。当负载采用三相四线制（YN）连接时，即在有中性线的情况下，不论负载是否对称，线电压 U_L 是相电压 U_P 的 $\sqrt{3}$ 倍，线电流 I_L 等于相电流 I_P，即

$$U_L = \sqrt{3}U_P$$
$$I_L = I_P$$

当负载对称时，各相电流相等，流过中性线的电流 $I_N = 0$，所以可以省去中性线。

若三相负载不对称而又无中性线（即三相三线制 Y 接）时，$U_P \neq 1/\sqrt{3}U_L$，负载的三个相电压不再平衡，各相电流也不相等，致使负载轻的那一相因相电压过高而遭受损坏，负载重的一相也会因相电压过低不能正常工作。

因此，不对称三相负载作星形连接时，必须采用三相四线制接法，而且中性线必须牢固连接，以保证三相不对称负载的每相电压维持对称不变。

（2）负载作三角形连接。当三相负载作三角形连接时，不论负载是否对称，其相电压均等于线电压，即 $U_L = U_P$；若负载对称，其相电流也对称，相电流与线电流之间的关系为 $I_L = \sqrt{3}I_P$；若负载不对称，相电流与线电流之间不再是 $\sqrt{3}$ 倍的关系，即 $I_L \neq \sqrt{3}I_P$。

当三相负载作三角形连接时，不论负载是否对称，只要电源的线电压 U_L 对称，加在三相负载上的电压 U_P 仍是对称的，对各相负载工作没有影响。

（3）三相电源及相序的判断。为防止三相负载不对称而又无中性线时相电压过高而损坏灯泡，本任务采用三相 220V 电源，即线电压为 220V，可以通过三相自耦调压器来实现。

三相电源的相序是相对的，表明了三相正弦交流电压到达最大值的先后次序。判断三相电源的相序可以采用图 3-24 所示的相

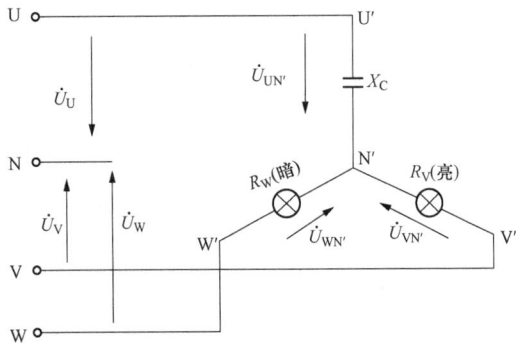

图 3-24 相序指示器电路

序指示器电路，它是由一个电容器和两个瓦数相同的白炽灯连接成的 Y 接不对称三相电路。假定电容器所接的是 U 相，则灯光较亮的一相接的是电源的 V 相，灯光较暗的一相即为电源的 W 相（可以证明此时 V 相电压大于 W 相电压）。

3. 任务内容及实施

（1）实验设备见表 3-1。

表 3-1　　　　　　　　　　　设　　备

序号	名称	型号与规格	数量
1	交流电压表	0～500V	1
2	交流电流表	0～5A	1
3	万用表	—	1
4	三相自耦调压器	0～430V，1.5kV·A	1
5	三相灯组负载	220V/10W 白炽灯	9
6	电流插孔	—	6

（2）三相电路电压电流的测量。

1）三相负载星形连接。按图 3-25 所示连接实验电路，三相对称电源经三相自耦调压器接到三相灯组负载，首先检查三相调压器的旋柄是否置于输出为 0V 的位置（即逆时针旋到底的位置），经指导教师检查合格后，方可合上三相电源开关，然后调节调压器的旋柄，使输出的三相线电压为 220V。

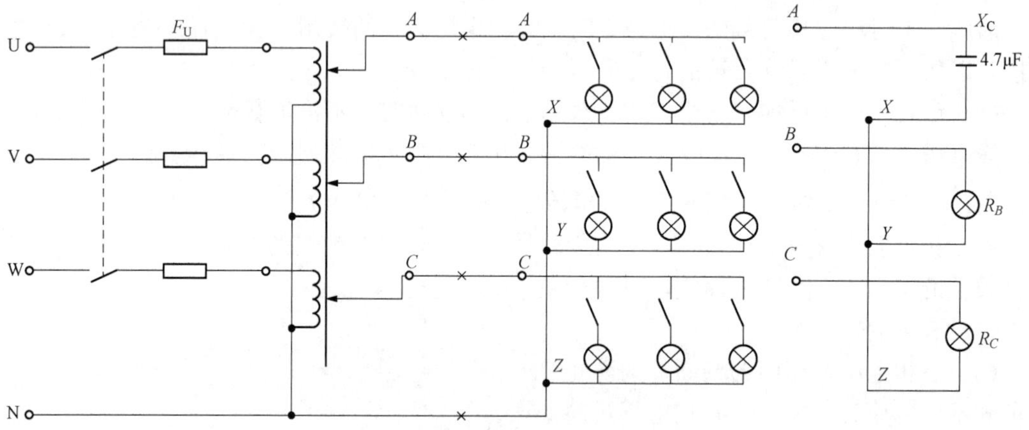

图 3-25　三相负载的星形接线

a. 三相四线制 YN 连接（有中性线）。按表 3-2 要求，测量有中性线时三相负载对称和不对称情况下的线/相电压、线电流和中性线电流之值，并观察各相灯组亮暗程度是否一致，注意观察中性线的作用。

表 3 - 2   **三相四线制 YN 连接**

负载情况			测量数据									中性线电流 $I_N(U)$
开灯盏数			线电流（U）			线电压（V）			相电压（V）			
U 相	V 相	W 相	I_U	I_V	I_W	U_{UV}	U_{VW}	U_{WU}	U_{UN}	U_{VN}	U_{WN}	
3	3	3										
1	2	3										
1	断路	3										

    b. 三相三线制星形连接（断开中性线）。将中性线断开，测量无中性线时三相负载对称和不对称情况下的各电量，特别注意不对称负载时电源与负载中点间的电压的测量。将所测得的数据记入表 3 - 3 中，并观察各相灯组亮暗的变化情况。

表 3 - 3   **三相三线制星形连接**

负载情况			测量数据									中性线电流 $I_N(U)$
开灯盏数			线电流（U）			线电压（V）			相电压（V）			
U 相	V 相	W 相	I_U	I_V	I_W	U_{UV}	U_{VW}	U_{WU}	U_{UN}	U_{VN}	U_{WN}	
3	3	3										
1	2	3										
1	断路	3										

    c. 判断三相电源的相序。将 A 相负载换成 $4.7\mu F$ 电容器，V、W 相负载为相同瓦数的灯泡，根据灯泡的亮度判断所接电源的相序。

    2）三相三线制三角形连接。按图 3 - 26 改接线路，经指导教师检查合格后接通三相电源，并调节调压器，使其输出线电压为 220V，并按表 3 - 4 的内容进行测试并记录数据。

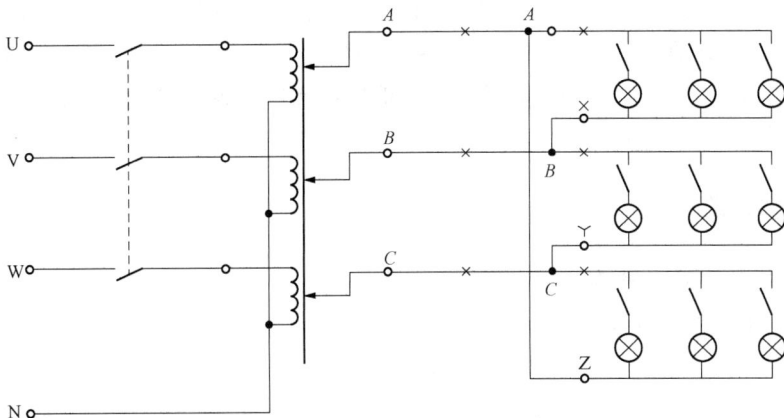

图 3 - 26 三相负载的三角形接线

表 3-4　　　　　　　　　　　三相三线制三角形连接

测量数据	开灯盏数			线电压（V）			线电流（U）			相电流（U）		
负载情况	U 相	V 相	W 相	U_{UV}	U_{VW}	U_{WU}	I_U	I_V	I_W	I_{UV}	I_{VW}	I_{WU}
三相平衡	3	3	3									
三相不平衡	1	2	3									

4. 测试结果分析

（1）用实验测得的数据验证对称三相电路中的 $\sqrt{3}$ 关系。

（2）总结三相四线供电系统中中性线的作用。

（3）分析不对称三角形连接的负载能否正常工作。

【思考题】

1. 三相负载根据什么条件作星形或三角形连接？本实验为什么将三相电源线电压设定为 220V？

2. 试分析三相星形连接不对称负载在无中性线情况下，当某相负载开路或短路时会出现什么情况，如果接上中性线情况又如何。

3. 说明在三相四线制供电系统中中性线的作用，中性线上能安装保险丝吗？为什么？

任务二　三相交流功率的测试

学习目标

掌握三相电路功率的计算，理解对称三相电路功率的特点，学会用一表法、二表法及三表法测试三相电路有功功率的方法，学会利用有功功率表测试三相电路无功功率的方法。

任务描述

对称三相电路的瞬时功率等于平均功率，可产生恒定的转矩，从而能制造结构简单，性能良好的三相异步电动机，三相电路自 19 世纪问世以来，一直是电力系统发电、输电和配电的主要方式。本任务通过三相电路的负载星形连接和三角形连接两种接线下，测试三相电路的功率，通过测量数据说明在电力系统中采用三相制的供电方式的原因。

相关知识

一、一般三相电路的功率

1. 三相电路的有功功率

三相正弦交流电路总的有功功率等于各相的有功功率之和，即

$$P = P_U + P_V + P_W = U_U I_U \cos\varphi_U + U_V I_V \cos\varphi_V + U_W I_W \cos\varphi_W \qquad (3-24)$$

式中：U_U、U_V、U_W 分别为三相电压的有效值；I_U、I_V、I_W 分别为三相电流的有效值；φ_U、φ_V、φ_W 分别为各相电压与相电流的相位差。

2. 三相电路的无功功率

三相电路的总无功功率等于各相的无功功率之和，即

$$Q = Q_U + Q_V + Q_W = U_U I_U \sin\varphi_U + U_V I_V \sin\varphi_V + U_W I_W \sin\varphi_W \tag{3-25}$$

3. 三相电路的视在功率

三相正弦交流电路的视在功率为

$$S = \sqrt{P^2 + Q^2} \tag{3-26}$$

应注意，一般情况下三相电路总的视在功率不等于各相视在功率之和。

二、对称三相电路的功率

因为对称三相正弦交流电路中三相电压和三相电流都是对称的，故有

$$U_U = U_V = U_W = U_P$$

$$I_U = I_V = I_W = I_P$$

$$\varphi_U = \varphi_V = \varphi_W = \varphi_P$$

因此，对称三相正弦交流电路中各相电路的有功功率、无功功率及视在功率均分别相等。因而对称三相正弦交流电路的总功率可表示为

$$\left. \begin{array}{l} P = 3P_U = 3U_P I_P \cos\varphi_P \\ Q = 3Q_U = 3U_P I_P \sin\varphi_P \\ S = \sqrt{P^2 + Q^2} = 3S_U = 3U_P I_P \end{array} \right\} \tag{3-27}$$

可见，对称三相电路总的有功功率、无功功率及视在功率分别等于一相有功功率、无功功率及视在功率的三倍。

由于实际的三相电气设备铭牌标出的电压和电流通常是线电压和线电流的额定值，且线电压和线电流的数值很容易测量出来，所以用线电压和线电流来计算功率更为方便，常用线电压和线电流来表示功率。

当对称三相电源或负载是星形连接时，有

$$U_L = \sqrt{3} U_P, \quad I_L = I_P$$

当对称三相电源或负载是三角形连接时，有

$$U_L = U_P, \quad I_L = \sqrt{3} I_P$$

则此时三相电路总的有功功率、无功功率和视在功率可采用线电压线电流来表示，即

$$\left. \begin{array}{l} P = \sqrt{3} U_L I_L \cos\varphi_P \\ Q = \sqrt{3} U_L I_L \sin\varphi_P \\ S = \sqrt{3} U_L I_L \end{array} \right\} \tag{3-28}$$

应注意，其中的 φ_P 仍为相电压与相电流之间的相位差，切勿误认为是线电压和线电流之间的相位差。

三、三相电路的瞬时功率的特点

三相电路无论对称与否，总瞬时功率应等于各相瞬时功率之和，即

$$p = p_U + p_V + p_W = u_U i_U + u_V i_V + u_W i_W$$

在对称三相正弦交流电路，代入各相电压和电流的解析式，有

$$p = 3U_P I_P \cos\varphi_P = \sqrt{3} U_L I_L \cos\varphi_P \tag{3-29}$$

这一结果表明，对称三相正弦交流电路的瞬时功率是一个不随时间变化的常数，其值等于有功功率。对于发电机或电动机而言，在转速一定的情况下，输出或输入的瞬时功率恒定就意味着与之对应的转矩恒定。转矩恒定，电机才能平稳地转动而避免振动。这也是对称三相电路的优点之一。

【例 3 - 10】 有一对称三相负载，每相阻抗 $Z = 80 + j60\Omega$，一对称三相电源的线电压 $U_L = 380V$，试求下述两种情况下负载的相电流、线电流、有功功率、无功功率和视在功率：(1) 负载连成星形，接于三相电源上；(2) 负载连成三角形，接于三相电源上。

解 (1) 负载连成星形时

$$U_P = \frac{U_L}{\sqrt{3}} = \frac{380}{\sqrt{3}} = 220(V)$$

$$I_P = \frac{U_P}{|Z|} = \frac{220}{\sqrt{80^2 + 60^2}} = \frac{220}{100} = 2.2(A)$$

$$I_L = I_P = 2.2A$$

$$\cos\varphi_P = \frac{R}{|Z|} = \frac{80}{100} = 0.8$$

$$\sin\varphi_P = \frac{X}{|Z|} = \frac{60}{100} = 0.6$$

$$P = \sqrt{3}U_L I_L \cos\varphi_P = \sqrt{3} \times 380 \times 2.2 \times 0.8 = 1158.36(W)$$

$$Q = \sqrt{3}U_L I_L \sin\varphi_P = \sqrt{3} \times 380 \times 2.2 \times 0.6 = 868.77(var)$$

$$S = \sqrt{3}U_L I_L = \sqrt{3} \times 380 \times 2.2 = 1447.95(V \cdot A)$$

(2) 负载连成三角形时

$$U_P = U_L = 380V$$

$$I_P = \frac{U_P}{|Z|} = \frac{380}{100} = 3.8(A)$$

$$I_L = \sqrt{3}I_P = \sqrt{3} \times 3.8 = 6.58(A)$$

$$\cos\varphi_P = \frac{R}{|Z|} = \frac{80}{100} = 0.8, \quad \sin\varphi_P = \frac{X}{|Z|} = \frac{60}{100} = 0.6$$

$$P = \sqrt{3}U_L I_L \cos\varphi_P = \sqrt{3} \times 380 \times 6.58 \times 0.8 = 3464.55(W)$$

$$Q = \sqrt{3}U_L I_L \sin\varphi_P = \sqrt{3} \times 380 \times 6.58 \times 0.6 = 2598.42(var)$$

$$S = \sqrt{3}U_L I_L = \sqrt{3} \times 380 \times 6.58 = 4430.69(V \cdot A)$$

实 践 知 识

一、三相电路有功功率的测量方法

1. 一表法

一表法是用一个单相功率表测得一相功率，然后乘以 3 即得三相负载的总功率，适用于对称的三相四线制和对称的三相三线制电路，无论负载星形连接还是三角形连接都可以采用这种方法，接线如图 3 - 27 所示。

2. 二表法

对于三相三线制（Y 接或 D 接）负载，不论其是否对称，都可按图 3 - 28 所示的电路采用两只功率表测量三相负载的总有功功率。

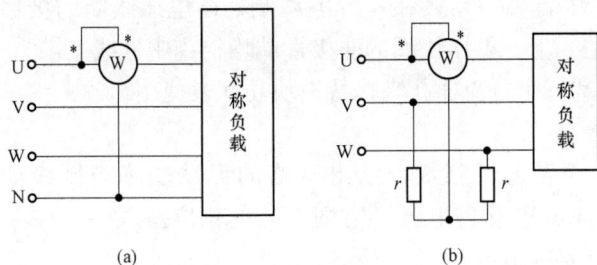

图 3 - 27　一表法接线测量三相电路功率

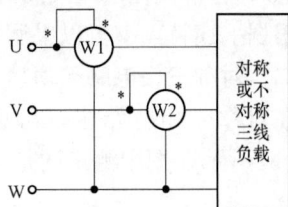

图 3 - 28　二表法测量三相电路功率

可以证明，三相电路总有功功率 P 是两只功率表读数 P_1 和 P_2 的代数和。图 3 - 28 中两表测量的是：U 相电流 I_U 与 U、W 相的电压 U_{UW}；V 相电流 I_V 与 V、W 相的电压 U_{VW}。

$$P_1 = U_{UW} I_U \cos\varphi_1$$
$$P_2 = U_{VW} I_V \cos\varphi_2$$

式中：φ_1 为电压 $\dot{U}_{UW}$ 与电流 $\dot{I}_U$ 的相位差；φ_2 为电压 $\dot{U}_{VW}$ 与电流 $\dot{I}_V$ 的相位差。

由图 3 - 29 所示相量图可知，$\varphi_1 = 30° - \varphi$，$\varphi_2 = 30° + \varphi$，其中，$\varphi$ 为相电压与该相电流的相位差）。设负载是对称的 $U_{UW} = U_{VW} = U_L$，$I_U = I_V = I_L$，则两表之和为

$$P_1 + P_2 = \sqrt{3} U_L I_L \cos\varphi$$

即为三相负载的总有功功率。

若负载为感性或容性，且当相位差 $\varphi > 60°$ 时，线路中的一只功率表指针将反偏（对于数字式功率表将出现负读数），这时应将功率表电流线圈的两个端子调换（不能调换电压线圈端子），而读数应记为负值。

3. 三表法

对于三相四线制供电的星接三相负载（YN 接），可用三只功率表分别测量各相负载的有功功率 P_U、P_V、P_W，三相功率之和（$\sum P = P_U + P_V + P_W$）即为三相负载的总有功功率值，接线如图 3 - 30 所示。若三相负载是对称的，则只需测量一相的功率即可，该相功率乘以 3 即得三相总的有功功率。

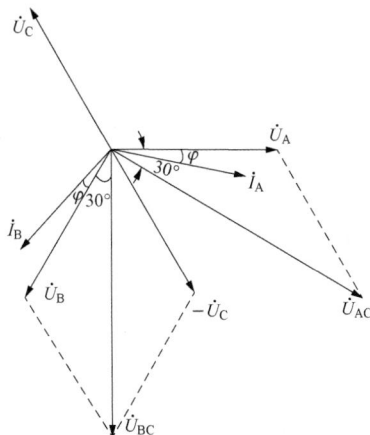

图 3 - 29　二表法测量三相电路功率相量图

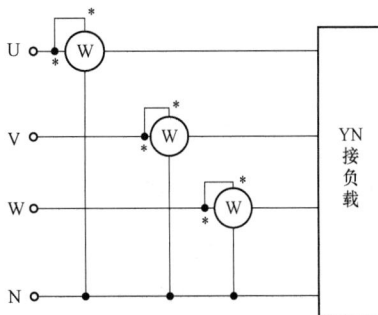

图 3 - 30　三表法测三相电路有功功率

三只功率表的接法分别为（i_U、u_U）、（i_V、u_V）和（i_w、u_w），其连接特点如下：每一表的电流线圈串接在每一相负载中，其极性端（$^*I$）接在靠近电源侧；而电压线圈的极性端（$^*U$）各自接在电流线圈的极性端（$^*I$）上，电压线圈的非极性端均接到中性线上。

根据上述特点，可以采用一只功率表和三个电流插孔来代替三块功率表使用。

二、对称三相电路无功功率的测量

在对称三相电路中，可以用一块功率表进行测量，求出电路的无功功率，接线如图 3 - 32 所示。图中测量的是 U 相电流与 V、W 相的电压，I_U 对 U_{VW} 的相位差。

$$\varphi' = 90° - \varphi（容性负载为 90° + \varphi）$$

功率表的读数

$$P' = U_{VW}I_U\cos(90° \pm \varphi) = \pm U_L I_L \sin\varphi$$

由无功功率的定义

$$Q = \sqrt{3}U_L I_L \sin\varphi$$

可知

$$Q = \sqrt{3}P'$$

即对称三相负载总的无功功率为图示功率表读数的 $\sqrt{3}$ 倍。

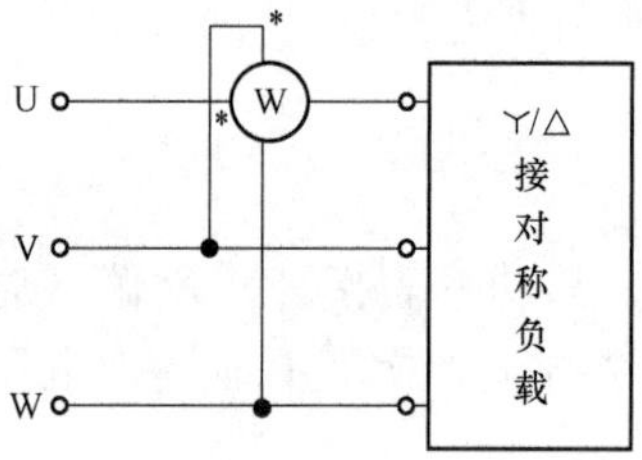

图 3 - 31　三相电路无功功率测量

除了图 3 - 31 给出的一种连接法（I_U、U_{VW}）外，还可以有另外两种连接法，即接成（I_V、U_{WU}）或（I_w、U_{UV}）。

三、三相电路功率的测量

1. **任务目的**

（1）掌握用一表法、二表法测量三相电路有功功率与无功功率的方法。

（2）进一步熟练掌握功率表的接线和使用方法。

2. **原理说明**

（1）一表法：三相四线制供电，负载星形连接（即 YN 接）。

（2）二表法：三相三线制供电。

（3）测量三相对称负载的无功功率：三相负载的无功功率 $Q = \sqrt{3}P$。

3. **任务内容及实施**

（1）所需设备见表 3 - 5。

表 3 - 5　　　　　　　　　　　　设　　备

序号	名称	型号与规格	数量
1	交流电压表	0～500V	1
2	交流电流表	0～5A	1
3	三相自耦调压器	0～430V，1.5kV·A	1
4	三相灯组负载	220V/25W 白炽灯	9
5	电流插孔	—	6
6	单相功率表	D34 - W 0～500V，0～3A，精度 0.5	2
7	三相电容负载	1、2.2、4.3μF/400V	各 3

（2）三相电路功率的测量。

1）用一表法测 YN 接三相负载的有功功率。按图 3-27 线路接线，线路中的电流表和电压表用以监视三相电流和电压，不要超过功率表电压线圈和电流线圈的量程。经指导教师检查后，接通三相电源，调节调压器输出，使输出线电压为 220V，按表 3-6 的要求进行测量及计算。

表 3-6　　　　　　　　　　　　　测定三相四线 YN 接负载的有功功率

负载情况	开灯盏数			测量数据			计算值
	U 相	V 相	W 相	$P_U(W)$	$P_V(W)$	$P_W(W)$	$\sum P(W)$
YN 接对称负载	3	3	3				
YN 不接对称负载	1	2	3				

2）用二表法测三相负载的有功功率。按图 3-28 接线，将三相灯组负载接成星形连接。

经指导教师检查后，接通三相电源，调节调压器的输出线电压为 220V，按表 3-7 的内容进行测量。

将三相灯组负载改接成三角形连接。

重复 1）的测量步骤，数据记入表 3-7 中。

表 3-7　　　　　　　　　　　　　二表法测三相负载的有功功率

负载情况	开灯盏数			测量数据			计算值
	U 相	V 相	W 相	$P_U(W)$	$P_V(W)$	$P_W(W)$	$\sum P(W)$
Y 接平衡负载	3	3	3				
Y 接不平衡负载	1	2	3				
D 接不平衡负载	1	2	3				
D 接平衡负载	3	3	3				

3）用一表法测定三相对称负载的无功功率。按图 3-31 所示的电路接线，每相负载由白炽灯和电容器并联而成，并由开关控制其接入。检查接线无误后，接通三相电源，将调压器的输出线电压调到 220V，读取三表的读数，并计算无功功率 $\sum Q$，记入表 3-8。

表 3-8　　　　　　　　　　　　　无功功率的测量

负载情况			测量值			计算值
U 相	V 相	W 相	$P_U(W)$	$P_V(W)$	$P_W(W)$	$\sum Q=\sqrt{3}P$
25W×3	25W×3	25W×3				
4.3μF	4.3μF	4.3μF				
R∥W	R∥W	R∥W				

4. 测试结果分析

（1）比较一表法和二表法的测量结果。

（2）根据表 3-8 的数据，总结负载无功功率什么情况下为零，什么情况下不为零，为什么。

【思考题】

1. 为什么要通过三相调压器将 380V 的线电压降为 220V 的线电压使用?

2. 二表法测量三相电路有功功率的原理是什么?

练 习 题

一、填空题

1. 对称三相电源指的是各相电压大小 _____ ，频率 _____ ，相位依次相差 _____ 。

2. 对称三相电路中，$\dot{U}_U + \dot{U}_V + \dot{U}_W = $ _____ ，$\dot{I}_{UV} + \dot{I}_{VW} + \dot{I}_{WU} = $ _____ 。

3. 若 _____ 连接的三相电源绕组有一相不慎接反，就会在发电机绕组回路中出现 $2\dot{U}_P$，这将使发电机因电流过大而烧损。

4. 火线上通过的电流称为 _____ 电流，负载上通过的电流称为 _____ 电流。

5. 在星形连接的对称三相电路中，$U_L/U_P = $ _____ ，$I_L/I_P = $ _____ ；在三角形连接的对称三相电路中，$U_L/U_P = $ _____ ，$I_L/I_P = $ _____ 。

6. 若星形连接的对称三相电路的相电压 $\dot{U}_U = U_P\angle 0°$，则线电压 $\dot{U}_{UV} = $ _____ 。

7. 若三角形连接的对称三相电路的相电流 $\dot{I}_{UV} = I_P\angle 0°$，则线电流 $\dot{I}_W = $ _____ 。

8. 对称三相电路的有功功率 $P = \sqrt{3}$ _____ $\cos\varphi$，其中 φ 是 _____ 与 _____ 的相位差。对称三相电路的有功功率 $P = 3$ _____ $\cos\varphi$，其中 φ 是 _____ 与 _____ 的相位差。

9. 对称三相电路的总瞬时功率是一个 _____ ，等于三相电路的 _____ 功率。

二、选择题

1. 用二表法测量三相负载总功率，试问图 3-32 所示的四种接法中，错误的一种是（　　）。

A. 图（a）　　　　B. 图（b）　　　　C. 图（c）　　　　D. 图（d）

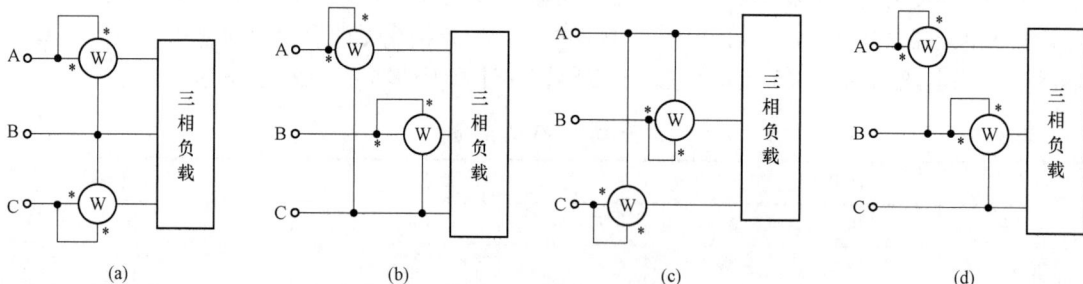

图 3-32

2. 在三相电机中把 U—W—V—U 的顺序称为（　　）。

A. 正序　　　　　B. 负序　　　　　C. 无法确定

3. 照明线路采用三相四线制连接，中性线必须（　　）。

A. 安装熔断器　　B. 取消或断开　　C. 安装牢靠，防止中性线断开

4. 三相四相制电路中若负载不对称，则各相相电压（　　）。

A. 不对称　　　　　　B. 仍对称　　　　　　C. 不一定对称

5. 相电压为 U_P 的对称三相电源作三角形连接，连接正确时回路电压为零，而当其中一相接反时，则回路电压的有效值为（　　）。

A. $2U_P$　　　　　　B. U_P　　　　　　C. 0

6. 在三相发电机中一般用（　　）色线表示 U 相线（或火线）。

A. 黄　　　　　　B. 绿　　　　　　C. 红

7. 对称星形连接三相电源，线电压的相位（　　）相应的相电压30°。

A. 超前　　　　　　B. 滞后　　　　　　C. 无法确定

8. 三相四线制供电系统通常在（　　）系统中采用。

A. 高压输电　　　　　　B. 低压配电　　　　　　C. 无法确定

三、计算题

1. 对称星形连接的三相电路，已知电源线电压为380V，负载阻抗 $Z_L = 14 + j10\Omega$，线路阻抗 $Z_L = 2 + j2\Omega$，中性线阻抗 $Z_N = 2 + j1\Omega$，求负载的线电压、相电压、线电流、相电流。

2. 已知三相对称电源线电压为380V，每相复阻抗为 $Z = 34.64 + j20\Omega$，三相对称负载星形连接，试求每相负载的相电压、相电流。

3. 在对称三相电路中，若已知电源线电压为380V，各相阻抗为 $Z = 12 + j16\Omega$。求负载作角形连接时负载的相电压、相电流、线电流。

4. 在图 3-33 所示电路中，已知 $R = 1\Omega$，$Z = 3 + j6\Omega$，电流表读数为45A，求电源相电压和三相电源发出的有功功率。

5. 星形连接的对称三相电源，电源端的线电压为 380V，输出电流为 2A，端线阻抗 $Z_0 = 2 + j4\Omega$。三相对称负载的 $\cos\varphi = 0.8$（感性），求负载阻抗。

6. 已知负载星形连接对称三相正弦交流电路中，电源线电压 $U_L = 380V$，负载阻抗 $Z = 16 + j12\Omega$，试求三相有功功率、无功功率、视在功率和电路功率因数。

图 3-33

7. 一台三相异步电动机接于线电压为 380V 的对称三相电源上运行，测得线电流为202A，输入功率为110kW，试求电动机的功率因数、无功功率及视在功率。

8. 已知对称三相负载星形连接于对称三相正弦交流电路中，电源线电压为380V，每相负载阻抗 $Z = 10\angle 36.9^\circ\Omega$，试求三相有功功率、无功功率。

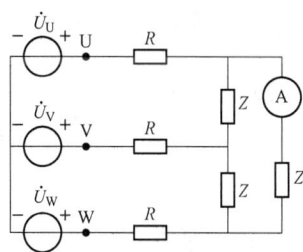

项目四　非正弦周期电路的分析与测试

项目描述

在实际工程中，通常会有许多非正弦的激励和响应。本项目主要介绍非正弦周期电流电路的分析方法，主要内容包括非正弦周期信号的分解和特点，非正弦周期信号的最大值、有效值、平均值和平均功率，以及非正弦周期电流电路的分析。

任务一　非正弦周期信号测试

学习目标

了解周期函数分解为傅里叶级数的方法，掌握常见非正弦周期信号的特点，通过示波器观察非正弦周期函数的波形。

任务描述

前面分析的电路都是正弦交流电路，它是交流电路中最简单、最基本的形式。然而，实际电路中这样理想的正弦信号是极少见的。在生产实际中，经常会遇到非正弦周期电流电路。本任务通过对非正弦周期分量波形的观察，说明非正弦周期量的特点。

相关知识

一、非正弦周期信号

具有周期性的非正弦信号称为非正弦周期信号。处理非正弦周期信号的电路称为非正弦周期电流电路。非正弦周期交流信号具备以下特点：一不是正弦波；二按周期规律变化。在电子技术、自动控制、电力系统、计算机和无线电技术等方面，电压和电流往往都是周期性的非正弦波形。图 4-1 所示为几种常见的非正弦波。

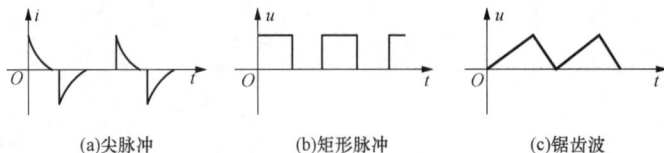

(a)尖脉冲　　　　(b)矩形脉冲　　　　(c)锯齿波

图 4-1　几种常见的非正弦波

二、非正弦周期函数的分解

从高等数学的知识知道，任何一个满足狄里赫利条件的周期函数都可以展开成为一个收敛的傅里叶级数。若给出一个周期函数 $f(t)$，其周期为 T，角频率 $\omega = 2\pi/T$，满足狄里赫利条件，则 $f(t)$ 利用傅里叶级数可展开为

$$f(t) = a_0 + a_1\cos\omega t + b_1\sin\omega t + a_2\cos2\omega t + b_2\sin2\omega t + \cdots + a_k\cos k\omega t + b_k\sin k\omega t + \cdots$$

$$= a_0 + \sum_{k=1}^{\infty}(a_k\cos k\omega t + b_k\sin k\omega t) \tag{4-1}$$

若将式（4-1）中角频率相同的正弦项和余弦项合并，还可以把 $f(t)$ 的傅里叶级数展开写成另一种形式，即

$$f(t) = A_0 + A_1\sin(\omega t + \theta_1) + A_2\sin(2\omega t + \theta_2) + \cdots + A_k\sin(k\omega t + \theta_k) + \cdots$$

$$= A_0 + \sum_{k=1}^{\infty}A_k\sin(k\omega t + \theta_k) \tag{4-2}$$

可得出上述两种形式系数之间的关系，即

$$A_0 = a_0, \quad A_k = \sqrt{a_k^2 + b_k^2}, \quad \theta_k = \arctan\frac{a_k}{b_k}$$

$$a_k = A_k\sin\theta_k, \quad b_k = A_k\cos\theta_k$$

对于式（4-2）中 $f(t)$ 的傅里叶系数可以按以下公式计算：

$$a_0 = \frac{1}{T}\int_0^T f(t)\,\mathrm{d}t$$

$$a_k = \frac{2}{T}\int_0^T f(t)\cos k\omega t\,\mathrm{d}t = \frac{1}{\pi}\int_0^{2\pi} f(t)\cos k\omega t\,\mathrm{d}\omega t$$

$$b_k = \frac{2}{T}\int_0^T f(t)\sin k\omega t\,\mathrm{d}t = \frac{1}{\pi}\int_0^{2\pi} f(t)\sin k\omega t\,\mathrm{d}\omega t$$

其中，$k = 1, 2, 3, \cdots$。

式（4-2）中，不随时间变化的常量 A_0 称为直流分量，也称为恒定分量；角频率为 ω 的正弦量，称为基波或一次谐波；角频率为 2ω、3ω 等的正弦量分别称为二次谐波、三次谐波等，二次及以上的谐波称为高次谐波；谐波次数 k 为偶数的谐波称为偶次谐波，谐波次数 k 为奇数的谐波称为奇次谐波。

根据非正弦周期函数波形的某些特点，可以直观地判断它含有哪些谐波分量，不含有哪些谐波分量。这样可使非正弦周期函数的分解得以简化。典型非正弦周期信号波形及其傅里叶级数见表 4-1。

表 4-1　　　　　　　　　　典型非正弦周期信号波形及其傅里叶级数

名称	$f(t)$ 的波形图	$f(t)$ 的傅里叶级数表达式
矩形波		$f(t) = \dfrac{4A}{\pi}\left(\sin\omega t + \dfrac{1}{3}\sin3\omega t + \dfrac{1}{5}\sin5\omega t + \cdots\right)$ k 为奇数
三角波		$f(t) = \dfrac{8A}{\pi^2}\left(\sin\omega t - \dfrac{1}{9}\sin3\omega t + \dfrac{1}{25}\sin5\omega t - \cdots\right)$ k 为奇数

名称	$f(t)$ 的波形图	$f(t)$ 的傅里叶级数表达式
锯齿波		$f(t) = \dfrac{A}{2} - \dfrac{A}{\pi}\left(\sin 2\omega t + \dfrac{1}{2}\sin 4\omega t + \dfrac{1}{3}\sin 6\omega t + \cdots \right)$
全波整流波		$f(t) = \dfrac{4A}{\pi}\left(\dfrac{1}{2} + \dfrac{1}{3}\cos 2\omega t - \dfrac{1}{15}\cos 4\omega t + \dfrac{1}{35}\cos 6\omega t - \cdots \right)$
半波整流波		$f(t) = \dfrac{2A}{\pi}\left(\dfrac{1}{2} + \dfrac{\pi}{4}\cos \omega t + \dfrac{1}{3}\cos 2\omega t - \dfrac{1}{15}\cos 4\omega t - \cdots \right)$
锯齿脉冲信号		$f(t) = \dfrac{2A}{\pi}\left(\sin \omega t - \dfrac{1}{2}\sin 2\omega t + \dfrac{1}{3}\sin 3\omega t - \cdots \right)$
矩形脉冲		$f(t) = A\left[\dfrac{1}{2} + \dfrac{2}{\pi}\left(\cos \omega t + \dfrac{1}{3}\cos 3\omega t + \dfrac{1}{5}\cos 5\omega t + \cdots \right) \right]$

1. 奇函数的傅里叶级数

若 $f(t) = -f(-t)$，则函数 $f(t)$ 称为奇函数。奇函数的波形对称于坐标系的原点。表 4-1 中的梯形波、三角波、矩形波所对应的函数都是奇函数。

奇函数的傅里叶级数只含有正弦项，不含有恒定分量和余弦项，其傅里叶级数展开式为

$$f(t) = \sum_{k=1}^{\infty} b_k \sin k\omega t \quad (k = 1,2,3\cdots) \tag{4-3}$$

2. 偶函数的傅里叶级数

若 $f(t) = f(-t)$，则函数 $f(t)$ 称为偶函数。偶函数的波形对称于纵轴。表 4-1 中半波整流波、全波整流波及矩形脉冲波所对应的函数都是偶函数。

偶函数的傅里叶级数中只含有恒定分量和余弦项，不含有正弦项，其傅里叶级数展开式为

$$f(t) = a_0 + \sum_{k=1}^{\infty} a_k \cos k\omega t \quad (k = 1,2,3\cdots) \tag{4-4}$$

3. 奇谐波函数的傅里叶级数

若 $f(t) = -f\left(t \pm \dfrac{T}{2}\right)$，则函数 $f(t)$ 称为奇谐波函数。表 4-1 中的梯形波、三角波及矩形波所对应的函数都是奇谐波函数。奇谐波函数的波形具有这样的特点：将奇谐波函数

$f(t)$ 的波形移动半个周期后所得到的波形与 $f(t)$ 的波形关于 t 轴对称。

奇谐波函数的傅里叶级数中只含有奇次项，不含有偶次项（包括恒定分量），其傅里叶级数展开式为

$$f(t) = \sum_{k=1}^{\infty} a_k \cos k\omega t + \sum_{k=1}^{\infty} b_k \sin k\omega t$$

$$= \sum_{k=1}^{\infty} A_k \sin(k\omega t + \theta_k) \quad (k = 1,3,5\cdots) \tag{4-5}$$

4. 偶谐波函数的傅里叶级数

若 $f(t) = f\left(t \pm \dfrac{T}{2}\right)$，则函数 $f(t)$ 称为偶谐波函数。表 4-1 中的锯齿波、全波整流波所对应的函数就是偶谐波函数。偶谐波函数的波形特点是，将前半周的波形向后移动半个周期后，便和后半周期的波形重合，即后半周期是前半周期的重复。

偶谐波函数的傅里叶级数中只有恒定分量和偶次项，而无奇次项。偶谐波函数的傅里叶级数展开式为

$$f(t) = a_0 + \sum_{k=1}^{\infty} a_k \cos k\omega t + \sum_{K=1}^{\infty} b_k \sin k\omega t$$

$$= A_0 + \sum_{k=1}^{\infty} A_k \sin(k\omega t + \theta_k) \quad (k = 2,4,6\cdots) \tag{4-6}$$

需要指出，一个周期函数是不是奇函数或偶函数，不仅与该函数的波形有关，还与坐标原点的位置有关。但是一个周期函数是不是奇谐波函数或偶谐波函数，则仅与该函数的波形有关，而与坐标原点的位置无关。

【例 4-1】 如图 4-2 所示的周期性方波信号，求其傅里叶级数展开形式。

解 图示矩形波电流在一个周期内的表达式为

$$i_S(t) = \begin{cases} I_m & 0 < t < \dfrac{T}{2} \\ 0 & \dfrac{T}{2} < t < T \end{cases}$$

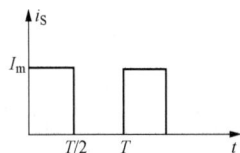

图 4-2 ［例 4-1］图

直流分量

$$I_0 = \frac{1}{T} \int_0^T i_S(t) \mathrm{d}t = \frac{1}{T} \int_0^{T/2} I_m \mathrm{d}t = \frac{I_m}{2}$$

谐波分量

$$b_k = \frac{1}{\pi} \int_0^{2\pi} i_S(\omega t) \sin k\omega t \, \mathrm{d}\omega t = \frac{I_m}{\pi} \left(-\frac{1}{k} \cos k\omega t \right) \Big|_0^{\pi}$$

$$= \begin{cases} 0 & k \text{ 为偶数} \\ \dfrac{2I_m}{k\pi} & k \text{ 为奇数} \end{cases}$$

$$a_k = \frac{2}{\pi} \int_0^{2\pi} i_S(\omega t) \cos k\omega t \, \mathrm{d}\omega t = \frac{2I_m}{\pi} \cdot \frac{1}{k} \sin k\omega t \Big|_0^{\pi} = 0$$

i_S 的展开式为

$$i_S = \frac{I_m}{2} + \frac{2I_m}{\pi} \left(\sin\omega t + \frac{1}{3}\sin 3\omega t + \frac{1}{5}\sin 5\omega t + \cdots \right)$$

🎓 **实 践 知 识**

一、非正弦周期信号产生的原因

在实际电气系统中，却常常会遇到非正弦的激励源问题，例如电力系统的交流发电机所产生的电动势，其波形并非抱负的正弦曲线，而是接近正弦波的周期性波形。即使是正弦激励源电路，若电路中存在非线性器件，也会产生非正弦的响应。在电子通信工程中，遇到的电信号大都为非正弦量，如常见的方波、三角波、脉冲波等，有些电信号甚至是非周期性的。对于线性电路，周期性非正弦信号可以利用傅里叶级数展开把它分解为一系列不同频率的正弦量，然后用正弦沟通电路相量分析方法，分别对不同频率的正弦量单独作用下的电路进行计算，再由线性电路的叠加定理，把各正弦量叠加，得到非正弦周期信号激励下的响应。这种将非正弦激励分解为系列不同频率正弦量的分析方法称为谐波分析法。

综上所述，非正弦周期信号产生的原因可以归纳如下：①电源电压为非正弦；②几个不同频率的正弦波共同作用于线性电路，叠加后是一个非正弦波；③电路中存在非线性元件。

二、典型电信号的观察和测量

1. 任务目的

(1) 观察典型非正弦周期信号。

(2) 掌握信号源的使用方法。

2. 所需设备

示波器和信号源。

3. 任务内容及实施

(1) 观测正弦波的波形和幅值。

1) 将信号源的"波形选择"开关置于正弦波信号位置上。

2) 将信号源的信号输出端与示波器连接。

3) 接通信号源电源，调节信号源的频率旋钮（包括"频段选择"开关、频率粗调和频率细调旋钮），使输出信号的频率为 1kHz（由频率计读出），调节输出信号的"幅值调节"旋钮，使信号源输出"幅值"为 1V，观察波形。

(2) 观测矩形波的波形和幅值。将信号源的"波形选择"开关置方波信号位置上，重复上述步骤。

(3) 观测三角波的波形和幅值。将信号源的"波形选择"开关置锯齿波信号位置上，重复上述步骤。

【思考题】

1. 分析非正弦周期信号产生的原因。

2. 试说明非正弦周期信号的特点。

任务二　非正弦周期电流电路的分析

🏆 **学 习 目 标**

掌握非正弦周期分量的有效值和平均功率的计算，熟悉非正弦周期电流电路的计算方法，学会测量非正弦周期分量电压有效值，并能测试非正弦周期分量有效值和各次谐波分量之间的关系。

任务描述

在生产实际中，经常会遇到非正弦周期电流电路。本任务通过对非正弦周期量有效值的测试过程，说明非正弦周期分量的特点，学习在非正弦周期信号源激励下线性电路的稳态分析和计算方法，其理论基础是高等数学中的傅里叶级数、线性电路的叠加定理及正弦交流电路稳态分析的方法——相量法。

相关知识

一、非正弦周期量的有效值、平均值及电路的平均功率

1. 有效值

非正弦周期量的有效值，在数值上等于与它热效应相同的直流电的数值，这说明其有效值的定义与正弦量有效值的定义是相同的。

设非正弦周期电流 i 的表达式为

$$i = I_0 + \sum_{k=1}^{\infty} I_{mk} \sin(k\omega t + \theta_{ik})$$

代入有效值的定义式，通过数学运算，可得出

$$I = \sqrt{I_0^2 + I_1^2 + I_2^2 + \cdots} \tag{4-7}$$

式中：I_0 为直流分量；I_1、I_2、I_3、$\cdots$ 分别为各次谐波电流的有效值。

式（4-7）表明，非正弦周期电流的有效值等于直流分量的平方和各次谐波有效值的平方之和的平方根。此结论可以推广应用于非正弦周期电压和电动势。

非正弦量的有效值也可以直接用仪表来测量，例如用电磁式仪表、电动式仪表等。但是当用晶体管或电子管伏特计来测量非正弦周期量时必须注意，由于这种仪器经常测量的是正弦量，因此常常把最大值除以 $\sqrt{2}$，直接换算成有效值刻在表盘上，测非正弦量时，这种伏特计的读数并不是待测量的有效值。为此，下面引入非正弦周期量平均值的概念。

【例 4-2】 已知非正弦周期电压、电流分别为

$$u = 10 + 100\sin 100\pi t + 50\sin 300\pi t \quad \text{V}$$

$$i = 5 + 60\sin(100\pi t - 45°) + 20\sin(200\pi t + 15°) \quad \text{A}$$

试求该电压、电流的有效值。

解　$U = \sqrt{U_0^2 + U_1^2 + U_2^2} = \sqrt{10^2 + \left(\dfrac{100}{\sqrt{2}}\right)^2 + \left(\dfrac{50}{\sqrt{2}}\right)^2} = 79.69(\text{V})$

$$I = \sqrt{I_0^2 + I_1^2 + I_2^2} = \sqrt{5^2 + \left(\dfrac{60}{\sqrt{2}}\right)^2 + \left(\dfrac{20}{\sqrt{2}}\right)^2} = 45(\text{A})$$

2. 平均值

在电工技术中，常把周期量的平均值定义为周期量的绝对值在一个周期内的平均值。以电流为例，其平均值的定义式为

$$I_{av} = \frac{1}{T}\int_0^T |i|\,\mathrm{d}t \qquad\qquad (4-8)$$

若电流 i 为正弦量，应用式（4-8），可求得平均值为

$$I_{av} = \frac{1}{T}\int_0^T |i|\,\mathrm{d}t = \frac{1}{T}\int_0^T |I_m\sin\omega t|\,\mathrm{d}t = \frac{2I_m}{T}\int_0^{\frac{T}{2}}\sin\omega t\,\mathrm{d}t$$

$$= \frac{2I_m}{T\omega}(-\cos\omega t)_0^{\frac{T}{2}} = \frac{2}{\pi}I_m \approx 0.637I_m \approx 0.9I \qquad\qquad (4-9)$$

上述结果表明，正弦量的平均值是幅值的 $2/\pi$ 倍。

非正弦周期信号的一些特点，在某种程度上可用波形因数和波顶因数来描述。波形因数是非正弦周期量的有效值与平均值之比，即

$$K_f = \frac{有效值}{平均值}$$

波顶因数等于非正弦周期量的最大值与有效值之比，即

$$K_A = \frac{最大值}{有效值}$$

这两个因数均大于 1，一般情况下 $K_A > K_f$。当非正弦周期量的波形顶部越尖时，这两个因数越大；而非正弦周期量波形顶部越平时，这两个因数则越小。

3. 平均功率

非正弦周期量通过负载时，负载上也要消耗功率，此功率与非正弦量的各次谐波有关。

若已知一个二端网络的端口电压和电流都是非正弦周期量，它们的参考方向选择一致，其表达式分别为

$$u = U_0 + \sum_{k=1}^{\infty} U_{mk}\sin(k\omega t + \theta_{uk})$$

$$i = I_0 + \sum_{k=1}^{\infty} I_{mk}\sin(k\omega t + \theta_{ik})$$

通过数学运算，该二端网络吸收的平均功率为

$$P = U_0 I_0 + \sum_{k=1}^{\infty} U_k I_k \cos\varphi_k \qquad\qquad (4-10)$$

式中：$U_0 I_0$ 为零次谐波响应所构成的有功功率；U_k、I_k 分别为第 k 次谐波电压、电流的有效值；φ_k 为第 k 次谐波电压与电流之间的相位差，即 $\varphi_k = \theta_{uk} - \theta_{ik}$。

式（4-10）表明，非正弦周期电流电路中任一二端网络的平均功率等于其直流分量构成的功率和各次谐波分量构成的平均功率之和。这一结果也表明，不同频率的电压谐波和电流谐波不能构成平均功率，只有同频率的电压谐波和电流谐波才能构成平均功率。

【例 4 - 3】 已知有源二端网络的端口电压和电流分别为

$$u = 50 + 85\sin(\omega t + 30°) + 56.6\sin(2\omega t + 10°)\ \text{V}$$

$$i = 1 + 0.707\sin(\omega t - 20°) + 0.424\sin(2\omega t + 50°)\ \text{A}$$

求该电路所消耗的平均功率。

解 电路中的电压和电流分别包括零次谐波、一次谐波和二次谐波，因此其平均功率为

$$P = U_0 I_0 + U_1 I_1\cos\varphi_1 + U_2 I_2\cos\varphi_2$$

$$= 50\times 1 + \frac{85\times 0.707}{2}\cos[30° - (-20°)] + \frac{56.6\times 0.424}{2}\cos(10° - 50°)$$

$$=50+19.3+9.2$$
$$=78.5(\text{W})$$

二、非正弦周期电流电路的计算

非正弦周期信号具有各种各样的波形，看起来很复杂。把其加在线性电路，直接计算电路中的响应似乎相当困难。但在学习和掌握了非正弦周期电流电路的谐波分析法之后，非正弦周期电流电路的计算就简单了。首先，利用傅里叶级数将非正弦周期电源电压或电流展开成一系列频率不同的正弦谐波分量；然后，利用叠加定理分别计算，电源电压或电流的直流分量和各次谐波分量单独作用时在电路中所产生的电压和电流；最后，把电源电压或电流的各分量所产生的对应的电压或电流叠加起来，即可得到在非正弦周期电源电压或电流作用下电路中的电压或电流。这种方法称为谐波分析法。计算非正弦周期电路应掌握以下几点：

（1）电感和电容对于不同频率的谐波呈现不同的阻抗。因为电感在直流电路中相当于短路，电容在直流电路中相当于开路，所以对于直流分量，$X_L=0$（短路替代），$X_C=\infty$（开路替代）；对于高次谐波而言，k 次谐波感抗 X_{Lk} 为基波感抗 X_{L1} 的 k 倍，即 $X_{Lk}=k\omega L=kX_{L1}$，k 次谐波容抗 X_{Ck} 为基波容抗 X_{C1} 的 $1/k$，即 $X_{Ck}=\dfrac{1}{k\omega C}=\dfrac{1}{k}X_{C1}$。

（2）当任意一次正弦谐波分量单独作用时，电路的计算方法与单相正弦交流电路的计算方法完全相同。

（3）应用叠加定理求各支路电压或电流时，只能将同一支路的各电压或电流分量的瞬时值表达式相加，而不能将各电压分量或电流分量的相量相加。这是因为，不同频率正弦量的相量直接相加是没有意义的。

【例 4 - 4】 在图 4 - 3（a）所示电路中，$u_S=10+100\sqrt{2}\sin\omega t+20\sqrt{2}\sin3\omega t$ V，$R=5\Omega$，$\omega L=2\Omega$，$\dfrac{1}{\omega C}=12\Omega$，求电流 i、电压 u 和电压源 u_S 输出的平均功率。

解 （1）计算电源电压的直流分量单独作用时电路中的电压和电流。

$U_{S0}=10$V 单独作用时的等效电路如图 4 - 3（b）所示，这时电感相当于短路，电容相当于开路。于是可得

$$I_0=\frac{U_{S0}}{R}=\frac{10}{5}=2\text{A}, \quad U_0=0\text{V}$$

（2）计算电源电压的基波分量单独作用时电路中的电压和电流。

$u_{S1}=100\sqrt{2}\sin\omega t$ V 单独作用时的电路是一个正弦稳态电路，电路的相量模型如图 4 - 3（c）所示。用相量法计算该电路，计算过程如下：

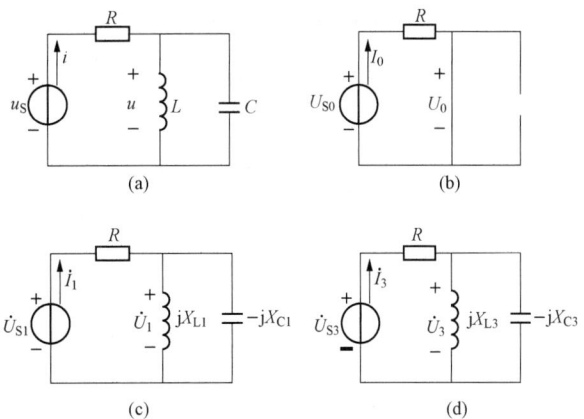

图 4 - 3 ［例 4 - 4］图

$$\dot{U}_{S1} = 100\angle 0° \text{V}$$

$$X_{L1} = \omega L = 2\Omega$$

$$X_{C1} = \frac{1}{\omega C} = 12\Omega$$

$$Z_1 = R_1 + \frac{jX_{L1}(-jX_{C1})}{jX_{L1} - jX_{C1}} = 5 + \frac{j2 \times (-j12)}{j2 - j12}$$

$$= 5 + j2.4 = 5.55\angle 25.64° (\Omega)$$

$$\dot{I}_1 = \frac{\dot{U}_{S1}}{Z_1} = \frac{100\angle 0°}{5.55\angle 25.64°} = 18.02\angle -25.64° (\text{A})$$

$$\dot{U}_1 = jX_1\dot{I}_1 = j2.4 \times 18.02\angle -25.64° = 43.25\angle 64.36° (\text{V})$$

（3）计算三次谐波电压单独作用时电路中的电压和电流。

$u_{S3} = 20\sqrt{2}\sin 3\omega t$ V 单独作用时电路的相量模型如图 4-3（d）所示。用相量法计算如下：

$$\dot{U}_{S3} = 20\angle 0° \text{V}$$

$$X_{L3} = 3\omega L = 3 \times 2 = 6(\Omega)$$

$$X_{C3} = \frac{1}{3}\frac{1}{\omega C} = \frac{1}{3} \times 12 = 4(\Omega)$$

$$Z_3 = R + \frac{jX_{L3}(-jX_{C3})}{jX_{L3} - jX_{C3}} = 5 + \frac{j6 \times (-j4)}{j6 - j4}$$

$$= 5 - j12 = 13\angle -67.38° (\Omega)$$

$$\dot{I}_3 = \frac{\dot{U}_{S3}}{Z_3} = \frac{20\angle 0°}{13\angle -67.38°} = 1.54\angle 67.38° (\text{A})$$

$$\dot{U}_3 = jX_3\dot{I}_3 = -j12 \times 1.54\angle 67.38° = 18.48\angle -22.62° (\text{V})$$

（4）将各次谐波分量的相量转化为瞬时值表达式，再将属于同一支路的电流或电压的直流分量和各次谐波分量相加，从而求得支路电流或电压。

$$i_1 = 18.02\sqrt{2}\sin(\omega t - 25.64°)\text{A}, \quad u_1 = 43.25\sqrt{2}\sin(\omega t + 64.36°)\text{V}$$

$$i_3 = 1.54\sqrt{2}\sin(3\omega t + 67.38°)\text{A}, \quad u_3 = 18.48\sqrt{2}\sin(3\omega t - 22.62°)\text{V}$$

$$i = I_0 + i_1 + i_3 = 2 + 18.02\sqrt{2}\sin(\omega t - 25.64°) + 1.54\sqrt{2}\sin(3\omega t + 67.38°) \text{ A}$$

$$u = U_0 + u_1 + u_2 = 43.25\sqrt{2}\sin(\omega t + 64.36°) + 18.48\sqrt{2}\sin(3\omega t - 22.62°) \text{ V}$$

由支路电压和支路电流求得其他变量，电压源 u_S 输出的平均功率为

$$P = U_{S0}I_0 + U_{S1}I_1\cos\varphi_1 + U_{S3}I_3\cos\varphi_3$$

$$= 10 \times 2 + 100 \times 18.02\cos 25.64° + 20 \times 1.54\cos(-67.38°)$$

$$= 20 + 1624.40 + 11.86 = 1656.26(\text{W})$$

实践知识

一、三倍电源频发生器

三倍电源频发生器由一个三相五柱变压器或由三个单相变压器组成，其一次侧接成星形，二次侧接成开口三角形，三芯五柱结构，将铁芯工作磁通密度选择在饱和磁密以上，使开口接成三角形的次级绕组中的基波电势（正序向量）的向量和为零，在合适的磁路饱和状

态下工作时，变压器二次侧开口三角输出电压频率为 150Hz 的电源装置，包括滤波、无功补偿单元、调压单元、控制保护单元。图 4-4 所示为常见的三倍频电源接线图。

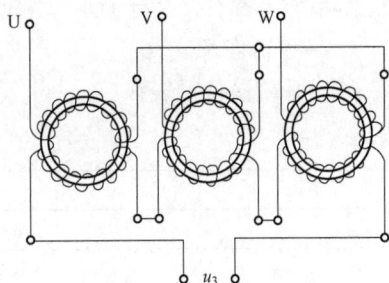

图 4-4　三倍频电源接线图

三倍电源频发生器主要是为了检测纵绝缘、进行感应耐压试验而设计的，也可对电动机和小型变压器的绕组的匝间、层间、段间纵绝缘的感应耐压试验，同时也可作为短时运行的 150Hz 试验电源使用。

三倍电源频发生器根据国家试验标准，对电力变压器及电压互感器感应试验电压大致 2~3 倍最大工作相电压考虑。众所周知，变压器在额定频率、额定电压下，铁芯接近饱和，若用工频电源在被试变压器绕组两端施加大于额定电压的试验电压，则空载励磁电流会急剧增加，达到不可允许的程度。从感应电势的关系式可以看出，为了施加大于额定电压的试验电压，而又不使铁芯饱和，可采用增加电源频率的办法，必须用大于倍频发生器，操作简单，性能可靠，能很好地满足变压器、互感器感应耐压的需要。

二、谐波的分析与测试

1. 任务目的

（1）加深对非正弦周期电压或电流的有效值和各次谐波有效值之间的关系的理解。

（2）观察非正弦周期电流电路中电感和电容对电流波形的影响。

（3）了解非正弦电源的获得方法。

2. 原理说明

（1）非正弦周期电流、电压有效值为

$$i = I_0 + \sum_{k=1}^{\infty} I_{mk} \sin(k\omega t + \theta_{ik})$$

$$u = U_0 + \sum_{k=1}^{\infty} U_{mk} \sin(k\omega t + \theta_{uk})$$

其有效值分别为

$$I = \sqrt{I_0^2 + I_1^2 + I_2^2 + \cdots}$$

$$U = \sqrt{U_0^2 + U_1^2 + U_2^2 + \cdots}$$

（2）本任务需要三倍电源频率发生器提供三次谐波分量，如图 4-5 所示。它是通过三个单相变压器一次侧接成星形，二次侧接成开口三角形的形式构成的。利用铁芯饱和的特点，也就是铁磁性物质磁化曲线的非线性，在一次侧绕组中通正弦电流，由于 φ-i 为非线性的，磁通为非正弦（平顶波），于是在二次侧绕组中感应的电动势也为非正弦（尖顶波），而二次侧绕组接成开口三角形，此时这两端的电压主要是三次谐波电压。

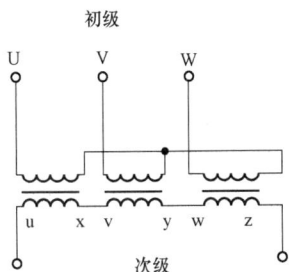

图 4-5　三倍电源频率发生器

（3）对于直流分量，$X_L = 0$，$X_C = \infty$；对于高次谐波，感抗 $X_{Lk} = k\omega L = kX_{L1}$，容抗 $X_{Ck} = \dfrac{1}{k\omega C} = \dfrac{1}{k}X_{C1}$。

一般在三相电力系统中，应该尽量避免高次谐波的出现，因为高次谐波对电动机的运行和通信系统等都会产生干扰，危害设备的正常运行。

3. 任务内容及实施

（1）所需设备见表 4 - 2。

表 4 - 2　　　　　　　　　　　　　　　　设　备

序号	名称	数量	备注
1	单相变压器	3	
2	双踪示波器	1	
3	交流电压表	1	
4	滑线变阻器	1	
5	电感线圈	1	带铁芯
6	电容器	1	
7	单刀双掷开关	1	
8	单相自耦调压器	1	

（2）任务内容及实施。

1）按图 4 - 6 接线，断开开关 S，连接 b、c 两点，调节实验装置中自耦调压器，使其输出电压为 $U_1 = 50V$，同时通过示波器观察并且记录 u_1、u_3 和 u 的波形，用电压表测量此时 u_1、u_3 和 u 的值，验证 $U = \sqrt{U_1^2 + U_3^2}$ 的关系成立，数据记录于表 4 - 3。调节实验装置中的自耦调压器，使其输出电压为 100V，重复上述实验过程，数据记录于表 4 - 3。

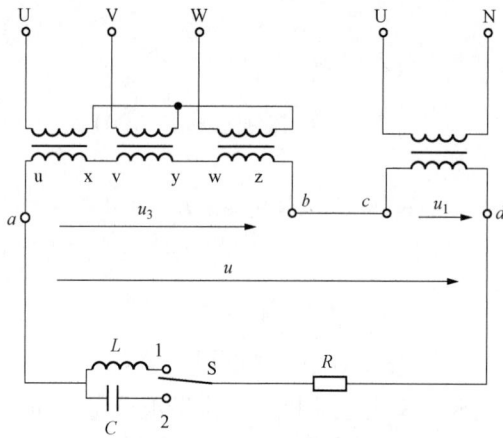

图 4 - 6　谐波分析实验接线图

表 4 - 3　　　　　　　　　　　　　数 据 记 录 一

电路状态	测量值			波形		
	U_1	U_3	U	u_1	u_3	u
b、c 相连	50V					
	100V					
b、d 相连	50V					
	100V					

2）按图 4-6 接线，断开开关 S，将 c 与 d 互换，把 b、d 用导线连接，重复任务内容 1），数据记录于表格 4-3。

3）按图 4-6 接线，闭合开关 S，置于"1"位置，即接入电感线圈和电阻串联的支路，用示波器观察支路电流 i_L 及支路两端电压 u 的波形。将上述支路中电感线圈置换成电容元件，即将开关 S 置于"2"位置，再观察支路电流 i_L 及支路两端电压 u 的波形，并将波形记录于表 4-4。

表 4-4 数　据　记　录　二

接入支路	波形		
	u_1	u_3	u
电感元件			
电容元件			

注意，连接实验线路必须注意变压器极性不能接错，示波器观察电压波形时，被测电压不能过高，以免损坏示波器。

4. 测试结果分析

（1）根据实验结果，验证非正弦周期电压或电流的有效值和各次谐波有效值之间的关系。

（2）绘出相应的各种波形，分析非正弦周期电流电路中电感和电容对电流波形的影响。

【思考题】

1. 能否用万用表的交流电压挡测量图 4-6 电路电压 u 的有效值？

2. 若将变压器一次侧接成星形且有中性线，二次侧接成开口三角形，电压 u_{uz} 是否为零？

练　习　题

一、填空题

1. 在非正弦周期电路中，k 次谐波的感抗 X_{Lk} 与基波感抗 X_{L1} 的关系 $X_{Lk} =$ _____；k 次谐波的容抗 X_{Ck} 与基波容抗 X_{C1} 的关系为 $X_{Ck} =$ _____。

2. 非正弦周期电压 $u(t) = 100\sqrt{3}\sin\omega t + 70.7\sqrt{2}\sin3\omega t$ V 的基波分量为_____。

3. 既对称于原点又镜像对称的非正弦波，其傅里叶级数展开式中只含有_____项。

4. 非正弦周期电路，对应于基波的感抗 $X_{L1} = 4\Omega$，容抗 $X_{C1} = 18\Omega$，则对应于三次谐波的感抗 $X_{L3} =$ _____ Ω，容抗 $X_{C3} =$ _____ Ω。

5. 通过 5Ω 电阻的电流 $i = 10\sin\omega t + 5\sin3\omega t + 2\sin5\omega t$ A，该电阻吸收的平均功率 $P =$ _____ W。

6. 非正弦周期电压 $u(t)$ 作用于 10Ω 电阻时，该电阻消耗的功率为 10W。若电压改为 $u(t) + 5$ V 时，10Ω 电阻消耗的功率是_____ W。

7. 非正弦周期电压 $u = 4\sqrt{2}\sin\omega t + 3\sqrt{2}\sin3\omega t$，其基波分量是_____，其有效值 $U =$ _____ V。

8. 非正弦周期函数可以利用傅氏级数分解为＿＿＿＿＿＿＿＿＿＿＿＿＿＿。

二、选择题

1. 若某线圈对基波的阻抗为 $1+j4\Omega$，则对二次谐波的阻抗为（　　）。

A. $1+j4\Omega$　　　　B. $2+j4\Omega$　　　　C. $2+j8\Omega$　　　　D. $1+j8\Omega$

2. 周期函数 $f(t)$ 的波形如图 4-7 所示，$f(t)$ 的傅里叶级数展开式中不含有（　　）。

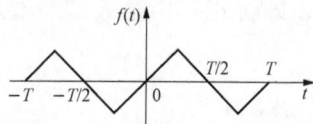

图 4-7

A. 正弦项　　　　　　　　　　B. 余弦项

C. 奇次项　　　　　　　　　　D. 偶次项

3. 下列 4 个表达式中，是非正弦周期性电流为（　　）。

A. $i_1(t) = 6+2\cos2t+3\cos\pi t$ A

B. $i_2(t) = 3+4\cos t+2\cos2t+\sin3t$ A

C. $i_3(t) = \cos t+3\cos\dfrac{1}{3}t+\cos\dfrac{1}{7}t$ A

D. $i_4(t) = 4\cos t++2\cos2\pi t+\sin\omega t$ A

4. 已知 R、C 串联电路的电压 $u=[60-25\sin(3\omega t+30°)]$V，$R=4\Omega$，$\dfrac{1}{\omega C}=9\Omega$，则电路电流 i 为（　　）。

A. $5\sin(3\omega t+66.9°)$A　　　　　　B. $9.85\sin(3\omega t-84°)$A

C. $5\sin(3\omega t-113.1°)$A　　　　　　D. $[15-5\sin(3\omega t+66.9°)]$A

5. 已知非正弦周期电流 $i = 4+2.5\sin\omega t+1.5\sin(2\omega t+90°)+0.8\sin3\omega t$ A，其有效值 I 为（　　）。

A. $\sqrt{4^2+2.5^2+1.5^2+0.8^2}$ A　　　　　　B. $\dfrac{1}{\sqrt{2}}\sqrt{4^2+2.5^2+1.5^2+0.8^2}$ A

C. $\sqrt{4^2+\dfrac{2.5^2}{2}+\dfrac{1.5^2}{2}+\dfrac{0.8^2}{2}}$ A　　　　　　D. $\sqrt{4+2.5+1.5+0.8}$ A

6. 在非正弦周期电流电路中，若电路各部分电压、电流的波形都与激励源波形相同，则该电路为（　　）。

A. 纯电感电路　　　　　　　　B. 纯电容电路

C. 纯电阻电路　　　　　　　　D. RLC 电路

7. 若一非正弦周期电流的三次谐波分量为 $i_3 = 30\sin(3\omega t+60°)$A，则其三次谐波分量的有效值 I_3 为（　　）。

A. 30A　　　　B. $3\sqrt{2}$A　　　　C. $15\sqrt{2}$A　　　　D. $7.5\sqrt{2}$A

三、计算题

1. 将图 4-8 所示的方波电压加在一个电感元件两端。已知 $L=20$mH，方波电压的周期 $T=10$ms，幅值为 5V，试求通过电感元件的电流，并画出电流的波形图。

2. 如图 4-9 所示，二端网络 $u = 10+180\sin(\omega t-30°)+18\sin3\omega t+9\sin(5\omega t+30°)$V，$i = 5+40\sin(\omega t+30°)+2\sqrt{2}\sin(5\omega t-15°)$A，求该二端网络的电压有效值、电流有效值及平均功率。

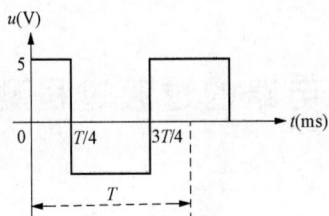

图 4 - 8

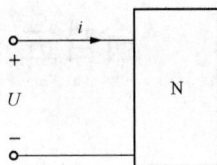

图 4 - 9

3. 非正弦电路如图 4 - 10 所示，已知电 $u(t) = 100 + \sqrt{2}200\sin\omega t + \sqrt{2}60\sin(3\omega t - 30°)\,\text{V}$，电感对基波的感抗为 $X_{L1} = 5\,\Omega$，电容对基波的容抗 $X_{C1} = 45\,\Omega$，电阻 $R = 30\,\Omega$。试求电流 $i(t)$ 和电路有功功率 P。

4. 电路如图 4 - 11 所示，已知 $L = 25\,\text{mH}$，$C = 25\,\mu\text{F}$，$R = 50\,\Omega$，基波角频率为 $314\,\text{rad/s}$，电流源 $i_S(t) = 2\sin\omega t + 0.5\sin3\omega t + 0.4\sin(5\omega t + 30°)\,\text{A}$，求电压 $u(t)$ 及电流源发出的功率。

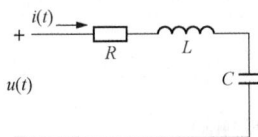

图 4 - 10

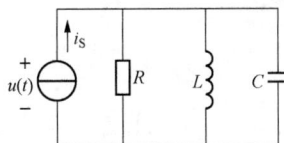

图 4 - 11

项目五　线性动态电路的过渡过程测试

项 目 描 述

电路中的过渡过程一般比较短暂，但它的作用和影响却十分重要，例如有些电路专门利用其过渡特性实现延时、波形产生等功能。但在电力系统中，过渡过程的出现可能产生比稳定状态大得多的过电压或过电流，若不采取一定的保护措施，就可能会损坏电气设备，引起不良后果。因此研究电路的过渡过程，掌握其有关规律，是非常重要的。在本项目中，主要通过一阶线性电路过渡过程的测试，了解 RC、RL 一阶线性电路过渡过程的基本概念、基本理论和基本计算方法。

任务一　换路定律与初始值计算

学 习 目 标

理解电路过渡过程的基本概念，掌握换路定律与电压、电流初始值的计算。

任 务 描 述

从实验现象观察，引出换路定律的概念，提出问题，为什么电容上的电压和电感上的电流是连续的，不能跃变？从过渡过程现象探求其规律，以及初始值的大小对过渡过程的影响。

相 关 知 识

一、换路定律

1. 过渡过程

能够使电路中产生电压或电流的元件，称为激励（例如独立电压源、独立电流源）；电路中所产生的电压、电流等信号，称为响应。前面的内容是在电路已经处于稳定状态的情况下，讨论激励和响应的关系，称为稳态分析。在稳态中，激励是直流或周期性电源，在电路中产生的响应（电压或电流）都为直流或周期性的。然而当电路中含有储能的电感和电容元件时，由于这类元件的电压和电流关系是微分、积分关系，因此所列写的电路方程，是以电压或电流为变量的微分方程，这类元件称为动态元件，含有动态元件的电路称为动态电路。如果电路中只含有一个动态元件，描述电路的特性方程是一阶微分方程，此类电路称为一阶电路，需要用二阶微分方程来描述的电路称为二阶电路。本任务主要分析一阶电路的过渡过程。

　　自然界的物质运动从一种稳定状态转变到另一种稳定状态需要一定的时间，例如正在匀速行驶的汽车停车时，它从一种稳态（匀速行驶）到另一种稳态（停止）需要一个过程，即能量不能发生跃变。

　　动态电路中，当电路的结构或元件的参数发生改变时，电路会从原来的稳定状态，转变到另一种稳定状态，这种转变往往也需要一个过程。电路从一种稳定状态转变到另一种稳定状态所经历的中间过程称为过渡过程，又称暂态过程。

　　下面通过观察一个实验现象了解电路产生过渡过程的原因。在图 5-1 所示的电路中，三个并联支路分别为电阻、电感、电容与灯泡串联，S 为电源开关。

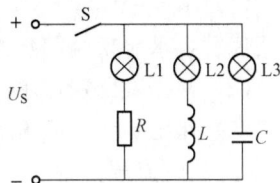

图 5-1　演示过渡过程电路

　　当开关 S 闭合时，电阻支路上的灯泡 L1 立即发光，且亮度不再变化，说明这一支路没有经历过渡过程；电感支路的灯泡 L2 由暗逐渐变亮，最后达到稳定；电容支路的灯泡 L3 由亮变暗直至熄灭，说明电感支路和电容支路都经历了过渡过程。如果开关 S 状态保持不变，也不能观察到这些现象。

　　由此实验可知，过渡过程产生的原因之一是开关的状态发生了变化，另一个原因是电路中存在储能元件（电容或电感）。电路理论中把电路发生的接通、断开，或是电路参数、结构的变化，统称为换路，并认为换路是瞬间完成的。

　　综上所述，产生过渡过程的原因有外因和内因两个方面，电路发生换路是外因，电路中有储能元件是内因。

　　2. 换路定律

　　由于换路是瞬间完成的，若设 $t=0$ 为换路瞬间，则把换路前一瞬间记为 $t=0_-$，换路后一瞬间记为 $t=0_+$。从 $t=0_-$ 到 $t=0_+$ 换路瞬间，电路中的能量不能跃变，能量如果能跃变，意味着能量的变化率，即功率 $p=\dfrac{\mathrm{d}w}{\mathrm{d}t}$ 为无穷大，这显然是不可能的。电容元件中储能为电场能量 $W_\mathrm{C}=\dfrac{1}{2}Cu^2$，根据换路瞬间能量守恒，电容电压一般不能跃变，除非电容元件的电流为无穷大，而这是不可能的。电感元件中储能为磁场能量 $W_\mathrm{L}=\dfrac{1}{2}Li_\mathrm{L}^2$，根据换路瞬间能量守恒，电感电流一般不能跃变，除非电感元件的电压为无穷大，而这也是不可能的。即从 $t=0_-$ 到 $t=0_+$ 的换路瞬间，电路中电容的电压不能跃变，流过电感上的电流不能跃变，即

$$u_\mathrm{C}(0_+) = u_\mathrm{C}(0_-) \tag{5-1}$$
$$i_\mathrm{L}(0_+) = i_\mathrm{L}(0_-) \tag{5-2}$$

　　这就是换路定律。在换路时，只是电容电压和电感电流不能突变，而电路中其余的电量都是可以跃变的，例如电容电流、电感电压、电阻的电压和电流、电压源的电流、电流源的电压。

　　二、初始值的计算

　　电路在换路后经历的过渡过程的数学表达式与过渡过程起始时刻的电量值有关。故若要研究过渡过程的规律，计算刚发生过渡过程时电量的起始值很关键。电路在换路后的最初一瞬间（即 $t=0_+$ 时刻）的电流、电压值统称为初始值。

　　对于动态电路，电路中电压和电流的初始值可分为两类。一类是电容电压和电感电流的初始值，即 $u_\mathrm{C}(0_+)$ 和 $i_\mathrm{L}(0_+)$，它们的初始值由换路前的电路状态决定，称为独立初始值，

可以直接利用换路定律求出。电路中其余变量的初始值则属于另一类，例如电容电流、电感电压、电阻电压和电阻电流等的初始值，称为非独立初始值，该类初始值可以通过 $t=0_+$ 时刻的等效电路求得。

初始值的计算方法如下：

（1）求 $u_C(0_-)$、$i_L(0_-)$。作 $t=0_-$ 时的电路图，在直流电路中电容用开路代替，电感用短路代替，求出换路前瞬间电容电压 $u_C(0_-)$ 值和电感电流 $i_L(0_-)$ 值。

（2）根据换路定律求 $u_C(0_+)$、$i_L(0_+)$。$u_C(0_+)=u_C(0_-)$，$i_L(0_+)=i_L(0_-)$。

（3）作出 $t=0_+$ 时的等效电路。把电容用值为 $u_C(0_+)$ 的电压源代替，电感用值为 $i_L(0_+)$ 的电流源代替。

（4）在 $t=0_+$ 瞬时，根据基尔霍夫定律及欧姆定律求出其他有关的初始值。

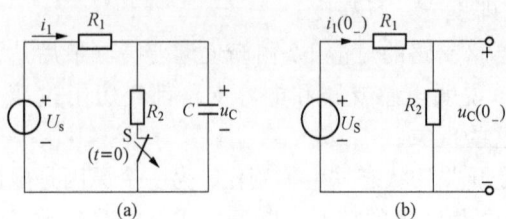

图 5-2 ［例 5-1］图

【例 5-1】 在如图 5-2（a）所示的电路中，直流电压源电压 $U_S=20\text{V}$，$R_1=4\Omega$，$R_2=6\Omega$，电路原已稳定，在 $t=0$ 时打开开关 S，求电容电压的初始值。

解 （1）求 $t=0_-$ 时电容电压 $u_C(0_-)$。S 闭合时，电路处于稳态，电容相当于开路，如图 5-2（b）所示此时

$$u_C(0_-)=\frac{R_2}{R_1+R_2}U_S=\frac{6}{4+6}\times 20=12(\text{V})$$

（2）求 $t=0_+$ 时 $u_C(0_+)$。根据换路定律，有

$$u_C(0_+)=u_C(0_-)=12\text{V}$$

【例 5-2】 如图 5-3（a）所示的电路，开关 S 在 $t=0$ 时从 1 位置打到 2 位置，求 $i_L(0_+)$ 的值。

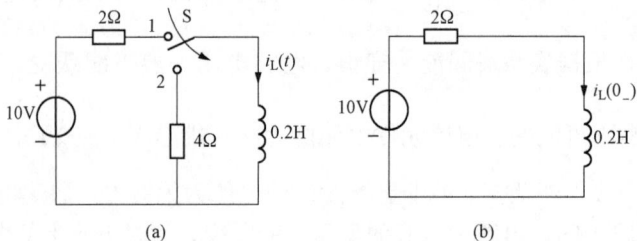

图 5-3 ［例 5-2］图

（1）求 $t=0_-$ 时电感电流 $i_L(0_-)$。$t=0_-$ 时刻开关在 1 位置，电路处于稳态，电感相当于短路，如图 5-3（b）所示，此时

$$i_L(0_-)=\frac{10}{2}=5(\text{A})$$

（2）求 $t=0_+$ 时 $i_L(0_+)$。根据换路定理，有

$$i_L(0_+)=i_L(0_-)=5\text{A}$$

【例 5-3】 图 5-4（a）所示为直流电源激励下的含有电容元件的动态电路，已知 $U_S=100\text{V}$，$R_1=R_2=100\Omega$，$R_3=50\Omega$，开关 S 打在 1 位置时，电路处于稳态。$t=0_+$ 时，S 由 1

位置打向 2 位置进行换路，求此瞬间 $u_C(0_+)$、$i(0_+)$、$u_{R2}(0_+)$ 和 $u_{R3}(0_+)$。

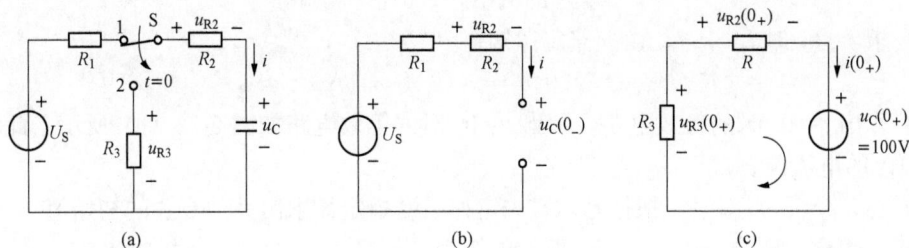

图 5-4 ［例 5-3］图

解 选定各电压、电流参考方向如图 5-4（a）所示。

（1）求 $t=0_-$ 时电容电压 $u_C(0_-)$。S 打在 1 位置时，电路处于稳态，电容相当于开路，如图 5-4（b）所示，此时 $u_C(0_-)=U_S=100\text{V}$。

（2）求 $t=0_+$ 时 $u_C(0_+)$。$t=0$ 时，S 由 1 位置打向 2 位置，根据换路定律，有

$$u_C(0_+)=u_C(0_-)=100\text{V}$$

（3）作出 $t=0_+$ 时的等效电路。此时电容相当于 100V 的电压源，作 $t=0_+$ 时的等效电路如图 5-4（c）所示。

（4）在（$t=0_+$）瞬时，根据基尔霍夫定律及欧姆定律求出其他有关的初始值。由 KVL 得

$$u_C(0_+)-u_{R3}(0_+)+u_{R2}(0_+)=0$$

$$u_C(0_+)-[-R_3i(0_+)]+R_2i(0_+)=0$$

$$i(0_+)=-\frac{u_C(0_+)}{R_2+R_3}=-\frac{100}{100+50}=-\frac{2}{3}(\text{A})$$

$$u_{R_2}(0_+)=R_2i(0_+)=100\times\left(-\frac{2}{3}\right)=-66.7(\text{V})$$

$$u_{R_3}(0_+)=-R_3i(0_+)=-50\times\left(-\frac{2}{3}\right)=33.3(\text{V})$$

【例 5-4】 如图 5-5（a）所示电路，已知 $U_S=10\text{V}$，$R_1=6\Omega$，$R_2=4\Omega$，$L=2\text{mH}$，开关 S 原处于断开状态。求开关 S 闭合后 $t=0_+$ 时，各电流及电感电压 u_L 的数值。

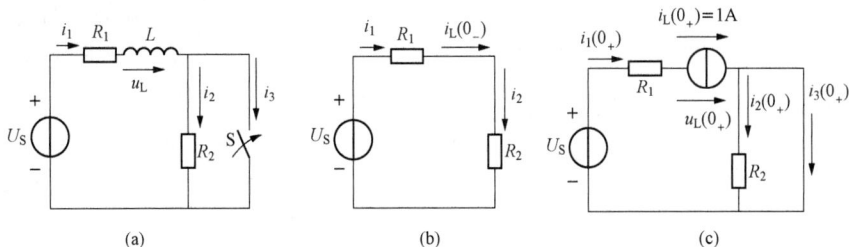

图 5-5 ［例 5-4］图

解 选定有关参考方向如图 5-5（a）所示。

（1）求 $t=0_-$ 时电感电流 $i_L(0_-)$。S 断开时，电路处于稳态，电感相当于短路，如图 5-5（b）所示，此时

$$i_L(0_-) = \frac{U_S}{R_1 + R_2} = \frac{10}{6+4} = 1(A)$$

（2）求 $t=0_+$ 时 $i_L(0_+)$。由换路定律知

$$i_L(0_+) = i_L(0_-) = 1A$$

（3）作出 $t=0_+$ 时的等效电路。画出 $t=0_+$ 时的等效电路如图 5-5（c）所示。此时电感相当于 1A 的电流源。

（4）在（$t=0_+$）瞬时，根据基尔霍夫定律及欧姆定律求出其他有关的初始值。

由于 S 闭合，R_2 被短路，则 R_2 两端电压为零，故 $i_2(0_+) = 0$。由 KCL 有

$$i_3(0_+) = i_1(0_+) - i_2(0_+) = i_1(0_+) = 1A$$

$$U_S = i_1(0_+)R_1 + u_L(0_+)$$

$$u_L(0_+) = U_S - i_1(0_+)R_1 = 10 - 1 \times 6 = 4(V)$$

任务二　一阶电路的零输入响应

学习目标

掌握直流激励下 RL 和 RC 电路的零输入响应的分析计算，理解时间常数的物理意义和几何意义。

任务描述

只有一种储能元件的电路，由于描述电路状态的方程是一阶微分方程，因此称为一阶电路，电路在没有信号输入的情况下，靠初始储能所引起的响应称为零输入响应。电路暂态过程在变压器短路试验中，在电力系统的负荷增减过程中，都有着广泛的应用。

相关知识

一、RC 电路的零输入响应（电容 C 放电）

若外加电源激励为零，仅由储能元件的初始储能所激发的响应称零输入响应。

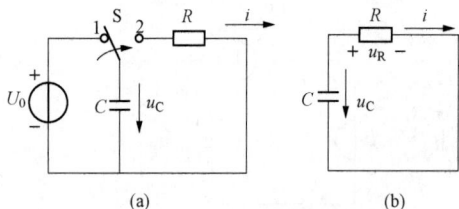

图 5-6　RC 电路的零输入响应

如图 5-6 所示电路，开关 S 原来位于 1 位置，时间足够长，电容器已被充电至 U_0，若在 $t=0$ 时将开关打到 2 位置，则电容通过电阻 R 放电，下面对换路后的电路进行分析。

换路后的电路如图 5-6（b）所示。在图示参考方向下，根据 KVL，可得

$$u_R - u_C = 0$$

电阻上的电压电流关系为

$$u_R = Ri$$

电容元件的电压、电流关系为

$$i = -C\frac{\mathrm{d}u_C}{\mathrm{d}t}$$

其中，负号表示电容元件上电压、电流为非关联参考方向。于是得到电路的微分方程

$$RC\frac{\mathrm{d}u_C}{\mathrm{d}t} + u_C = 0 \tag{5-3}$$

式（5-3）是一个一阶线性常系数齐次微分方程，由高等数学可知，上述微分方程的特征方程为

$$RCs + 1 = 0$$

特征根为

$$s = -\frac{1}{RC}$$

微分方程式（5-3）的通解为

$$u_C = Ae^{st} = Ae^{-\frac{t}{RC}}$$

根据换路定律有

$$u_C(0_+) = u_C(0_-) = U_0$$

再根据电路的初始条件，确定微分方程通解中的积分常数，令 $u_C = Ae^{st} = Ae^{-\frac{t}{RC}}$ 中的 $t=0$，得到 $u_C(0_+) = A$；结合初始条件 $u_C(0_+) = U_0$，得到 $A = U_0$。因此，电容上电压的解析式为

$$u_C = U_0 e^{-\frac{t}{RC}} \tag{5-4}$$

电路中的电流为

$$i = -C\frac{\mathrm{d}u_C}{\mathrm{d}t} = \frac{U_0}{R}e^{-\frac{t}{RC}} \tag{5-5}$$

从式（5-4）和式（5-5）可以画出 u_C 和 i 随时间变化的曲线，如图 5-7 所示，工程上可以用示波器来观察这些曲线，从 u_C、i 的解析式或它们的变化曲线可以看出，它们都是一个随时间衰减的指数函数，按相同的指数规律从各自的初始值逐渐下降，最后趋于零。

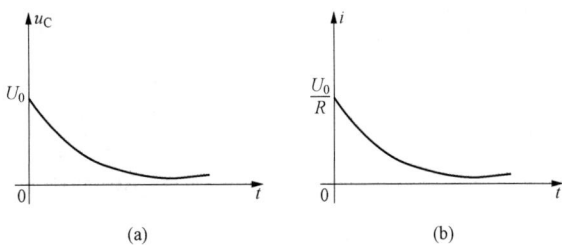

图 5-7　一阶 RC 电路的零输入响应波形

从 u_C、i 解析式可以看出，它们衰减的速率取决于 R 和 C 的乘积。把 R 和 C 的乘积称为 RC 电路的时间常数，用 τ 来表示，即

$$\tau = RC$$

RC 越大，衰减越慢，过渡过程持续的时间越长；反之，RC 越小，衰减越快，过渡过程持续的时间越短。

这样，式（5-4）和式（5-5）可写成

$$u_C = U_0 e^{-\frac{t}{\tau}}$$

$$i = \frac{U_0}{R}e^{-\frac{t}{\tau}}$$

表 5-1 为过渡过程中 u_C 的变化情况。

表 5-1   **过渡过程中 u_C 的变化**

t	0	τ	2τ	3τ	4τ	5τ
$e^{-\frac{t}{\tau}}$	1	0.368	0.135	0.05	0.018	0.007
u_C	U_0	$0.368U_0$	$0.135U_0$	$0.05U_0$	$0.018U_0$	$0.007U_0$

从理论上讲，换路后的电路一般需要经过无限长的时间（$t \to \infty$）才能达到稳定状态。但是，由于指数函数 $Ae^{-\frac{t}{\tau}}$ 开始衰减较快，往后逐渐减慢，实际上经过 $3\tau \sim 5\tau$ 的时间，就可以认为电路达到了新的稳定状态。

【例 5-5】 在图 5-8（a）所示电路中，开关 S 打开前电路已处于稳态，在 $t=0$ 时，将 S 打开，试求电压 u_C 和电流 i。

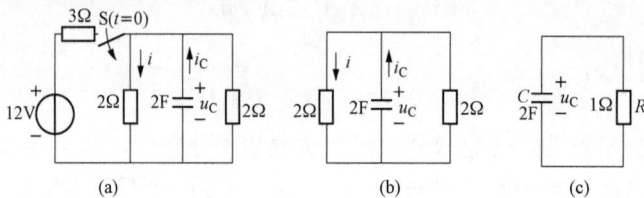

图 5-8 ［例 5-5］图

解 电路的初始条件

$$u_C(0_+) = u_C(0_-) = \frac{1}{3+1} \times 12 = 3(\text{V})$$

将换路后的电路等效变换为只有一个电容元件和一个电阻元件的最简 RC 电路，变换后的等效电路如图 5-8（c）所示。计算换路后的电路中的等效电阻为

$$R = \frac{1}{2} \times 2 = 1(\Omega)$$

电路的时间常数

$$\tau = RC = 1 \times 2 = 2(\text{s})$$

电容元件的电压

$$u_C = U_0 e^{-\frac{t}{2}} = 3e^{-\frac{t}{2}}\text{V} \quad (t > 0)$$

电容元件的电流

$$i = \frac{u_C}{2} = \frac{3}{2}e^{-\frac{t}{2}}\text{A} \quad (t > 0)$$

二、RL 电路的零输入响应

电路如图 5-9 所示，开关 S 闭合前，电路处于稳定状态，电感相当于短路，流过电感上的电流等于电源电压除以两个电阻之和，设 $i_L = I_0$。在 $t=0$ 时，闭合开关 S，则电感上的电流从初始值 I_0 逐渐减小至零，电路经历过渡过程，电路如图 5-9（b）所示，电感电路没有外电源作用，此时电路电流属零输入响应。根据图 5-9（b）列 KVL 方程得

$$u_L + u_R = 0$$

电阻、电感元件上的伏安关系为

$$u_R = Ri_L, \quad u_L = L\frac{di_L}{dt}$$

代入 KVL 方程得

$$L\frac{di_L}{dt} + Ri_L = 0 \tag{5-6}$$

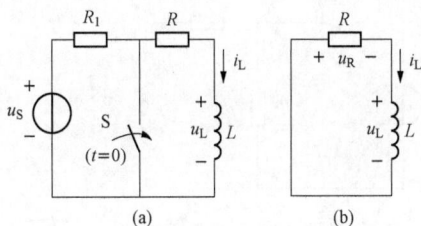

图 5-9　RL 电路的零输入响应

这也是一个一阶线性常系数齐次微分方程。由高等数学知识可知，它的特征方程为

$$Ls + R = 0$$

特征根为

$$s = -\frac{R}{L}$$

通解为

$$i_L = Ae^{-\frac{R}{L}t}$$

根据换路定律 $i_L(0_+) = i_L(0_-) = I_0$，可求得

$$A = i(0_+) = I_0$$

则微分方程的解为

$$i_L = I_0 e^{-\frac{R}{L}t} = I_0 e^{-\frac{t}{\tau}} \tag{5-7}$$

其中，τ 为 RL 电路的时间常数，$\tau = \frac{L}{R}$，当 L 的单位为亨（H），R 的单位为欧姆（Ω）时，τ 的单位为秒（s）。τ 的大小反映了 RL 电路中响应衰减的快慢程度，$\frac{L}{R}$ 越大，电流衰减得越慢，过渡过程持续的时间越长；反之，$\frac{L}{R}$ 越小，衰减越快，过渡过程持续的时间越短。这是因为，对一定的初始电流在电感元件的初始电流相同的情况下 $i_L(0_+)$，L 越小就意味着电感元件储能越少，电阻消耗储能所需要的时间越短；R 越大，电阻消耗的功率越大，电阻耗能越快，消耗储能所需要的时间越短。

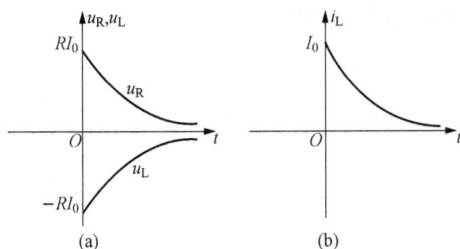

图 5-10　RL 电路零输入响应的变化曲线

电路中其他的零输入响应为

$$u_R = Ri_L = RI_0 e^{-\frac{t}{\tau}} \tag{5-8}$$

$$u_L = -u_R = -RI_0 e^{-\frac{t}{\tau}} \tag{5-9}$$

电压电流随时间变化的曲线如图 5-10 所示。

显然公式

$$f(t) = f(0_+)e^{-\frac{t}{\tau}} \tag{5-10}$$

适用于一阶电路的零输入响应。

式（5-10）表明，一阶电路的零输入响应总是由初始值开始按指数规律衰减，直至为零。零输入响应衰减的速率取决于电路的时间常数 τ。

【例 5-6】　如图 5-11 所示的电路，已知 $U_S = 35V$，$R_1 = 5k\Omega$，$R_2 = 5k\Omega$，$L = 0.8mH$，$t = 0$ 时开关断开。求 $t > 0$ 时电流 i_L 及开关两端电压 u_k。

解　$i_L(0_+) = i_L(0_-) = \dfrac{U_S}{R_1} = 7A$

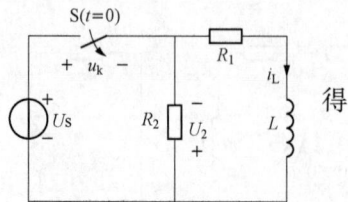

图 5 - 11 ［例 5 - 6］图

$$\tau = \frac{L}{R} = \frac{L}{R_1 + R_2} \approx 8 \times 10^{-5}\,\text{s}$$

得

$$i_L(t) = i_L(0_+)e^{-t/\tau} = 7e^{-1.25 \times 10^4 t}\,\text{A} \quad (t > 0)$$

$$u_k = U_S + u_2 = U_S + R_2 i_L$$

$$= 35 + 3.5 \times 10^4 e^{-1.25 \times 10^4 t}\,\text{V} \quad (t > 0)$$

$t \rightarrow 0_+$ 时

$$u_k(0_+) = 35 + 3.5 \times 10^4 \approx 3.5 \times 10^4\,(\text{V})$$

注意：断开感性负载时，开关可能承受很高电压，损坏电路，需采取并联保护措施。

任务三　一阶电路的零状态响应

🏆 **学习目标**

理解一阶电路的零状态响应，掌握直流激励性下 RL 和 RC 电路的零状态响应分析计算。

🎓 **任务描述**

零状态是指电路中的储能元件没有初始储能，其初始值为零的状态。此时电路的响应是由外部的激励引起的，这种响应称为零状态响应，利用电容器充放电的过渡过程，可以进行电容器的质量鉴别。

📖 **相关知识**

一、RC 电路的零状态响应（电容 C 充电）

若在一阶电路中，换路前储能元件没有储能，即电路的初始状态为零，仅由外加电源激励而引起的响应称为零状态响应。本节只讨论由直流激励引起的响应。

如图 5 - 12 所示电路，开关 S 位于 1 位置足够长的时间，电容已充分放电，若在 $t=0$ 时将开关打到 2 位置，电源 U_S 通过电阻给电容充电，充电过程（即过渡过程）完成后，电容电压等效电路图为 5 - 12（b）。在图 5 - 12（b）所示参考方向下，由 KVL 得

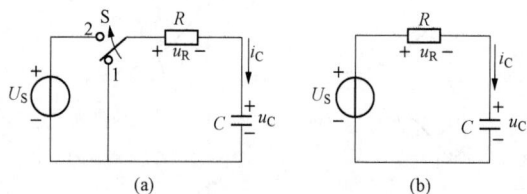

图 5 - 12　RC 电路的零输入响应

$$u_R + u_C = U_S$$

将电容和电阻的伏安关系 $i = C\dfrac{du_C}{dt}$，$u_R = Ri$ 代入，得

$$RC\frac{du_C}{dt} + u_C = U_S \tag{5 - 11}$$

式（5 - 11）是一个一阶线性常系数非齐次微分方程。由高等数学可知，该方程的通解

由两个分量组成，一个分量是该方程的任一特解 u'_C，另一个分量是该方程对应的齐次微分方程的通解 u''_C，即

$$u_C = u'_C + u''_C$$

u'_C 为方程式的一个特解，电路过渡过程结束时，$u_C(\infty) = U_S$ 满足式（5-11），是它的一个特解，即

$$u'_C = u_C(\infty) = U_S$$

非齐次微分方程式（5-11）所对应的齐次微分方程为

$$RC\frac{\mathrm{d}u_C}{\mathrm{d}t} + u_C = 0$$

其通解为

$$u''_C = Ae^{st} = Ae^{-\frac{t}{RC}} = Ae^{-\frac{t}{\tau}}$$

式中：s 为齐次微分方程的特征方程的根，$s = -\frac{1}{RC}$；τ 为电路的时间常数，$\tau = RC$。

因此，方程式（5-11）通解为

$$u_C = u'_C + u''_C = U_S + Ae^{-\frac{t}{\tau}}$$

其中，常数 A 可用换路定律求得，即

$$u_C(0_+) = u_C(0_-) = 0$$
$$0 = U_S + Ae^{-\frac{0}{\tau}} = U_S + A$$
$$A = -U_S$$

于是

$$u_C = U_S - U_S e^{-\frac{t}{\tau}} = U_S(1 - e^{-\frac{t}{\tau}}) \quad (t > 0) \tag{5-12}$$

由此可求得电路中的其他响应

$$u_R = U_S - u_C = U_S e^{-\frac{t}{\tau}} \tag{5-13}$$
$$i = \frac{u_R}{R} = \frac{U_S}{R}e^{-\frac{t}{\tau}} \tag{5-14}$$

根据式（5-12）～式（5-14），画出 u_C、u_R 和 i 随时间变化的曲线，如图 5-13 所示。

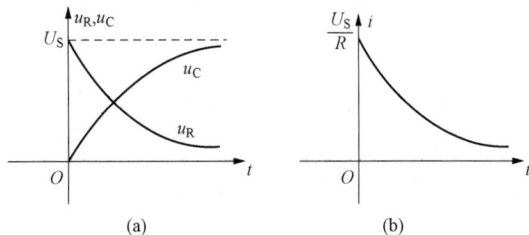

图 5-13　RC 电路零状态响应的变化曲线

【例 5-7】　在图 5-14 所示的电路中，$U_S = 12\text{V}$，$R_1 = 12\Omega$，$R_2 = 6\Omega$，$C = 0.5\text{F}$，$u_C(0_-) = 0$，试求 $t > 0$ 时的 u_C、i_C、i_1、i_2。

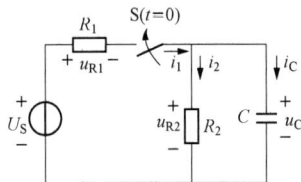

图 5-14　［例 5-7］图

解　（1）根据换路定律，确定电路的初始状态。因为换路后最初时刻电容元件中的电流不是无穷大，所以电容元件的电压不会跃变。因此

$$u_C(0_+) = u_C(0_-) = 0$$

（2）根据基尔霍夫定律和元件的伏安关系，建立描述换路后的电路的微分方程。由 KCL 得

$$i_1 = i_2 + i_C$$

由 KVL 得

$$u_{R1} + u_C = U_S$$

由元件得伏安关系得

$$u_{R1} = R_1 i_1$$

$$u_{R2} = u_C = R_2 i_2$$

$$i_C = C \frac{du_C}{dt}$$

代入整理后可得到一个以 u_C 为未知变量的一阶线性常系数非齐次微分方程，即

$$R_1 C \frac{du_C}{dt} + \frac{R_1 + R_2}{R_2} u_C = U_s$$

代入数据得

$$6 \frac{du_C}{dt} + 3u_C = 10$$

（3）求非齐次微分方程所对应得齐次微分方程的通解 u_C''。上述方程对应齐次微分方程 $6 \frac{du_C}{dt} + 3u_C = 0$ 的特征方程为

$$6s + 3 = 0$$

其根为

$$s = -\frac{1}{2}$$

因此，该齐次微分方程的通解为

$$u_C = Ae^{st} = Ae^{-\frac{t}{2}}$$

（4）求非齐次微分方程的特解 u_C'，从而得出非齐次微分方程的通解。由 $t \to \infty$ 时的电路，求出电路的稳态响应

$$u_C(\infty) = u_{R2}(\infty) = \frac{R_2}{R_1 + R_2} U_s = \frac{6}{6+12} \times 12 = 4(\text{V})$$

因为换路后电路相应的稳态响应就是非齐次微分方程的一个特解，所以

$$u_C' = u_C(\infty) = 4\text{V}$$

于是

$$u_C = u_C' + u_C'' = 4 + Ae^{-\frac{t}{2}}$$

（5）根据电路的初始状态，确定非齐次微分方程通解中的积分常数，从而求得非齐次微分方程的特解 u_C。因为

$$u_C(0_+) = 4 + A = 0$$

所以

$$A = -4$$

于是

$$u_C = 4(1 - e^{-\frac{t}{2}})\text{V} \quad (t > 0)$$

（6）由已求得的电路变量求出其他电路变量。

$$i_1 = \frac{U_s - u_C}{R_1} = \frac{8 + 4e^{-\frac{t}{2}}}{12}\text{A} = \left(\frac{2}{3} + \frac{1}{3}e^{-\frac{t}{2}}\right)\text{A} \quad (t > 0)$$

$$i_2 = \frac{u_C}{R_2} = \frac{2}{3}(1 - e^{-\frac{t}{2}})\text{A} \quad (t > 0)$$

$$i_C = C \frac{\mathrm{d}u_C}{\mathrm{d}t} = \mathrm{e}^{-\frac{t}{2}} \mathrm{A} \quad (t > 0)$$

二、RL 电路的零状态响应

如图 5-15 所示的电路中，$t=0$ 时闭合开关，直流电压 U_S 接入 RL 串联电路中，开关闭合前，电感的电流为 0，即 $i_L(0_-) = 0$。开关接通后，电路进入过渡过程，产生的响应为零状态响应。列出开关闭合后的 KVL 方程

图 5-15　RL 电路的零状态响应

$$u_R + u_L = U_S$$

电阻、电感元件上的伏安关系为

$$u_R = Ri$$

$$u_L = L \frac{\mathrm{d}i}{\mathrm{d}t}$$

代入 KVL 方程

$$L \frac{\mathrm{d}i}{\mathrm{d}t} + Ri = U_S \tag{5-15}$$

式（5-15）也是一个一阶线性常系数非齐次微分方程，它的解同样等于它所对应的齐次微分方程得通解 i'' 与它的一个特解 i' 之和，即

$$i = i' + i''$$

显然，电路达到新的稳定状态时，电感相当于短路，电感的电流为 0，是方程的一个特解，即

$$i'_L = i_L(\infty) = \frac{U_S}{R}$$

它所对应的齐次微分方程得通解为

$$i'' = A\mathrm{e}^{st} = A\mathrm{e}^{-\frac{R}{L}t} = A\mathrm{e}^{-\frac{t}{\tau}}$$

式中：s 为齐次微分方程的特征方程的根，$s = -\frac{R}{L}$；τ 为电路的时间常数，$\tau = \frac{L}{R}$。

则

$$i = i' + i'' = \frac{U_S}{R} + A\mathrm{e}^{-\frac{t}{\tau}}$$

将电路的初始条件 $i(0_+) = 0$ 代入上式，得

$$A = -\frac{U_S}{R}$$

因此，非齐次微分方程的特解为

$$i = \frac{U_S}{R} - \frac{U_S}{R}\mathrm{e}^{-\frac{t}{\tau}} = \frac{U_S}{R}(1 - \mathrm{e}^{-\frac{t}{\tau}}) \quad (t > 0) \tag{5-16}$$

可求得电阻和电感的电压为

$$u_R = Ri = U_S(1 - \mathrm{e}^{-\frac{t}{\tau}}) \quad (t > 0) \tag{5-17}$$

$$u_L = L \frac{\mathrm{d}i}{\mathrm{d}t} = U_S\mathrm{e}^{-\frac{t}{\tau}} \quad (t > 0) \tag{5-18}$$

从函数式可以画出 u_R、u_L 和 i 随时间变化的曲线，如图 5-16 所示，工程上可以用示波器来观察这些曲线。

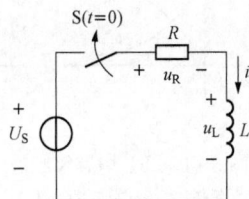

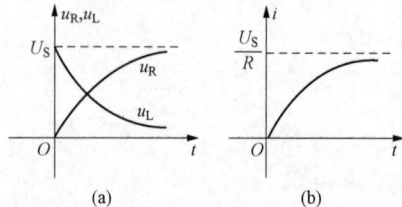

图 5-16　RL 电路零状态响应的变化曲线

电路达到新的稳定状态时，$i_L(\infty) = \dfrac{U_S}{R}$，所以电感电流的零状态响应可以表示为

$$i_L(t) = i_L(\infty)(1 - e^{-\frac{t}{\tau}}) \quad (t > 0) \quad (5-19)$$

显然，电路零状态响应的通式为

$$f(t) = f(\infty)(1 - e^{-\frac{t}{\tau}}) \quad (t > 0) \quad (5-20)$$

【例 5-8】 在图 5-17 所示的电路中，$t=0$ 时开关闭合，已知 $i_L(0_-) = 0$，试求 i_L 和 u_L。

解　因为 $i_L(0_-) = 0$，换路后电路的响应为零状态响应，足够长的时间后，电路达到新的稳态，电感 L 相当于短路，则

$$i_L(\infty) = \frac{12}{3} = 4(A)$$

时间常数

$$\tau = \frac{L}{R_{eq}} = \frac{0.3}{3} = 0.1(s)$$

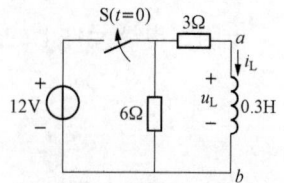

图 5-17　[例 5-8] 图

所以

$$i_L(t) = i_L(\infty)(1 - e^{-\frac{t}{\tau}}) = 4 \times (1 - e^{-\frac{t}{0.1}})A = 4(1 - e^{-10t})A \quad (t > 0)$$

$$u_L(t) = L\frac{di_L}{dt} = 12e^{-10t}V \quad (t > 0)$$

任务四　一阶电路的全响应和三要素法

🏆 **学 习 目 标**

理解一阶电路的全响应基本概念，掌握运用一阶电路的三要素法求解电路。

🎓 **任 务 描 述**

一阶电路的全响应可以是零状态响应和零输入响应的叠加。利用一阶电路的三要素法，可以把复杂的问题简单化，只要知道三个要素就能求解一阶电路的全响应。

📖 **相 关 知 识**

一、一阶电路的全响应

当一个非零初始状态的一阶电路受到激励时，电路中所产生的响应称为一阶电路的全响应。下面以直流电压输入的 RC 电路全响应为例说明电路全响应的计算方法。

在图 5-18 所示的电路中，开关闭合前，电容上已充有 U_0 的电压，即 $U_C(0_-) = U_0$，在 $t=0$ 时开关闭合，求电压 u_C。

电路的微分方程为

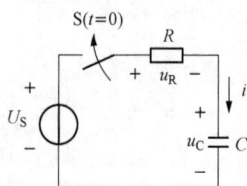

图 5-18　一阶电路的
　　　　全响应

$$RC\frac{du_C}{dt} + u_C = U_S$$

方程的解为

$$u_C = u'_C + u''_C = U_S + Ae^{-\frac{t}{\tau}}$$

其中，$u'_C = u_C(\infty) = U_S$ 是方程的一个特解，$u''_C = Ae^{-\frac{t}{\tau}}$ 是方程所对应的次微分方程的通解。把初始条件 $u_C(0_+) = u_C(0_-) = U_0$ 代入上式，得到积分常数 $A = U_0 - U_S$。

则电容电压的全响应为

$$u_C = U_S + (U_0 - U_S)e^{-\frac{t}{\tau}} \quad (t > 0) \tag{5-21}$$

二、全响应的分解

1. 全响应可以分解为稳态分量和暂态分量的叠加

由式（5-21）可见，U_S 是电路的稳态分量，取决于激励的特性，$(U_0 - U_S)e^{-\frac{t}{\tau}}$ 随时间按指数函数规律衰减，是电路的暂态分量，所以有

全响应 = 稳态分量 + 暂态分量

根据式（5-21）可知全响应的波形如图 5-19 所示，有以下三种情况：①$U_0 > U_S$，电容元件放电；②$U_0 < U_S$，电容元件充电；③$U_0 = U_S$，开关闭合后电路立即进入稳定状态。

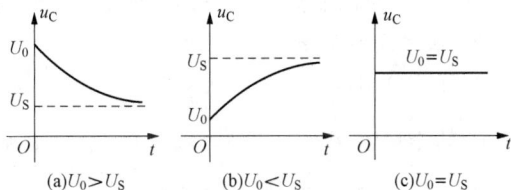

图 5-19　RC 电路全响应的变化曲线

2. 全响应可分解为零输入响应和零状态响应的叠加

也可以把式（5-21）改写成

$$u_C = U_0 e^{-\frac{t}{\tau}} + U_S(1 - e^{-\frac{t}{\tau}}) \quad (t > 0)$$

从前面的学习可知，上式第一项是电路的零输入响应，第二项是零状态响应。因此，全响应等于零输入响应和零状态响应的叠加，即

全响应 = 零输入响应 + 零状态响应

三、一阶线性电路暂态分析的三要素法

在式（5-21）中，当 $t \to \infty$，$u_C(t) = u_C(\infty) = U_S$ 是稳态响应，$u_C(0_+) = u_C(0_-) = U_0$ 是初始值，则式（5-21）可以改写成

$$u_C = u_C(\infty) + [u_C(0_+) - u_C(\infty)]e^{-\frac{t}{\tau}} \quad (t > 0)$$

由上式可见，只要知道 $u_C(\infty)$、$u_C(0_+)$ 和时间常数 τ，就可以求出电容电压的全响应，所以初始值 $u_C(0_+)$、稳态值 $u_C(\infty)$ 和时间常数 τ 是直流激励下一阶线性电路全响应的三个参数，由这三个参数求解一阶线性电路的响应称为三要素法。

为了具有一般意义，用 $f(t)$ 表示直流激励下一阶电路的任意响应（电压或电流），如果求出响应的初始值 $f(0_+)$、稳态值 $f(\infty)$ 和时间常数 τ，就可以求出 $f(t)$，即

$$f(t) = f(\infty) + [f(0_+) - f(\infty)]e^{-\frac{t}{\tau}} \quad (t > 0) \tag{5-22}$$

当 $f(0_+) \neq 0$，$f(\infty) \neq 0$ 时，$f(t) = f(\infty) + [f(0_+) - f(\infty)]e^{-\frac{t}{\tau}}$ 表示的是全响应。

当 $f(0_+) \neq 0$，$f(\infty) = 0$ 时，$f(t) = f(0_+)e^{-\frac{t}{\tau}}$ 表示的是零输入响应。

当 $f(0_+) = 0$，$f(\infty) \neq 0$ 时，$f(t) = f(\infty)(1 - e^{-\frac{t}{\tau}})$ 表示的是零状态响应。

故式（5-22）包含了所有动态响应过程，只要求出 $f(0_+)$、$f(\infty)$ 和 τ 这三个要素，就

可以根据式（5-22）直接写出直流激励下一阶电路的任意响应。三要素法对于求解一阶电路的全响应、零输入响应、零状态响应都是适用的。

求解时注意：同一个一阶电路中的各响应的时间常数 τ 都是相同的。

用三要素法求解的步骤如下：

1. 求初始值 $f(0_+)$

在 $t=0_-$ 的等效电路（换路前的稳态电路、电容开路、电感短路）中求出 $u_C(0_-)$、$i_L(0_-)$，根据换路定律 $u_C(0_+)=u_C(0_-)$，$i_L(0_+)=i_L(0_-)$，求出 $u_C(0_+)$、$i_L(0_+)$。作 $t=0_+$ 的等效电路，电容用电压源代替，其值为 $u_C(0_+)$；电感用电流源代替，其值为 $i_L(0_+)$。在 $t=0_+$ 的等效电路中求出初始值 $f(0_+)$。

2. 求稳态值 $f(\infty)$

在 $t=\infty$ 时的稳态等效电路（电容开路，电感短路）中，求出稳态值 $f(\infty)$。

3. 求时间常数 τ

一阶 RC 电路：$$\tau = RC$$

一阶 RL 电路：$$\tau = \frac{L}{R}$$

其中，R 是换路后，断开储能元件 C 或 L，由储能元件两端看进去电源置零（电压源短路，电流源开路）之后的戴维南等效内阻。

4. 求一阶电路的响应 $f(t)$

根据所求得的三要素，代入式（5-22）即可得电压或电流的动态过程表达式。

【例 5-9】　如图 5-20 所示，$R_1=2\Omega$，$R_2=1\Omega$，$C=200\mu F$，$U_S=6V$，换路前开关闭合，电路处于稳态，当 $t=0$ 时将开关 S 打开，求时间常数 τ 和换路后的 $u_C(t)$。

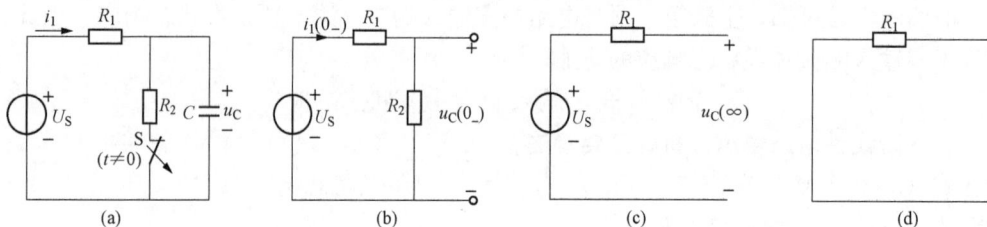

图 5-20　［例 5-9］图

解　（1）计算初始值 $u_C(0_+)$。换路前电路已达稳定，电容 C 相当于开路，如图 5-20（b）所示，由此电路图可求得

$$u_C(0_-) = \frac{R_2}{R_1+R_2}U_S = \frac{1}{1+2} \times 6 = 2(V)$$

由换路定律得

$$u_C(0_+) = u_C(0_-) = 2V$$

（2）计算稳态值 $u_C(\infty)$。换路后电路达到新的稳态时，电容相当于开路，如图 5-20（c）所示，所以

$$u_C(\infty) = U_S = 6V$$

（3）计算时间常数 τ。求换路后动态元件两端看进去的戴维南等效电阻，等效电路如

图 5-20 (d) 所示，有

$$R = R_1 = 2\Omega$$
$$\tau = RC = 2 \times 200 \times 10^{-6} = 4 \times 10^{-4}(\text{s})$$

（4）根据式（5-22）可得

$$u_C(t) = u_C(\infty) + [u_C(0_+) - u_C(\infty)]e^{-\frac{t}{\tau}}$$
$$= 6 + (2-6)e^{-\frac{t}{4 \times 10^{-4}}}$$
$$= 6 - 4e^{-2500t}(\text{V}) \quad (t > 0)$$

【例 5-10】 如图 5-21（a）所示的电路，在开关闭合前电路已达稳定，在 $t=0$ 时，开关 S 闭合，求 $i_L(t)$。

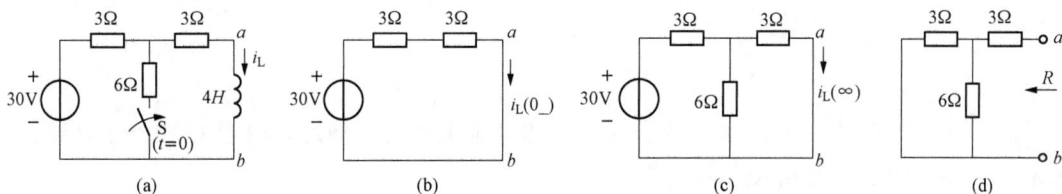

图 5-21 ［例 5-10］图

解 （1）计算初始值 $i_L(0_+)$。换路前电路已达稳定，电感 L 相当于短路，如图 5-21（b）所示，有

$$i_L(0_-) = \frac{30}{3+3} = 5(\text{A})$$

由换路定律得

$$i_L(0_+) = i_L(0_-) = 5\text{A}$$

（2）计算稳态值 $i_L(\infty)$。换路后电路达到新的稳态时，电感 L 相当于短路，如图 5-21（c）所示，所以

$$i_L(\infty) = \frac{30}{3+\frac{3 \times 6}{3+6}} \times \frac{6}{3+6} = 4(\text{A})$$

（3）计算时间常数 τ。求换路后动态元件两端看进去的戴维南等效电阻，等效电路如图 5-21（d）所示，有

$$R = \frac{3 \times 6}{3+6} + 3 = 5\Omega$$
$$\tau = \frac{L}{R} = \frac{4}{5}\text{s}$$

（4）根据式（5-22）可得

$$i_L(t) = i_L(\infty) + [i_L(0_+) - i_L(\infty)]e^{-\frac{t}{\tau}}$$
$$= 4 + (5-4)e^{-\frac{5t}{4}}$$
$$= 4 + e^{-1.25t}(\text{A}) \quad (t > 0)$$

【例 5-11】 如图 5-16（a）所示电路，S 打开时电路已稳定，在 $t=0$ 时，开关 S 闭合，求电压 u_C 和电流 i_1。

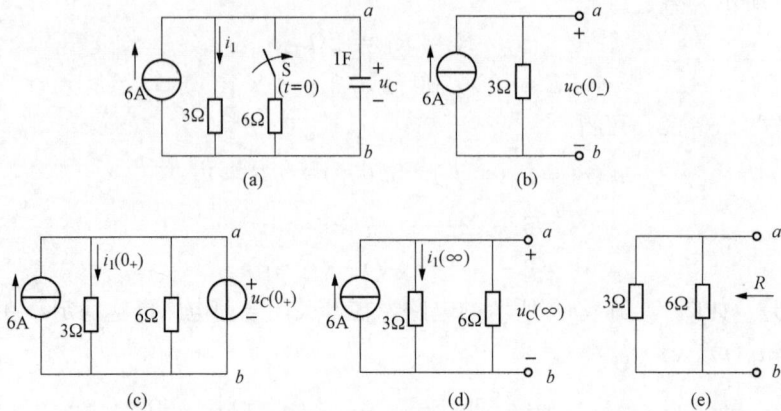

图 5 - 22 ［例 5 - 11］图

解 (1) 计算初始值 $u_C(0_+)$ 和 $i_1(0_+)$。换路前电路已达稳定，电容 C 相当于开路，如图 5 - 22 （b） 所示，由此电路图可求得

$$u_C(0_-) = 6 \times 3 = 18(\text{V})$$

由换路定律得

$$u_C(0_+) = u_C(0_-) = 18\text{V}$$

为了求出 $i_1(0_+)$，画出 $t=0_+$ 时刻的等效电路，电容相当于 18V 的电压源，如图 5 - 22 （c） 所示，由欧姆定律可得

$$i_1(0_+) = \frac{u_C(0_+)}{3} = \frac{18}{3} = 6(\text{A})$$

(2) 计算稳态值 $u_C(\infty)$ 和 $i_1(\infty)$。换路后电路达到新的稳态时，电容相当于开路，如图 5 - 22 （d） 所示，所以

$$i_1(\infty) = \frac{6}{3+6} \times 6 = 4(\text{A})$$

$$u_C(\infty) = i_1(\infty) \times 3 = 4 \times 3 = 12(\text{V})$$

(3) 计算时间常数 τ。求换路后动态元件两端看进去的戴维南等效电阻，等效电路如图 5 - 22 （e） 所示，有

$$R = \frac{3 \times 6}{3+6} = 2(\Omega)$$

$$\tau = RC = 2 \times 1 = 2(\text{s})$$

(4) 根据式 (5 - 22) 可得

$$
\begin{aligned}
u_C(t) &= u_C(\infty) + [u_C(0_+) - u_C(\infty)]e^{-\frac{t}{\tau}} \\
&= 12 + (18 - 12)e^{-\frac{t}{2}} \\
&= 12 + 6e^{-\frac{t}{2}}(\text{V}) \quad (t > 0) \\
i_1(t) &= i_1(\infty) + [i_1(0_+) - i_1(\infty)]e^{-\frac{t}{\tau}} \\
&= 4 + (6 - 4)e^{-\frac{t}{2}} \\
&= 4 + 2e^{-\frac{t}{2}}(\text{A}) \quad (t > 0)
\end{aligned}
$$

任务五 二阶电路的零输入响应

🏆 **学 习 目 标**

理解二阶电路的概念与特点，了解二阶电路的零输入响应。

🎓 **任 务 描 述**

含有 L 和 C 两个独立动态元件的电路，描述其响应的方程是二阶线性常微分方程，这样的电路称为二阶电路。根据电路参数的不同，二阶电路的零输入响应的过渡过程分为过阻尼状态、欠阻尼状态和临界状态。

📖 **相 关 知 识**

一、二阶电路的初始条件

初始条件在二阶电路的分析进程中起着决定性作用，确定初始条件时，必须注意以下几个方面：

（1）在分析电路时，要始终仔细考虑电容两端电压 u_C 的极性和流过电感电流 i_L 的方向。

（2）电容上的电压总是连续的，即

$$u_C(0_+) = u_C(0_-) \tag{5-23}$$

流过电感的电流也总是连续的，即

$$i_L(0_+) = i_L(0_-) \tag{5-24}$$

首先要用式（5-23）和式（5-24）确定没有突变的电路电流、电容电压和电感电流的初始值来确定初始条件。

二、RLC 串联电路的零输入响应

如图 5-23 所示的 RLC 串联电路，开关 S 闭合前，电容已经充电，且电容的电压 $u_C = U_0$，电感中储存有电场能，且初始电流为 I_0。当 $t=0$ 时，开关 S 闭合，电容将通过 R 放电，其中一部分被电阻消耗，另一部分被电感以磁场能的形式储存，之后磁场能又通过 R 转换成电场能，如此反复。同样，也有可能先是由电感储存的磁场能转换成电场能，并如此反复，当然也可能不存在能量的反复转换。

图 5-23 RLC 串联电路的零输入响应

由图 5-23 所示参考方向，根据 KVL 可得

$$-u_C + u_R + u_L = 0$$

且有 $i_C = -C\dfrac{du_C}{dt}$，$u_R = Ri = RC\dfrac{du_C}{dt}$，$u_L = L\dfrac{di}{dt} = -LC\dfrac{d^2 u_C}{dt}$。将其代入上式得

$$LC\frac{d^2 u_C}{dt^2} + RC\frac{du_C}{dt} + u_C = 0 \tag{5-25}$$

式（5-25）是 RLC 串联电路放电过程以 u_C 为变量的微分方程，为一个线性常系数二

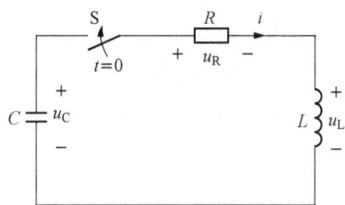

阶微分方程。

如果以电流 i 作为变量，则 RLC 串联电路的微分方程为

$$LC\frac{\mathrm{d}^2 i}{\mathrm{d}t^2} + RC\frac{\mathrm{d}i}{\mathrm{d}t} + i = 0 \tag{5-26}$$

在此，仅以 u_C 为变量进行分析，令 $u_C = A\mathrm{e}^{pt}$，并代入式（5-33），得到其对应的特征方程

$$LCp^2 + RCp + 1 = 0$$

求解上式，得到特征根为

$$\begin{aligned} p_1 &= -\frac{R}{2L} + \sqrt{\left(\frac{R}{2L}\right)^2 - \frac{1}{LC}} \\ p_2 &= -\frac{R}{2L} - \sqrt{\left(\frac{R}{2L}\right)^2 - \frac{1}{LC}} \end{aligned} \tag{5-27}$$

电容电压 u_C 用两特征根表示如下：

$$u_C = A_1\mathrm{e}^{p_1 t} + A_2\mathrm{e}^{p_2 t} \tag{5-28}$$

从式（5-27）可以看出，特征根 p_1、p_2 仅与电路的参数和结构有关，与激励和初始储能无关。p_1、p_2 又称为固有频率，与电路的自然响应函数有关。

根据换路定则，可以确定方程（5-26）的初始条件为 $u_C(0_+) = u_C(0_-) = U_0$，$i(0_+) = i(0_-) = I_0$，又因为 $i_C = -C\dfrac{\mathrm{d}u_C}{\mathrm{d}t}$，所以有 $C\dfrac{\mathrm{d}u_C}{\mathrm{d}t} = -\dfrac{I_0}{C}$。将初始条件和式（5-28）联立可得

$$\left.\begin{aligned} A_1 + A_2 &= U_0 \\ A_1 p_1 + A_2 p_2 &= -\frac{I_0}{C} \end{aligned}\right\} \tag{5-29}$$

首先讨论由已经充电的电容向电阻电感放电的性质，即 $U_0 \neq 0$ 且 $I_0 = 0$，有

$$\left.\begin{aligned} A_1 &= \frac{p_2 U_0}{p_2 - p_1} \\ A_2 &= -\frac{p_1 U_0}{p_2 - p_1} \end{aligned}\right\} \tag{5-30}$$

将式（5-30）代入式（5-28）即可得到 RLC 串联电路的零输入响应，但特征根 p_1、p_2 与电路的参数 R、L、C 有关，根据二次方程根的判别式可知 p_1、p_2 只有三种可能情况，下面对这三种情况分别讨论。

1. $R > 2\sqrt{\dfrac{L}{C}}$，过阻尼情况

在此情况下，p_1、p_2 为两个不相等的实数，电容电压可表示为

$$u_C = \frac{U_0}{p_2 - p_1}(p_2\mathrm{e}^{p_1 t} - p_1\mathrm{e}^{p_2 t}) \tag{5-31}$$

根据电压电流的关系，可以求出电路的其他响应为

$$\begin{aligned} i &= -C\frac{\mathrm{d}u_C}{\mathrm{d}t} = -\frac{CU_0 p_1 p_2}{p_2 - p_1}(\mathrm{e}^{p_1 t} - \mathrm{e}^{p_2 t}) \\ &= -\frac{U_0}{L(p_2 - p_1)}(\mathrm{e}^{p_1 t} - \mathrm{e}^{p_2 t}) \end{aligned} \tag{5-32}$$

$$u_L = L\frac{\mathrm{d}i}{\mathrm{d}t} = -\frac{U_0}{p_2 - p_1}(p_1 \mathrm{e}^{p_1 t} - p_2 \mathrm{e}^{p_2 t}) \tag{5-33}$$

其中，$p_1 p_2 = \dfrac{1}{LC}$。

由于 $p_1 > p_2$，因此 $t>0$ 时，$\mathrm{e}^{-p_1 t} > \mathrm{e}^{p_2 t}$，且 $\dfrac{p_2}{p_2-p_1} > \dfrac{p_1}{p_2-p_1} > 0$，即 $t>0$ 时，u_C 一直为正。从（5-32）可以看出，当 $t>0$ 时，i 也一直为正。但是进一步分析可知，当 $t=0$ 时，$i(0_+)=0$；当 $t\to\infty$ 时，$i(\infty)=0$。这表明 $i(t)$ 将出现极值，可以求一阶导数得到，即

$$p_1 \mathrm{e}^{p_1 t} - p_2 \mathrm{e}^{p_2 t} = 0$$

故

$$t_{\max} = \frac{1}{p_2 - p_1}\ln\frac{p_2}{p_1}$$

其中，$t_{\max}$ 为电流达到最大的时刻。u_C、i、u_L 的波形如图 5-24 所示。

从图 5-24 可以看出，电容在整个过程中一直在释放储的电能，称为非振荡放电，又称为过阻尼放电。当 $t<t_m$ 时，电感吸收能量，建立磁场；当 $t>t_m$ 时，电感释放能量，磁场衰减，趋向消失；当 $t=t_m$ 时，电感电压过零点。

2. $R<2\sqrt{\dfrac{L}{C}}$，欠阻尼情况

当 $R<2\sqrt{\dfrac{L}{C}}$ 时，特征根 p_1、p_2 是一对共轭复数，即

$$\left.\begin{aligned}p_1 &= -\frac{k}{2L} + \mathrm{j}\sqrt{\frac{1}{LC}-\left(\frac{R}{LC}\right)^2} = -\alpha + \mathrm{j}\omega\\ p_2 &= -\frac{k}{2L} - \mathrm{j}\sqrt{\frac{1}{LC}-\left(\frac{R}{LC}\right)^2} = -\alpha - \mathrm{j}\omega\end{aligned}\right\} \tag{5-34}$$

式中：α 为振荡电路的衰减系数，$\alpha=\dfrac{R}{LC}$；ω 为振荡电路的衰减角频率，$\omega=\sqrt{\dfrac{1}{LC}-\left(\dfrac{R}{2L}\right)^2}$；$\omega_0$ 为无阻尼自由振荡角频率，或浮振角频率，$\omega_0=\dfrac{1}{\sqrt{LC}}$。

显然有 $\omega_0^2 = \alpha^2 + \omega^2$，令 $\theta = \arctan\left(\dfrac{\omega}{\alpha}\right)$，则有 $\alpha=\omega_0\cos\theta$，$\omega=\omega_0\sin\theta$，如图 5-25 所示。

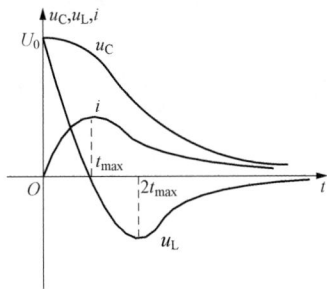

图 5-24　过阻尼放电过程中 u_C、i、u_L 的波形　　图 5-25　α、θ、ω、ω_0 之间的关系

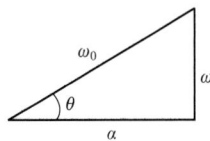

根据欧拉公式

$$e^{j\theta} = \cos\theta + j\sin\theta \atop e^{-j\theta} = \cos\theta - j\sin\theta \Bigg\} \qquad (5-35)$$

可得

$$p_1 = -\omega_0 e^{-j\theta}, \quad p_2 = -\omega_0 e^{j\theta}$$

所以有

$$
\begin{aligned}
u_C &= \frac{U_0}{p_2 - p_1}(p_2 e^{p_1 t} - p_1 e^{p_2 t})\\
&= \frac{U_0}{-j2\omega}[-\omega_0 e^{j\theta} e^{(-\alpha+j\omega)t} + \omega_0 e^{j\theta} e^{(-\alpha-j\omega)t}]\\
&= \frac{U_0 \omega_0}{\omega} e^{-\alpha t}\left[\frac{e^{j(\omega t+\theta)} - e^{-j(\omega t+\theta)}}{j2}\right]\\
&= \frac{U_0 \omega_0}{\omega} e^{-\alpha t}\sin(\omega t + \theta) \qquad (5-36)
\end{aligned}
$$

根据式 (5-32) 和式 (5-33) 可知

$$i = \frac{U_0}{\omega L} e^{-\alpha t}\sin(\omega t) \qquad (5-37)$$

$$u_L = -\frac{U_0 \omega_0}{\omega} e^{-\alpha t}\sin(\omega t - \theta) \qquad (5-38)$$

从上述情况分析可以看出，u_C、i、u_L 的波形呈振荡衰减状态。在衰减过程中，两种储能元件相互交换能量，见表 5-2。u_C、i、u_L 的波形如图 5-26 所示。

表 5-2   欠阻尼情况下电感、电容能量交换情况

元件	$0<\omega t<\theta$	$0<\omega t<\pi-\theta$	$\pi-\theta<\omega t<\pi$
电容	释放	释放	吸收
电感	吸收	释放	释放
电阻	消耗	消耗	消耗

从欠阻尼情况下 u_c、i、u_L 的表达式还能得到以下结论：

(1) $\omega t = k\pi$，$k=0$，1，2，3…，为电流 i 的过零点，即 u_C 的极值点。

(2) $\omega t = k\pi + \theta$，$k=0$，1，2，3…，为电感电压 u_L 的过零点，即电流 i 的极值点。

(3) $\omega t = k\pi - \theta$，$k=0$，1，2，3…，为电容电压 u_C 的过零点。

在上述阻尼的情况中，有一种特殊情况，$k=0$，此时 p_1、p_2 为一对共轭虚数，有

$$p_1 = j\omega_0, \quad p_2 = -j\omega_0$$

代入式 (5-36) ～式 (5-38)，得

$$u_C = U_0 \sin\left(\omega_0 t + \frac{\pi}{2}\right) \qquad (5-39)$$

$$i = U_0 \sqrt{\frac{C}{L}}\sin(\omega_0 t) \qquad (5-40)$$

$$u_L = U_0 \sin\left(\omega_0 t + \frac{\pi}{2}\right) \qquad (5-41)$$

由此可见，u_C、i、u_L 各量都是正弦函数，随着时间的推移其振幅并不衰减。其波形如

图 5-27 所示。

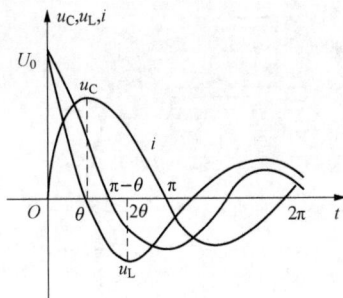

图 5-26 欠阻尼情况下 u_C、
i、u_L 的波形

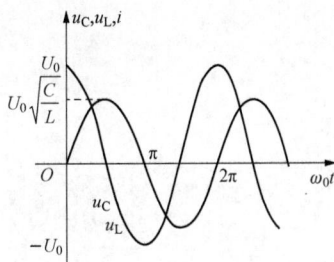

图 5-27 LC 零输入电路无阻尼时
u_C、i、u_L 波形

3. $R = 2\sqrt{\dfrac{L}{C}}$，临界阻尼情况

在此条件下，特征方程具有重根，即

$$p_1 = p_2 = -\frac{R}{2L} = -2$$

全微分方程（5-25）的通解为

$$u_C = (A_1 + A_2 t)e^{-2t}$$

根据初始条件可得

$$A_1 = U_0, \quad A_2 = 2U_0$$

所以，很容易得到

$$u_C = U_0(1 + \alpha t)e^{-\alpha t} \tag{5-42}$$

$$i = -C\frac{\mathrm{d}u_C}{\mathrm{d}t} = \frac{U_0}{L}te^{-\alpha t} \tag{5-43}$$

$$u_L = L\frac{\mathrm{d}i}{\mathrm{d}t} = U_0 e^{-\alpha t}(1 - \alpha t) \tag{5-44}$$

显然，u_C、i、u_L 不作振荡变化，随着时间的推移逐渐衰减，其衰减过程的波形与图 5-24 类似。此种状态是振荡过程与非振荡过程的分界线，所以将 $R = 2\sqrt{\dfrac{L}{C}}$ 的过程称为临界非振荡过程，其电阻也称为临界电阻。

实 践 知 识

一、设备及接线

图 5-28 所示为 RC 一阶线性电路过渡过程测试的设备及接线图。

调节电子仪器各旋钮时，动作不要过快、过猛。实验前，需熟读双踪示波器的使用说明书。观察双踪时，要特别注意相应开关、旋钮的操作与调节；信号源的接地端与示波器的接地端要连在一起（称共地），以防外界干扰而影响测量的准确性；示波器的辉度不应过亮，尤其是光点长期停留在荧光屏上不动时，应将辉度调暗，以延长示波管的使用寿命。

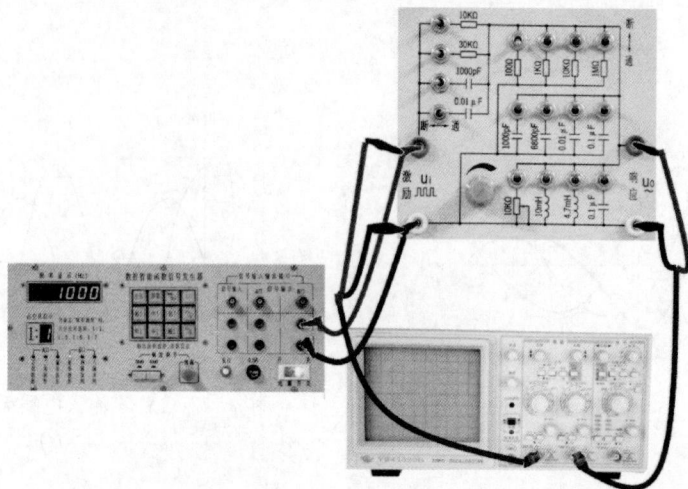

图 5-28　RC 一阶线性电路过渡过程测试的设备及接线图

二、RC 一阶线性电路过渡过程测试

1. 任务目的

（1）测定 RC 一阶电路的零输入响应、零状态响应及完全响应。

（2）学习电路时间常数的测量方法。

（3）掌握有关微分电路和积分电路的概念。

（4）进一步学会用示波器观测波形。

2. 原理说明

（1）动态网络的过渡过程是十分短暂的单次变化过程。要用普通示波器观察过渡过程和测量有关的参数，就必须使这种单次变化的过程重复出现。为此，利用信号发生器输出的方波来模拟阶跃激励信号，即利用方波输出的上升沿作为零状态响应的正阶跃激励信号，利用方波的下降沿作为零输入响应的负阶跃激励信号。只要选择方波的重复周期远大于电路的时间常数 τ，那么电路在这样的方波序列脉冲信号的激励下，它的响应就和直流电接通与断开的过渡过程是基本相同的。

（2）图 5-29（b）所示 RC 一阶电路的零输入响应和零状态响应分别按指数规律衰减和增长，其变化的快慢取决于电路的时间常数 τ。

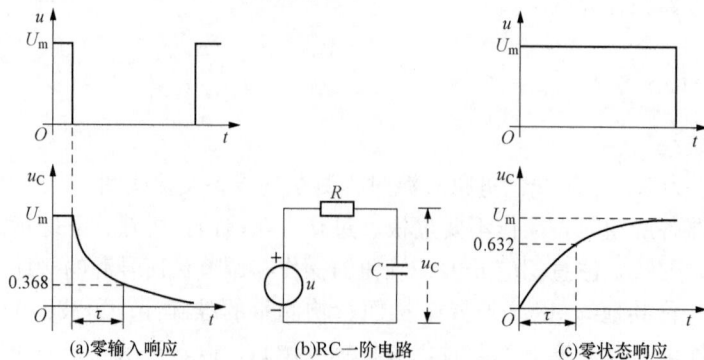

图 5-29　RC 一阶线性电路过渡过程测试

（3）时间常数 τ 的测定方法。用示波器测量零输入响应的波形如图 5 - 29（a）所示。根据一阶微分方程的求解得知 $u_C = U_m e^{-t/RC} = U_m e^{-t/\tau}$。当 $t = \tau$ 时，$U_C(\tau) = 0.368U_m$。此时所对应的时间就等于 τ。也可用零状态响应波形增加到 $0.632U_m$ 所对应的时间测得，如图 5 - 29（c）所示。

（4）微分电路和积分电路是 RC 一阶电路中较典型的电路，它对电路元件参数和输入信号的周期有着特定的要求。一个简单的 RC 串联电路，在方波序列脉冲的重复激励下，当满足 $\tau = RC \ll \dfrac{T}{2}$ 时（T 为方波脉冲的重复周期），且由 R 两端的电压作为响应输出，则该电路就是一个微分电路，如图 5 - 30（a）所示。这是因为此时电路的输出信号电压与输入信号电压的微分成正比。利用微分电路可以将方波转变成尖脉冲。

若将图 5 - 30（a）中的 R 与 C 位置调换一下，如图 5 - 30（b）所示，由 C 两端的电压作为响应输出，且当电路的参数满足 $\tau = RC \gg \dfrac{T}{2}$，则该 RC 电路称为积分电路。这是因为此时电

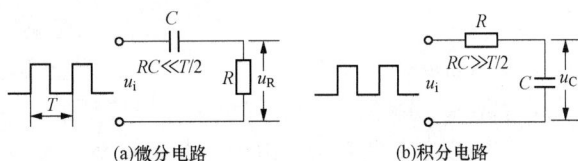

图 5 - 30　RC 一阶线性微分电路和积分电路

路的输出信号电压与输入信号电压的积分成正比。利用积分电路可以将方波转变成三角波。

从输入输出波形来看，上述两个电路均起着波形变换的作用，请在实验过程仔细观察与记录。

3. 任务内容及实施

（1）实验设备见表 5 - 3。

表 5 - 3　　　　　　　　　　　　实　验　设　备

序号	名称	型号与规格	数量	备注
1	函数信号发生器	E4402B 1Hz～150kHz，0～18V	1	—
2	双踪示波器	YB43020B	1	自备
3	动态电路实验板	—	1	DGJ - 03

实验线路板的器件组件，如图 5 - 31 所示，请认清 R、C 元件的布局及其标称值，各开关的通断位置等。

（2）从电路板上选 $R = 10\text{k}\Omega$，$C = 6800\text{pF}$，组成如图 5 - 28（b）所示的 RC 充放电电路。u_i 为脉冲信号发生器输出的 $U_m = 3\text{V}$、$f = 1\text{kHz}$ 的方波电压信号，并通过两根同轴电缆线，将激励源 u_i 和响应 u_C 的信号分别连至示波器的两个输入口 Y_A 和 Y_B。这时可在示波器的屏幕上观察到激励与响应的变化规律，请测算出时间常数 τ，并用方格纸按 1：1 的比例描绘波形。少量地改变电容值或电阻值，观察对响应的影响，记录观察到的现象。

（3）令 $R = 10\text{k}\Omega$，$C = 0.1\mu\text{F}$，观察并描绘响应的波形，继续增大 C，定性地观察对响应的影响。

（4）令 $C = 0.01\mu\text{F}$，$R = 100\Omega$，组成如图 5 - 29（a）所示的微分电路。在同样的方波激励信号（$U_m = 3\text{V}$，$f = 1\text{kHz}$）作用下，观测并描绘激励与响应的波形。

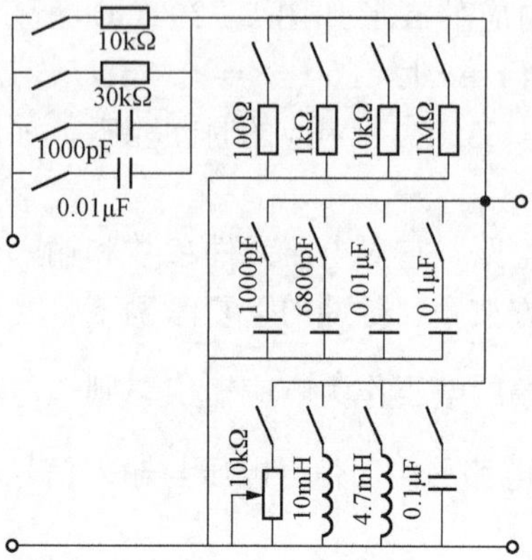

图 5-31 RC一阶电路实验
线路板的器件组件

增减 R 的值，观察对响应的影响，并作记录。当 R 增至 1MΩ 时，观察输入、输出波形有何本质上的区别。

4. 测试结果分析

（1）根据实验观测结果，在方格纸上绘出 RC一阶电路充放电时 u_C 的变化曲线，由曲线测得 τ，并与参数值的计算结果作比较，分析误差原因。

（2）根据实验观测结果，归纳、总结积分电路和微分电路的形成条件，阐明波形变换的特征。

【思考题】

1. 什么样的电信号可作为 RC一阶电路零输入响应、零状态响应和完全响应的激励源？

2. 已知 RC一阶电路 $R=10kΩ$，$C=0.1μF$，试计算时间常数 τ，并根据 τ 的物理意义，拟订测量 τ 的方案。

3. 何谓积分电路和微分电路，它们必须具备什么条件？在方波序列脉冲的激励下，两种电路输出信号波形的变化规律如何？这两种电路有何功用？

练 习 题

一、填空题

1. 在含有_____元件或_____元件等的电路中，当电路的状态发生变化时，电路就会从原来的_____状态转换到另一个_____状态，电路在过渡过程所处的工作状态称为_____。

2. 一个电路发生突变，如开关的突然通断、参数的变化及其他意外事故或干扰，统称为_____。

3. 为了便于分析问题，我们认为换路是在 $t=0$ 时刻进行的，并把换路前的最终时刻记为 $t=$_____，把换路后的最初时刻记为 $t=$_____，换路经历时间为_____到_____。

4. 动态电路在换路的一瞬间的_____和_____不能跃变，这一规律称为换路定律。用数学表达式表示为_____，_____。

5. 电容器充放电的过渡过程中，电容器充放电的快慢由_____表征，理论上过渡过程要经过_____才能达到稳态。通过计算，经过_____的时间可认为过渡过程基本结束。

6. 在动态电路中，如果时间常数 τ 越大，则过渡过程完成的时间越_____，变化速度越_____。

7. 零状态响应是指换路前电路的初始储能为_____，换路后电路中的响应是由_____产生的。

8. 零输入响应是指在换路后电路中无_____，电路中的响应是由_____产生的。

9. 全响应是指换路后电路中既有_____激励，又有_____而产生的响应。

10. RC一阶电路的时间常数 $\tau=$_____，RL一阶电路的时间常数 $\tau=$_____。

11. 一阶电路的全响应等于_____与零输入响应叠加。

12. 三要素法的三要素是指_____、_____和_____。

13. 一阶电路三要素法的公式是_____。

二、选择题

1. 下面的电路不属于动态电路的是（　　　）。

A. 纯电阻电路　　　　　　　　　B. 含储能元件的电路

C. RL 电路　　　　　　　　　　D. RC 电路

2. 直流电源、开关 S、电容器 C 和灯泡串联电路，S 闭合前 C 未储能，当开关 S 闭合后灯泡（　　　）。

A. 立即亮并持续　　　　　　　　B. 始终不亮

C. 由亮逐渐变为不亮　　　　　　D. 由不亮逐渐变亮

3. 如图 5 - 32 所示，电路在稳定状态下闭合开关 S，该电路（　　　）。

A. 不产生过渡过程，因为换路未引起 L 的电流发生变化

B. 要产生过渡过程，因为电路发生换路

C. 要发生过渡过程，因为电路有储能元件且发生换路

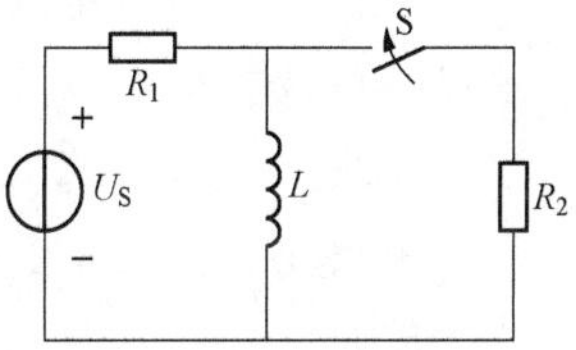

图 5 - 32

4. 电路过渡过程的变化规律是按照（　　　）变化的。

A. 指数　　　　　B. 对数　　　　　C. 正弦　　　　　D. 余弦

5. 电容端电压和电感电流不能突变的原因是（　　　）。

A. 同一元件的端电压和电流不能突变

B. 电场能量和磁场能量的变化率均为有限值

C. 电容端电压和电感电流都是有限值

6. 如图 5 - 33 所示，比较其时间常数的结果为（　　　）

A. $\tau_1 > \tau_2 > \tau_3$　　　B. $\tau_3 > \tau_2 > \tau_1$　　　C. $\tau_1 < \tau_2 > \tau_3$　　　D. $\tau_3 < \tau_2 > \tau_1$

7. 在图 5 - 34 所示的电路中，开关 S 在 $t=0$ 瞬间闭合，若 $u_C(0_-) = 0\text{V}$，则 $i(0_+)$ 为（　　　）A。

A. 0.5　　　　　B. 0　　　　　C. 1

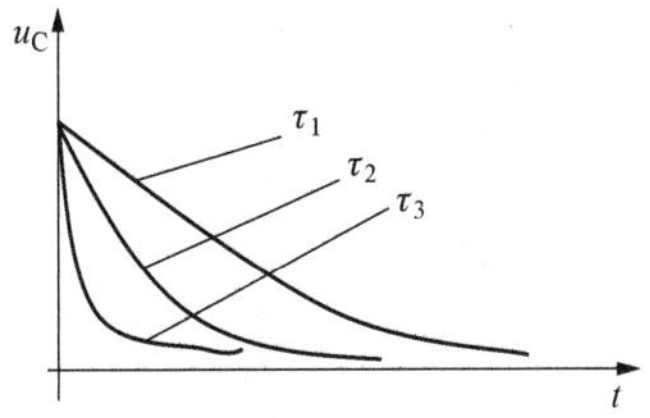

图 5 - 33

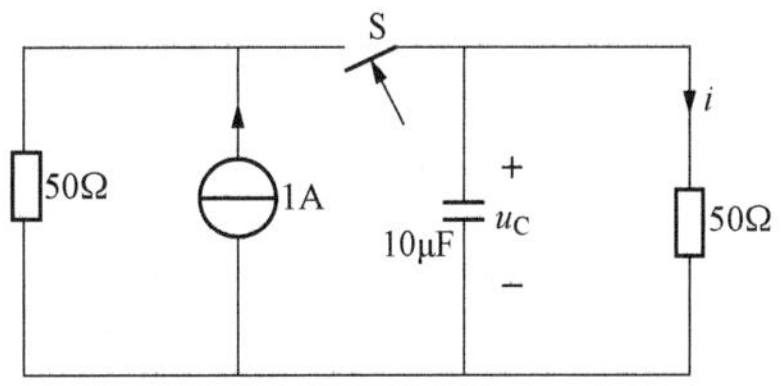

图 5 - 34

8. 在图 5 - 35 所示的电路中，开关 S 在 $t=0$ 瞬间闭合，则 $i_L(0_+) = $（　　　）。

A. 1A　　　　　B. 0.5A　　　　　C. 0A

9. 在图 5 - 36 所示的电路中，开关 S 断开前已达稳定状态。在 $t=0$ 瞬间将开关 S 断开，则 $i_1(0_+) = $（　　　）。

A. 2A　　　　　B. 0A　　　　　C. −2A

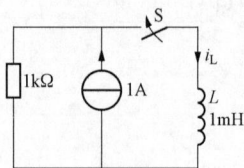

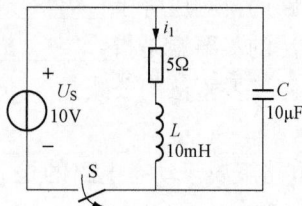

图 5 - 35　　　　　　　　　　　　　　　　图 5 - 36

10. 一阶电路的时间常数 τ 值取决于（　　）。

A. 激励信号和电路初始状态　　　　　　B. 电路参数

C. 电路的结构和参数

11. 在图 5 - 37 所示的电路中，已知 $U_S=10\text{V}$，$R_1=2\text{k}\Omega$，$R_2=2\text{k}\Omega$，$C=10\mu\text{F}$，则该电路的时间常数为（　　）。

A. 10ms　　　　　　B. 1ms　　　　　　C. 1s　　　　　　D. 5ms

12. 在图 5 - 38 所示的电路在开关 S 闭合后的时间常数 τ 值为（　　）。

A. L/R_1　　　　　　B. $L/(R_1+R_2)$　　　　　　C. R_1/L

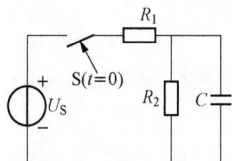

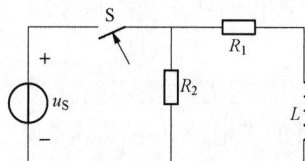

图 5 - 37　　　　　　　　　　　　　　　　图 5 - 38

13. 在图 5 - 39 所示的电路中，$u_S=40\text{V}$，$L=1\text{H}$，$R_1=R_2=20\Omega$。换路前电路已处稳态，开关在 $t=0$ 时刻接通，求 $t\geqslant 0_+$ 的电感电流 $i(t)=$（　　）。

A. $2(1-\text{e}^{-0.1t})$　　B. $2\text{e}^{-0.1t}$　　　　C. 2A　　　　　　D. 2e^{-10t}

14. 在图 5 - 40 所示的电路中 $u_S=20\text{V}$，$C=100\mu\text{F}$，$R_1=R_2=10\text{k}\Omega$。换路前电路已处于稳态，开关 S 在 $t=0$ 时刻打开，求 $t\geqslant 0_+$ 时，电容电压 $u(t)=$（　　）。

A. 20e^{-2t}　　　　B. 10e^{-2t}　　　　C. 20e^{-t}　　　　D. 10e^{-t}

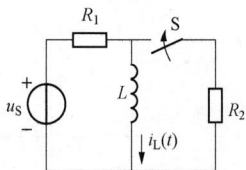

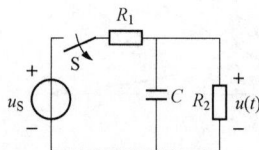

图 5 - 39　　　　　　　　　　　　　　　　图 5 - 40

三、计算题

1. 如图 5 - 41 所示，已知 $U_S=300\text{V}$，$R_0=150\Omega$，$R=50\Omega$，$L=2\text{H}$，在开关 S 闭合前电路已处于稳态，$t=0$ 时将开关 S 闭合，求开关闭合后流过电感上的电流 $i_L(0_+)$。

2. 求图 5 - 42 所示的电路中，开关 S 在 1 位置和 2 位置时的时间常数。

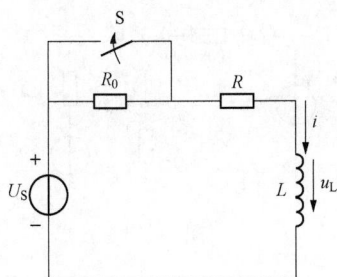

图 5 - 41

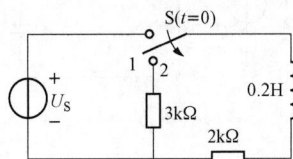

图 5 - 42

3. 电路如图 5 - 43 所示，已知 $U_S = 10\text{V}$，$R_1 = 15\Omega$，$R_2 = 5\Omega$，开关 S 断开前电路处于稳态。求开关 S 断开后电路中各电压、电流的初始值。

4. 在图 5 - 44 所示的电路中，开关 S 在 $t = 0$ 瞬间闭合，若 $u_C(0_-) = 0\text{V}$，求 $i_C(0_+)$。

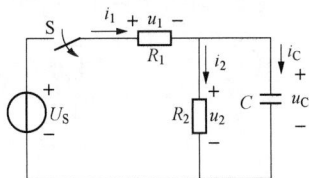

图 5 - 43

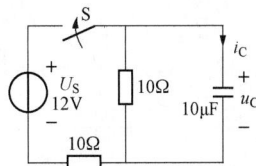

图 5 - 44

5. 在图 5 - 45 所示的电路中，开关 S 位于 1 处已久。在 $t = 0$ 时将 S 从 1 倒向 2，试求 $u_L(0_+)$。

6. 在图 5 - 46 中，已知 $U_S = 100\text{V}$，$R = 400\Omega$，$C = 0.01\mu\text{F}$，开关 S 接通 1 时，电路已达稳定状态，求开关 S 由 1 转接到 2 时，电路过渡过程的时间常数及过渡过程中电路电流 i 和电压 u_R。

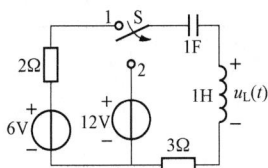

图 5 - 45

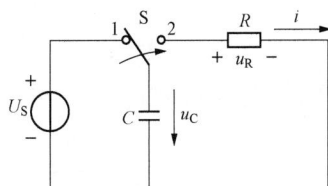

图 5 - 46

7. 如图 5 - 47 所示电路，已知换路前 $u_C(0_-) = 0$，$U_S = 2\text{V}$，$R_1 = \frac{2}{3}\text{k}\Omega$，$C = 3000\mu\text{F}$。$t = 0$ 时，开关 S 打到 2 位置，求换路后的 $u_C(t)$。

8. 图 5 - 48 所示电路中，$C = 100\mu\text{F}$，开关 S 在 $t = 0$ 时，由位置 1 打到位置 2，在这之前电路已达稳定，用三要素法求 $u_C(t)$，并画出 $u_C(t)$ 的波形。

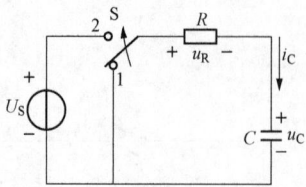

图 5 - 47

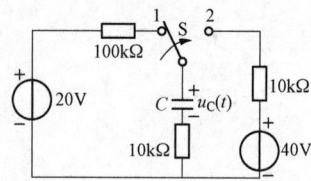

图 5 - 48

9. 在图 5 - 49 所示电路中，当 $t<0$ 时处于稳态，当 $t=0$ 时换路。求 $t>0$ 时的全响应 $u_1(t)$。

10. 电路如图 5 - 50 所示，$U_S=24V$，$R_1=6\Omega$，$R_2=6\Omega$，$R_3=3\Omega$，$L=0.3H$，开关 S 在 $t=0$ 时闭合，在这之前电路已达稳定，试求 $i(t)$。

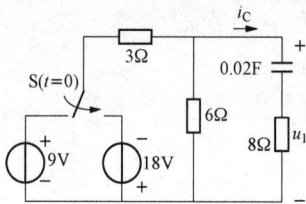

图 5 - 49

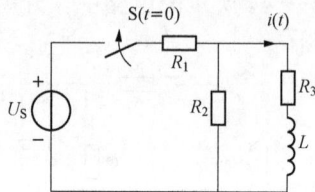

图 5 - 50

11. 如图 5 - 51 所示，开关 S 在位置 1 时已处于稳定状态，在 $t=0$ 时开关由 1 位置合到 2 位置，试用三要素法求 i 及 i_L。

12. 如图 5 - 52 所示，已知 $R_1=R_2=R_3=2\Omega$，$L=2H$，$U=4V$，开关 S 长期处于 1 位置。$t=0$，S 打向 2 位置，试求电感元件中的电流 i_L 及其两端电压 u_L。

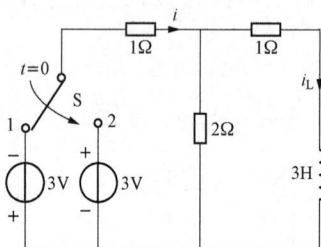

图 5 - 51

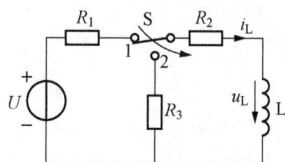

图 5 - 52

13. 图 5 - 53 所示电路中，$U_S=120V$，$R_1=R_2=10\Omega$，$C=100\mu F$，$t=0$ 时开关 S 闭合，试求：（1）开关闭合后的 u_C；（2）u_C 降低至 100V 所需要的时间。

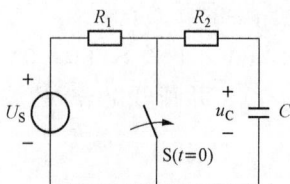

图 5 - 53

项目六 交流铁芯线圈的测试

项 目 描 述

1820 年，奥斯特在实验中的偶然发现通电导线周围存在磁场，拉开了人类认识电与磁之间密不可分关系的帷幕。现在很多电工设备都会涉及磁路及电磁关系，如变压器、电动机、电磁铁和电工测量仪表等。本项目通过互感电路测试和交流铁芯线圈的伏安特性测量的学习，将使我们对磁路及电磁知识有更多的认识和了解。

任务一 互感电路的测试

学 习 目 标

了解互感现象、互感线圈中电压与电流的关系、同名端及其判断、互感线圈的串联与并联以及互感电路的计算方法，掌握判别互感线圈的同名端、互感系数及耦合系数的测试方法。

任 务 描 述

实际电路中广泛应用耦合电感，因此对于含有耦合电感电路的分析很重要。本任务将在了解互感基本理论知识基础上，分别用直流法和交流法测定互感线圈的同名端，学会互感电路互感系数及耦合系数的测试方法。

相 关 知 识

一、互感与互感电压

1. 互感现象

观察图 6-1 所示两个线圈中的电磁现象，图中两个线圈绕在同一个铁磁材料上，线圈的匝数分别为 N_1、N_2。

在线圈 1 中通以交变电流 i_1，i_1 通过线圈 1 产生的磁通 Φ_{11} 称为线圈 1 的自感磁通，$\Psi_{11}=N_1\Phi_{11}$ 称为线圈 1 的自感磁链。由于线圈 2 处在 i_1 所产生的磁场之中，Φ_{11} 的一部分穿过线圈 2，线圈 2 具有的磁通 Φ_{21} 称为互感磁通，$\Psi_{21}=N_2\Phi_{21}$ 称为互感磁链。

同理，在线圈 2 中通以交变电流 i_2，i_2 通过线圈 2 产生的磁通 Φ_{22} 称为线圈 2 的自感磁通，$\Psi_{22}=N_2\Phi_{22}$ 称为线圈 2 的自感磁链。由于线圈 1 处在 i_2 所产生的磁场之中，Φ_{22} 的一部分穿过线圈 1，线圈

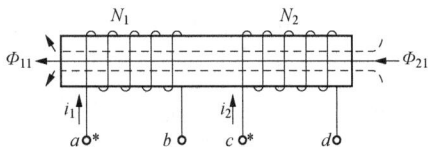

图 6-1 互感应现象

1 具有的磁通 Φ_{12} 称为互感磁通，$\Psi_{12}=N_1\Phi_{12}$ 称为互感磁链。

如果线圈 1 和线圈 2 中的磁链分别为 Ψ_1 和 Ψ_2，那么

$$\Psi_1 = \Psi_{11} + \Psi_{12}$$
$$\Psi_2 = \Psi_{22} + \Psi_{21}$$

上述这种一个线圈电流产生的磁场的磁感应线与另一个线圈交链的现象，即两个线圈之间通过磁场相互联系的现象，称为磁耦合，这两个线圈称为耦合线圈，也称互感线圈。

磁通、磁链、感应电压等通常用双下标表示。第一个下标代表该量所在线圈的编号，第二个下标代表产生该量的电流所在线圈的编号。例如，Ψ_{12} 表示由线圈 2 产生的穿过线圈 1 的磁链。

两个相邻的线圈，当其中一个线圈中的电流变化时，不仅在本线圈中产生感应电压，而且在另一个线圈中也要产生感应电压，这种现象称为互感现象，由此而产生的感应电压称为互感电压。例如图 6-1 中 i_1 的变化引起 Ψ_{21} 的变化，从而在线圈 2 中产生的电压称为互感电压 u_{21}。

2. 互感系数

由自感系数的定义可知，在线圈中电流的参考方向和自感磁链的参考方向（即自感磁通的参考方向）符合右手螺旋定则的情况下，两线圈自感系数分别为

$$L_1 = \frac{\Psi_{11}}{i_1} \tag{6-1}$$

$$L_2 = \frac{\Psi_{22}}{i_2} \tag{6-2}$$

与自感系数的定义类似，在互感磁链的参考方向（即互感磁通的参考方向）与产生互感磁链的电流的参考方向符合右手螺旋定则的情况下，耦合线圈的互感系数定义为互感磁链与产生它的电流之比。线圈 1 对线圈 2 的互感磁链 Ψ_{21} 与产生此互感磁链的电流 i_1 之比，称为线圈 1 对线圈 2 的互感系数，用 M_{21} 表示，即

$$M_{21} = \frac{\Psi_{21}}{i_1} \tag{6-3}$$

线圈 2 对线圈 1 的互感磁链 Ψ_{12} 与产生此磁链的电流 i_2 之比称为线圈 2 对线圈 1 的互感系数，用 M_{12} 表示，即

$$M_{12} = \frac{\Psi_{12}}{i_2} \tag{6-4}$$

理论和实验都可以证明，M_{21} 与 M_{12} 相等。因此，两线圈间的互感系数统一用 M 来表示，即

$$M_{21} = M_{12} = M \tag{6-5}$$

互感和自感统称为电感，互感的单位与自感的单位相同，它的 SI 单位也是亨利（H）。

线圈间的互感 M 不仅与两线圈的匝数、形状及尺寸有关，还和线圈间的相对位置及磁介质有关，当用铁磁材料作为介质时，M 将不是常数。本章只讨论 M 为常数的情况。

3. 耦合系数

两个耦合线圈的电流所产生的磁通，一般情况下只有部分相交链。两耦合线圈相交链的磁通越多，说明两个线圈耦合越紧密。工程上常用耦合系数 k 来表示两个线圈之间磁耦合的紧密程度，其定义如下：

$$k = \frac{M}{\sqrt{L_1 L_2}} \qquad\qquad (6\text{-}6)$$

由于

$$L_1 = \frac{\varPsi_{11}}{i_1} = \frac{N_1 \varPhi_{11}}{i_1}, \quad L_2 = \frac{\varPsi_{22}}{i_2} = \frac{N_2 \varPhi_{22}}{i_2}$$

$$M_{12} = \frac{\varPsi_{12}}{i_2} = \frac{N_1 \varPhi_{12}}{i_2}, \quad M_{21} = \frac{\varPsi_{21}}{i_1} = \frac{N_2 \varPhi_{21}}{i_1}$$

将 L_1、L_2、M_{12}、M_{21} 代入式（6-6），得

$$k = \sqrt{\frac{M_{12} M_{21}}{L_1 L_2}} = \sqrt{\frac{\varPsi_{12} \varPsi_{21}}{\varPsi_{11} \varPsi_{22}}} = \sqrt{\frac{\varPhi_{12} \varPhi_{21}}{\varPhi_{11} \varPhi_{22}}}$$

因为 $\varPhi_{21} \leqslant \varPhi_{11}$，$\varPhi_{12} \leqslant \varPhi_{22}$，所以有 $0 \leqslant k \leqslant 1$，$0 \leqslant M \leqslant \sqrt{L_1 L_2}$。

k 的大小取决于两线圈的结构、相对位置和线圈周围磁介质的性质、磁介质的空间分布情况。紧密绕在一起的两个线圈，当 $k=1$，$M = \sqrt{L_1 L_2}$ 时，称为全耦合。两个线圈轴线相互垂直且在对称位置上时，$k=0$，称为无耦合。

4. 互感电压

如果选择互感电压与互感磁链两者的参考方向符合右手螺旋法则时，则根据电磁感应定律，线圈 1 中电流 i_1 的变化在线圈 2 中产生的互感电压为

$$u_{21} = \frac{\mathrm{d}\varPsi_{21}}{\mathrm{d}t} = M \frac{\mathrm{d}i_1}{\mathrm{d}t} \qquad\qquad (6\text{-}7)$$

同样，因线圈 2 中电流 i_2 的变化在线圈 1 中产生的互感电压为

$$u_{12} = \frac{\mathrm{d}\varPsi_{12}}{\mathrm{d}t} = M \frac{\mathrm{d}i_2}{\mathrm{d}t} \qquad\qquad (6\text{-}8)$$

线圈中通过的电流为正弦交流电时，设

$$i_1 = I_{1\mathrm{m}} \sin\omega t, \quad i_2 = I_{2\mathrm{m}} \sin\omega t$$

则

$$u_{21} = M \frac{\mathrm{d}i_1}{\mathrm{d}t} = M \frac{\mathrm{d}(I_{1\mathrm{m}} \sin\omega t)}{\mathrm{d}t} = \omega M I_{1\mathrm{m}} \cos\omega t = \omega M I_{1\mathrm{m}} \sin\left(\omega t + \frac{\pi}{2}\right)$$

同理有

$$u_{12} = \omega M I_{2\mathrm{m}} \sin\left(\omega t + \frac{\pi}{2}\right)$$

也可将互感电压用相量表示，即

$$\dot{U}_{21} = \mathrm{j}\omega M \dot{I}_1 = \mathrm{j} X_\mathrm{M} \dot{I}_1, \quad \dot{U}_{12} = \mathrm{j}\omega M \dot{I}_2 = \mathrm{j} X_\mathrm{M} \dot{I}_2$$

式中：X_M 为互感电抗，$X_\mathrm{M} = \omega M$，Ω。

二、同名端及其判定

1. 同名端

图 6-2（a）、（b）所示的线圈 N_2 绕向不同，则产生的互感电压 u_{21} 方向也不同，因此分析互感线圈时，常常需要弄清楚线圈的绕向。但是实际使用的互感线圈成品都是封装的，从外观不易判断其线圈的绕向，而在电路图中也不方便画出互感线圈绕向的结构示意。为了解决这个矛盾，引入同名端的概念。

用同名端来反映磁耦合线圈的相对绕向，在分析互感电压时不需要考虑线圈的实际绕向

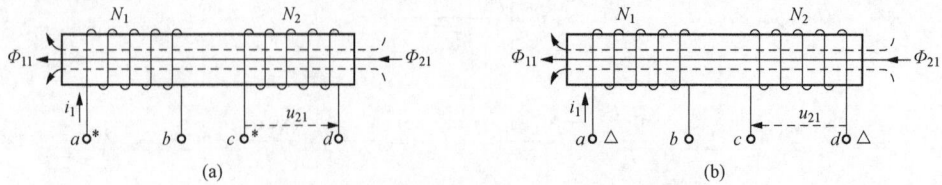

图 6-2 互感电压与线圈绕向的关系

及相对位置。

同名端标记的原则如下：当两个线圈的电流分别从同名端流入（或流出）时，每个线圈的自感磁通和互感磁通的方向一致，或磁通相互增强。如图 6-1 中的两个线圈，i_1、i_2 分别从端钮 a、c 流入，线圈 1 的自感磁通 Φ_{11} 与互感磁通 Φ_{12} 方向一致，线圈 2 的自感磁通 Φ_{22} 与互感磁通 Φ_{21} 方向一致，则线圈 1 的端钮 a 和线圈 2 的端钮 c 为同名端。显然，端钮 b 和端钮 d 也是同名端。而 a、d 及 b、c 端钮则称为异名端。

同名端用相同的符号"$*$"或"$\triangle$""$\cdot$"标记。

在电路理论中，把有互感的一对电感元件称为耦合电感元件，简称耦合电感。图 6-3 所示为耦合电感的电路模型，其中两线圈的互感为 M，自感分别为 L_1、L_2，图中"$*$"号表示它们的同名端。

2. 同名端的测定

对于已制成的变压器及其他电子仪器中的线圈，无法从外部观察其绕组的绕向，因此无法辨认其同名端，此时可用实验的方法来进行测定。测定同名端比较常用的一种方法为直流法。

将万用表的表笔分别接次级绕组的两端，图 6-4 中红表笔接 C 端，黑表笔接 D 端。当接通开关 S 的瞬间，使变压器的变化电流流过一次绕组，根据测变压器同名端方法原理可知，此时在变压器二次绕组上将产生一个时间很短的感应电压，仔细观察万用表指针，可以看到指针的摆动方向。如果指针正向偏转，则万用表的正极 C 点、电池的正极 A 点所接的是同名端，D 点和 B 点是同名端。若闭合开关 S 时，万用表指针向左摆，则 C 点和 B 点是同名端，D 点和 A 点是同名端。

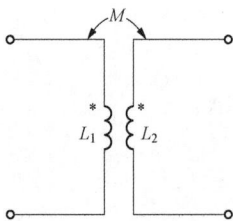

图 6-3 耦合电感

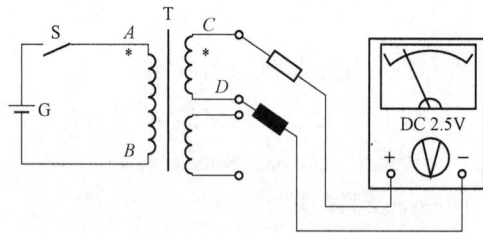

图 6-4 用万用表检测变压器绕组同名端

在检测过程中，要仔细观察看开关 S 闭合时万用表指针的摆动方向。当开关 S 闭合后再断开时，由于变压器一次绕组的自感作用，会产生一个反向电压，指针向相反方向摆。因此，开关 S 多做几次闭合，看准万用表指针的摆动方向。注意，开关 S 不可以长时间接通，以免造成线圈故障。

上述测试告诉我们一个很有用的结论：当随时间增大的电流从一线圈的同名端流入时，会引起另一线圈同名端电位升高。

3. 互感元件的电压与电流的关系

忽略了导线电阻、分布电容和磁介质能耗的互感线圈的理想化电路模型，称为互感元件或耦合电感元件，如图 6 - 5 所示。

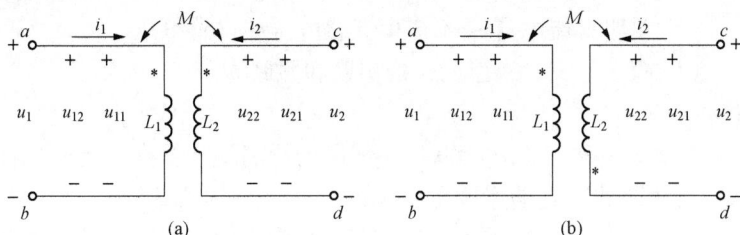

图 6 - 5　互感元件的电路符号

由 KVL 可知，每个线圈的端电压等于其自感电压与互感电压的代数和，所以互感元件中两线圈的电压与电流的关系可用下面方程式来表示：

$$\left.\begin{aligned} u_1 &= \pm L_1 \frac{\mathrm{d}i_1}{\mathrm{d}t} \pm M \frac{\mathrm{d}i_2}{\mathrm{d}t} \\ u_2 &= \pm L_2 \frac{\mathrm{d}i_2}{\mathrm{d}t} \pm M \frac{\mathrm{d}i_1}{\mathrm{d}t} \end{aligned}\right\} \tag{6-9}$$

当线圈的端电压与电流取关联参考方向时，式（6 - 9）中自感电压项取"＋"号，否则取"－"号。当一线圈端电压的参考极性的正极性端与另一个线圈电流的参考方向的流入端为同名端时，式中互感电压项取"＋"号，反之取"－"号。例如，当互感元件中两线圈的同名端及电压、电流的参考方向如图 6 - 5（a）所示时，线圈的电压与电流的关系式为

$$u_1 = u_{11} + u_{12} = L_1 \frac{\mathrm{d}i_1}{\mathrm{d}t} + M \frac{\mathrm{d}i_2}{\mathrm{d}t}$$

$$u_2 = u_{21} + u_{22} = L_2 \frac{\mathrm{d}i_2}{\mathrm{d}t} + M \frac{\mathrm{d}i_1}{\mathrm{d}t}$$

当两线圈的同名端及电压、电流的参考方向如图 6 - 5（b）所示时，线圈的电压与电流的关系式为

$$u_1 = u_{11} + u_{12} = L_1 \frac{\mathrm{d}i_1}{\mathrm{d}t} - M \frac{\mathrm{d}i_2}{\mathrm{d}t}$$

$$u_2 = u_{21} + u_{22} = L_2 \frac{\mathrm{d}i_2}{\mathrm{d}t} - M \frac{\mathrm{d}i_1}{\mathrm{d}t}$$

正弦交流电路互感元件的电压与电流的关系可以用相量表示，由式（6 - 9）可导出互感元件的电压、电流方程的相量形式，即

$$\left.\begin{aligned} \dot{U}_1 &= \pm \mathrm{j}\omega L_1 \dot{I}_1 \pm \mathrm{j}\omega M \dot{I}_2 \\ \dot{U}_2 &= \pm \mathrm{j}\omega M \dot{I}_1 \pm \mathrm{j}\omega L_2 \dot{I}_2 \end{aligned}\right\} \tag{6-10}$$

式中"＋""－"号确定方法如前面所叙述。

【例 6 - 1】　在图 6 - 6 所示的电路中，$L_1 = 3\mathrm{H}$，$L_2 = 6\mathrm{H}$，$M = 2\mathrm{H}$，$i_1 = 10\mathrm{A}$，$i_2 = 10\sin 10t$ A，计算电压 u_1 和 u_2。

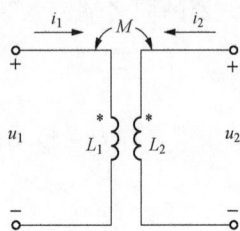

图 6-6　[例 6-1] 图

解　根据耦合电感的电压、电流关系，有

$$u_1 = u_{11} + u_{12} = L_1 \frac{\mathrm{d}i_1}{\mathrm{d}t} + M \frac{\mathrm{d}i_2}{\mathrm{d}t} = 200\cos10t \text{ V}$$

$$u_2 = u_{21} + u_{22} = L_2 \frac{\mathrm{d}i_2}{\mathrm{d}t} + M \frac{\mathrm{d}i_1}{\mathrm{d}t} = 600\cos10t \text{ V}$$

电压 u_1 中只有互感电压 u_{12}，电压 u_2 中只有自感电压 u_{22}，说明直流电流 i_1 不产生互感电压和自感电压。

三、互感元件的串联和并联

1. 互感元件的串联

（1）两种串联方式。一种是顺向串联，两线圈的异名端连接在一起，也称正向串联；另一种是反向串联，两线圈的同名端连接在一起。

图 6-7（a）所示为顺向串联，图（b）、图（c）为顺向串联时的等效电路；图 6-7（d）所示为反向串联，图（e）、图（f）为反向串联时的等效电路。

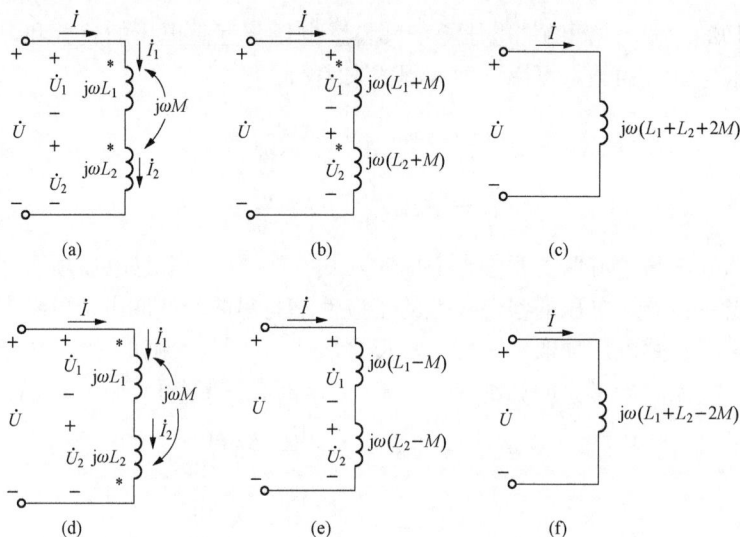

图 6-7　互感元件的顺向串联和反向串联

（2）电压与电流的关系。由图 6-7（a）所示电路，由 KCL 得

$$\dot{I}_1 = \dot{I}_2 = \dot{I}$$

顺向串联图 6-7（a），根据 KVL

$$\left.\begin{aligned}
\dot{U}_1 &= \mathrm{j}\omega L_1 \dot{I}_1 + \mathrm{j}\omega M \dot{I}_2 = \mathrm{j}\omega L_1 \dot{I} + \mathrm{j}\omega M \dot{I} \\
\dot{U}_2 &= \mathrm{j}\omega L_2 \dot{I}_2 + \mathrm{j}\omega M \dot{I}_1 = \mathrm{j}\omega L_2 \dot{I} + \mathrm{j}\omega M \dot{I} \\
\dot{U} &= \dot{U}_1 + \dot{U}_2 = \mathrm{j}\omega (L_1 + L_2 + 2M) \dot{I}
\end{aligned}\right\}　(6-11)$$

反向串联图 6-7（d），有

$$\left.\begin{aligned}
\dot{U}_1 &= \mathrm{j}\omega L_1 \dot{I}_1 - \mathrm{j}\omega M \dot{I}_2 = \mathrm{j}\omega L_1 \dot{I} - \mathrm{j}\omega M \dot{I} \\
\dot{U}_2 &= \mathrm{j}\omega L_2 \dot{I}_2 - \mathrm{j}\omega M \dot{I}_1 = \mathrm{j}\omega L_2 \dot{I} - \mathrm{j}\omega M \dot{I} \\
\dot{U} &= \dot{U}_1 + \dot{U}_2 = \mathrm{j}\omega (L_1 + L_2 - 2M) \dot{I}
\end{aligned}\right\}　(6-12)$$

综合两种串联方式，可将互感元件串联电路的电压与电流的相量关系表示为

$$\dot{U} = j\omega(L_1 + L_2 \pm 2M)\dot{I} \tag{6-13}$$

顺向串联时，$2M$ 前取"＋"号；反向串联时，$2M$ 前取"－"号。

（3）等效电路和等效电感。互感元件串联电路的等效阻抗可由等值电路求得，也可由电压、电流方程式求得。由式（6-13）可求得互感元件串联电路的等效阻抗：

$$Z_{eq} = \frac{\dot{U}}{\dot{I}} = j\omega(L_1 + L_2 \pm 2M)$$

互感元件串联电路的等效电感为

$$L_{eq} = (L_1 + L_2 \pm 2M) \tag{6-14}$$

式（6-14）表明，互感元件串联电路可以用一个无互感耦合的电路来等效替代。当互感线圈顺向串联时，$L_F = L_1 + L_2 + 2M$，等效电感增加；当互感线圈反向串联时，$L_R = L_1 + L_2 - 2M$，等效电感减小，有削弱电感的作用。根据顺向串联和反向串联可以求出两线圈的互感 M 为

$$M = \frac{L_F - L_R}{4} \tag{6-15}$$

【例 6-2】　将两个互感线圈串联后接到 220V 的工频正弦交流电源上，顺向串联时测得电路电流为 4A，有功功率为 100W，反向串联时，测得电路电流为 8A，求两线圈的互感。

解　因为电路吸收有功功率，表明电路中存在电阻，计入线圈电阻时，互感为 M 的两互感线圈串联电路的复阻抗为

$$Z = (R_1 + R_2) + j\omega(L_1 + L_2 \pm 2M)$$

顺向串联时

$$R_1 + R_2 = \frac{P_F}{I_F^2} = \frac{100}{4^2} = 6.25(\Omega)$$

$$|Z_F| = \frac{U}{I_F} = \frac{220}{4} = 55(\Omega)$$

$$L_F = L_1 + L_2 + 2M = \frac{1}{\omega}\sqrt{|Z_F|^2 - (R_1 + R_2)^2} = \frac{1}{100\pi} \times \sqrt{55^2 - 6.25^2}$$

$$= 0.17(H)$$

反向串联时

$$|Z_R| = \frac{U}{I_R} = \frac{220}{8} = 27.5(\Omega)$$

$$L_R = L_1 + L_2 - 2M = \frac{1}{\omega}\sqrt{|Z_R|^2 - (R_1 + R_2)^2} = \frac{1}{100\pi} \times \sqrt{27.5^2 - 6.25^2}$$

$$= 0.085(H)$$

得

$$M = \frac{L_F - L_R}{4} = \frac{0.17 - 0.085}{4} = 0.02(H)$$

2. 互感元件的并联

（1）两种并联方式。图 6-8（a）、（b）所示为同侧并联及其等效电路，图 6-8（c）、（d）所示为异侧并联及其等效电路。

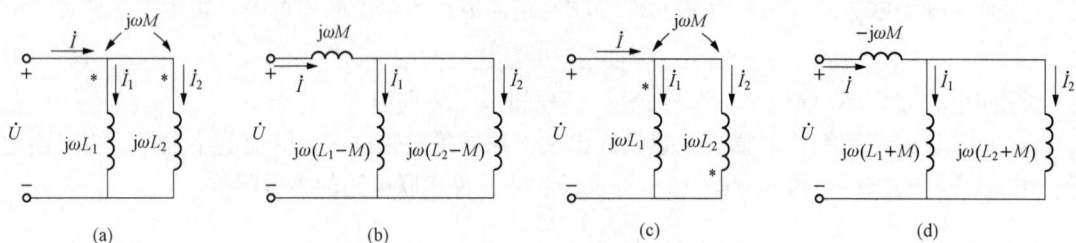

图 6-8 互感元件的并联

（2）电压与电流的关系。在图 6-8 所示电压、电流的参考方向下，可列出如下电路方程：

$$\left.\begin{aligned} \dot{I} &= \dot{I}_1 + \dot{I}_2 \\ \dot{U} &= \mathrm{j}\omega L_1 \dot{I}_1 \pm \mathrm{j}\omega M \dot{I}_2 \\ \dot{U} &= \mathrm{j}\omega L_2 \dot{I}_2 \pm \mathrm{j}\omega M \dot{I}_1 \end{aligned}\right\} \tag{6-16}$$

式（6-16）中互感电压前的正号对应于同侧并联，负号对应于异侧并联。

（3）等效电路和等效电感。求解式（6-16）可得并联电路的等效复阻抗 Z 为

$$Z = \frac{\dot{U}}{\dot{I}} = \frac{\mathrm{j}\omega(L_1 L_2 - M^2)}{L_1 + L_2 \mp 2M} = \mathrm{j}\omega L \tag{6-17}$$

L 为两个线圈并联后的等效电感，即

$$L = \frac{L_1 L_2 - M^2}{L_1 + L_2 \mp 2M} \tag{6-18}$$

式（6-17）和式（6-18）的分母中，负号对应于同侧并联，正号对应于异侧并联。有时为了便于分析电路，将式（6-16）进行变量代换、整理，得

$$\left.\begin{aligned} \dot{U} &= \mathrm{j}\omega L_1 \dot{I}_1 \pm \mathrm{j}\omega M(\dot{I} + \dot{I}_1) = \mathrm{j}\omega(L_1 \mp M)\dot{I}_1 \pm \mathrm{j}\omega M \dot{I} \\ \dot{U} &= \mathrm{j}\omega L_2 \dot{I}_2 \pm \mathrm{j}\omega M(\dot{I} + \dot{I}_2) = \mathrm{j}\omega(L_2 \mp M)\dot{I}_2 \pm \mathrm{j}\omega M \dot{I} \end{aligned}\right\} \tag{6-19}$$

图 6-8（b）、（d）所示为互感元件的同侧并联和异侧并联的去耦等效电路。

互感元件中的两线圈各有一端与另一条支路的一个端点连接在一起，构成一个三条支路共一节点的互感耦合电路。图 6-9（a）所示的同名端连在一起的三支路共一节点电路，其去耦合等效电路如图 6-9（b）所示；图 6-9（c）所示的异名端连在一起的三支路共一节点电路，其去耦合等效电路如图 6-9（d）所示。

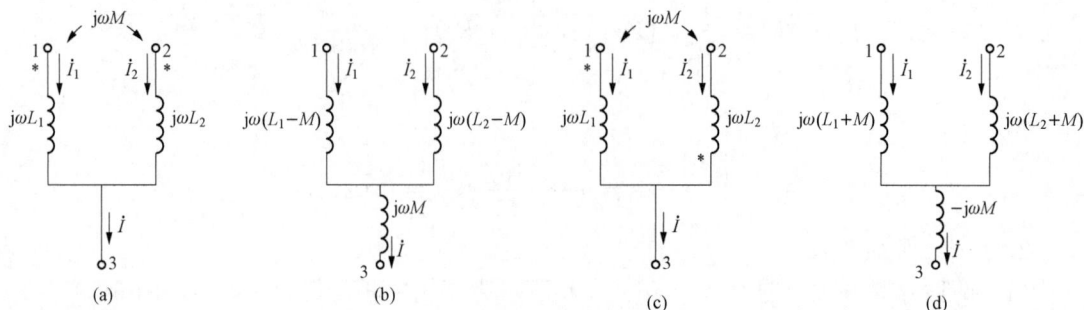

图 6-9 互感电路的去耦等效电路

![实践知识]

互感器是按比例变换电压或电流的设备，分为电压互感器和电流互感器两大类。其主要作用如下：将一次系统的电压、电流信息准确地传递到二次侧相关设备；将一次系统的高电压、大电流变换为二次侧的低电压（标准值）、小电流（标准值），使测量、计量仪表和继电器等装置标准化、小型化，并降低了对二次侧设备的绝缘要求；将二次侧设备及二次系统与一次系统高压设备在电气方面很好地隔离，从而保证了二次侧设备和人身的安全。

一、电压互感器

将高电压变换为 100V（或 $100/\sqrt{3}\,\text{V}$）的低电压，供测量仪表和继电器使用的小容量仪用变压器，称为电压互感器。电压互感器文字符号为 TV，其工作原理如图 6-10 所示。电压互感器二次可以开路，但是不得短路。

变压比公式

$$\frac{U_1}{U_2} = \frac{N_1}{N_2} = K_u$$

$$U_1 = K_u U_2$$

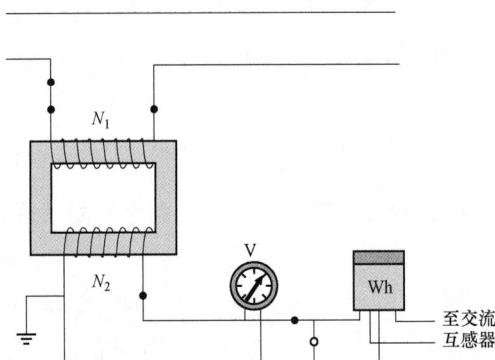

图 6-10　电压互感器工作原理

二、电流互感器

将大电流变换为 5A（或 1A）的小电流，供测量仪表和继电器使用的小容量的仪用变压器，称为电流互感器。电流互感器文字符号为 CT，其工作原理如图 6-11 所示。电流互感器二次可以短路，但是不得开路。

变流比公式

$$I_1 N_1 = I_2 N_2$$

$$I_1 = \frac{N_2}{N_1} I_2 = K_i I_2$$

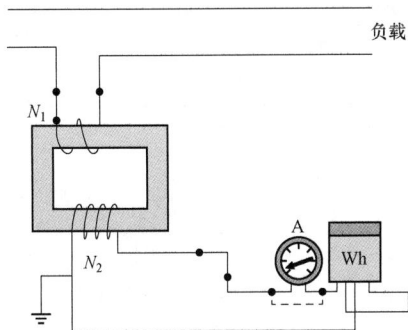

图 6-11　电流互感器工作原理

三、互感电路的测试

1. 任务目的

（1）学会互感电路同名端、互感系数及耦合系数的测定方法。

（2）理解两个线圈相对位置的改变以及用不同材料作线圈芯时对互感的影响。

2. 原理说明

（1）判断互感线圈同名端的方法。

1）直流法。如图 6-12 所示，当开关 S 闭合瞬间，若毫安表的指针正偏，则可断定"1""3"为同名端；指针反偏，则"1""4"为同名端。

2）交流法。如图 6-13 所示，将两个绕组 N_1 和 N_2 的任意两端（如 2、4 端）连在一起，在其中的一个绕组（如 N_1）两端加一个低电压，另一绕组（如 N_2）开路，用交流电压

表分别测出端电压 U_{13}、U_{12} 和 U_{34}。若 U_{13} 为两个绕组端压之差，则 1、3 是同名端；若 U_{13} 为两绕组端电压之和，则 1、4 是同名端。

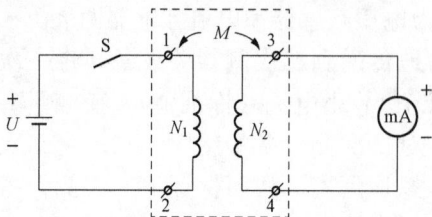

图 6-12 直流法判断同名端   图 6-13 交流法判断同名端

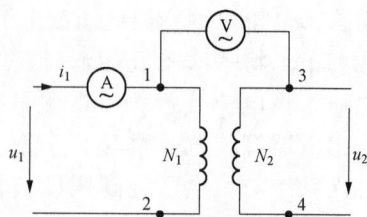

（2）两线圈互感系数 M 的测定。在图 6-13 的 N_1 侧施加低压交流电压 U_1，测出 I_1 及 U_2。根据互感电势 $E_{2M} \approx U_{20} = \omega M I_1$，可算得互感系数为

$$M = \frac{U_2}{\omega I_1}$$

（3）耦合系数 k 的测定。两个互感线圈耦合松紧的程度可用耦合系数 k 来表示

$$k = M / \sqrt{L_1 L_2}$$

如图 6-13 所示，先在 N_1 侧加低压交流电压 U_1，测出 N_2 侧开路时的电流 I_1；然后在 N_2 侧加电压 U_2，测出 N_1 侧开路时的电流 I_2，求出各自的自感 L_1 和 L_2，即可算得 k 值。

3. 任务内容及实施

（1）实验设备见表 6-1。

表 6-1 实 验 设 备

序号	名称	型号与规格	数量
1	数字直流电压表	0~200V	1
2	数字直流电流表	0~200mA	2
3	交流电压表	0~500V	1
4	交流电流表	0~5A	1
5	空心互感线圈	N_1 为大线圈，N_2 为小线圈	1对
6	自耦调压器	0~430V，1.5kV·A	1
7	直流稳压电源	0~30V	1
8	电阻器	30Ω/8W 510Ω/2W	各1
9	发光二极管	红或绿	1
10	粗、细铁棒、铝棒	—	各1
11	变压器	36V/220V	1

（2）分别用直流法和交流法测定互感线圈的同名端。

1）直流法。实验线路如图 6-14 所示。先将 N_1 和 N_2 两线圈的四个接线端子编以 1、2

和 3、4 号。将 N_1、N_2 同心地套在一起，并放入细铁棒。U 为可调直流稳压电源，调至 10V。流过 N_1 侧的电流不可超过 0.4A（选用 5A 量程的数字电流表）。N_2 侧直接接入 2mA 量程的毫安表。将铁棒迅速地拔出和插入，观察毫安表读数正、负的变化，来判定 N_1 和 N_2 两个线圈的同名端，并把测量结果填在表 6-2 中。

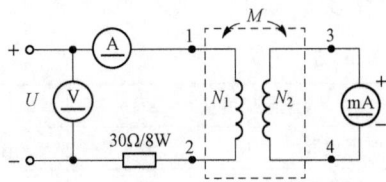

图 6-14　直流法测定互感线圈的同名端

表 6-2 直流法测同名端

铁棒	毫安表读数	同名端判断
插入		
拔出		

2）交流法。本方法中，由于加在 N_1 上的电压仅 2V 左右，直接用屏内调压器很难调节，因此采用图 6-15 所示的线路来扩展调压器的调节范围。图中 W、N 为主屏上的自耦调压器的输出端，B 为 DGJ-04 挂箱中的升压铁芯变压器，此处作降压用。将 N_2 放入 N_1 中，并在两线圈中插入铁棒。A 为 2.5A 以上量程的电流表，N_2 侧开路。

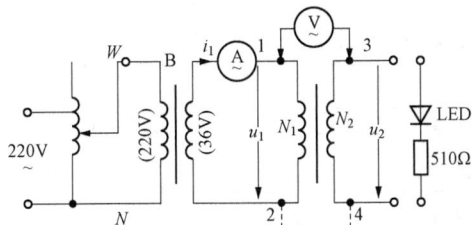

图 6-15　交流法测定互感线圈的同名端

接通电源前，应首先检查自耦调压器是否调至零位，确认后方可接通交流电源，令自耦调压器输出一个很低的电压（约 12V），使流过电流表的电流小于 1.4A，然后用 0~30V 量程的交流电压表测量 U_{13}、U_{12}、U_{34}，判定同名端。

拆去 2、4 连线，并将 2、3 相接，重复上述步骤，判定同名端，把测量结果填在表 6-3 中。

表 6-3 交流法测同名端

连接方式	电压测量	同名端判断
2、4 连线		
2、3 连线		

（3）拆除 2、3 连线，测量 U_1、I_1、U_2，计算出 M。

（4）将低压交流加在 N_2 侧，使流过 N_2 侧电流小于 1A，N_1 侧开路，按步骤（3）测出 U_2、I_2、U_1，计算出 M，测量数据填在表 6-4 中。

表 6-4 计　算　M

	测量电压 U_1	测量电压 U_2	测量电流 I_1	计算 M
N_2 侧开路				
	测量电压 U_1	测量电压 U_2	测量电流 I_2	计算 M
N_1 侧开路				

（5）用万用表的 R×1 挡分别测出 N_1 和 N_2 线圈的电阻值 R_1 和 R_2，计算 k 值，测量数

据填在表 6-5 中。

表 6-5   **计 算 k 值**

电阻值测量		电感值计算		计算 k 值
电阻值 R_1		电感值 L_1		
电阻值 R_2		电感值 L_2		

(6) 观察互感现象。在图 6-17 的 N_2 侧接入 LED 发光二极管与 510Ω（电阻箱）串联的支路。

1）将铁棒慢慢地从两线圈中抽出和插入，观察 LED 亮度的变化及各电表读数的变化，记录现象，填在表 6-6 中。

2）将两线圈改为并排放置，并改变其间距，以及分别或同时插入铁棒，观察 LED 亮度的变化及仪表读数，填在表 6-6 中。

3）改用铝棒替代铁棒，重复步骤 1）、2），观察 LED 的亮度变化，记录现象，填在表 6-6 中。

表 6-6   **互 感 现 象 观 察**

两线圈重叠放置					
铁棒	LED 灯	仪表变化情况	铝棒	LED 灯	仪表变化情况
插入			插入		
拔出			拔出		
两线圈并排放置					
铁棒	LED 灯	仪表变化情况	铝棒	LED 灯	仪表变化情况
插入			插入		
拔出			拔出		

4. 测试结果分析

(1) 完成数据表格中的计算。

(2) 解释测试中观察到的互感现象。

【思考题】

1. 什么是同名端？

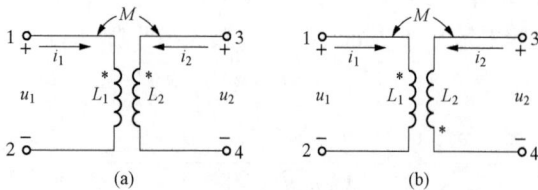

图 6-16 思考题 2 图

2. 请在图 6-16 中标出自感电压和互感电压的参考方向，并写出 u_1 和 u_2 的表达式。

3. 本实验用直流法判断同名端是用插、拔铁芯时观察电流表的正、负读数变化来确定的，这与实验原理中所叙述的方法是否一致？

任务二　交流铁芯线圈的伏安特性测试

🏆 学 习 目 标

熟悉磁场基本物理量及磁性材料的性能，了解磁路的概念及磁路定律，学会分析铁磁材料铁芯线圈电路的电磁关系，测试交流铁芯线圈的伏安特性。

🎓 任 务 描 述

常见的电气设备和电工仪表中，如变压器、互感器、功率表等，不仅存在电路问题，还存在磁路问题。本任务通过介绍磁场的基本知识和基本定律，分析和测试交流铁芯线圈了解交流铁芯线圈的伏安特性。

📖 相 关 知 识

一、磁场的基本物理量

1. 磁感应强度

磁感应强度是磁场的基本物理量，是一矢量，用来表示磁场内某点磁场的强弱和方向，通常用符号 B 表示。

这里采用运动电荷在磁场中所受的磁力来定义磁感应强度。运动电荷在磁场中所受的磁力，与电荷的运动速度有关。当电荷的运动方向与磁场的方向相同或相反时，它不受磁场力作用；当电荷运动方向与磁场方向垂直时，它受到磁场力最大为 F_{max}；当电荷沿其他方向运动时，它受的磁场力介于零到 F_{max} 之间，如图 6-17 所示。实验发现，在磁场中某点处，$F_{max}/(qv_\perp)$ 是一个与运动电荷无关的量，在磁场中不同点处，这个比值一般不同，该比值是空间位置的函数，它反映磁场中某点磁场的强弱。因此，可以用一个试探运动电荷，该电荷的线度要足够小，带的电量要足够小，不至于影响原磁场的分布。将试探运动电荷放在磁场中某点处，该点的磁感应强度矢量的大小为

$$B = \frac{F_{max}}{qv_\perp} \tag{6-20}$$

该点的磁感应强度矢量 $\vec{B}$ 的方向与该处小磁针 N 极的指向相同。磁感应强度 $\vec{B}$ 的单位在 SI 单位制中为特斯拉（T）。

磁场中，如果各点磁感应强度大小相等方向相同，称为均匀磁场或匀强磁场。

2. 磁通量 Φ

磁感应强度矢量在曲面 S 上的通量积分称为磁通。如图 6-18 所示，设磁场中有一个曲面 S，在曲面上取一个面积元 dS，dS 处的磁感应强度矢量 $\vec{B}$、方向与 dS 的法线夹角为 α，则此面积元的磁通为

$$d\Phi = BdS\cos\alpha = \vec{B} \cdot d\vec{S}$$

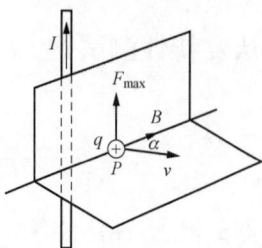

图 6-17　磁感应强度 B 的定义

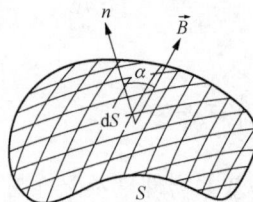

图 6-18　曲面 S 的磁通

矢量 dS 的方向为其法线方向，曲面 S 的磁通为各个 dS 中 $d\Phi$ 的总和，即

$$\Phi = \int_S \vec{B} \cdot d\vec{S} \tag{6-21}$$

如果是均匀磁场，且与面积 S 垂直，则该面积上的磁通为

$$\Phi = BS \tag{6-22}$$

或

$$B = \frac{\Phi}{S}$$

故又可称磁感应强度的数值为磁通密度。

磁通的 SI 单位是韦伯（Wb），磁通密度的单位为 Wb/m^2，所以磁感应强度的单位也可用磁通密度的单位表示，即 $1T = 1Wb/m^2$。

如果用磁感应线描述磁场，磁感应线的密度就反映了磁场的大小；通过某一面积的磁感应线总数应表示通过该面积的磁通的大小；由于磁通的连续性，磁感应线是闭合的空间曲线。

3. 磁场强度

磁场强度 $\vec{H}$ 是为分析磁场和电流依存的关系而引入的物理量，与磁场通过的材料无关。$\vec{H}$ 与磁感应强度矢量 $\vec{B}$ 不同，是在计算导磁物质中磁场时引入的辅助物理量。

磁场强度 $\vec{H}$ 与磁感应强度 $\vec{B}$ 关系可写成

$$\vec{B} = \mu\vec{H} \tag{6-23}$$

磁场强度 $\vec{H}$ 的 SI 单位为安培/米（A/m）。

4. 磁导率 μ

磁导率也称导磁系数，它是衡量物质磁性质的一个量。其定义是将物质中某点的磁感应强度与磁场强度的大小之比，即

$$\frac{B}{H} = \mu$$

μ 的 SI 单位为亨利/米（H/m）。

磁导率 μ 和物质导磁能力有关的，不同的物质 μ 的大小不同。为比较物质的导磁能力，常选真空的 μ_0 作为比较基准（其为常数 $\mu_0 = 4\pi \times 10^{-7} H/m$），而铁磁物质的磁导率 μ 比真空的大得多（即 $\mu \gg \mu_0$），在工程中也常用相对磁导率 μ_r 表示物质导磁能力，即

$$\mu_r = \frac{\mu}{\mu_0} \tag{6-24}$$

当 $\mu_r = 1$ 时，说明此物质是导磁能力很差的非铁磁物质。

在电工设备所用铁磁材料的 μ_r 都很大，如硅钢片 $\mu_r = 6000 \sim 8000$，坡莫合金在磁场中可达 10^5 左右。

5. 安培环路定理

安培环路定理是表示磁场强度与产生磁场的电流之间关系的定律，也是磁场的又一个基本性质。其意义是在磁场中，沿任意一个闭合回路的磁场强度积分，等于该回路所包围面中的所有电流的代数和，即

$$\oint_L \vec{H} \cdot \mathrm{d}\vec{l} = \sum I \tag{6-25}$$

其中，$\sum I$ 为该磁路所包围的全电流，故称为全电流定律；I 为穿过以闭合曲线 L 为边界的任一曲面的电流。当 I 的参考方向与环路 L 的绕行方向符合右手螺旋定则时，I 前面取正号，反之取负号。若电流不穿过上述曲面，则 $\sum I$ 中不含此电流。例如，在某磁场中任取一闭合曲线 L，如图 6-19 所示。环路绕行方向如图中曲线上的箭头所示。以曲线 L 为边界的任一曲面 S 如图中阴影所示。穿过曲面的电流为 I_1、I_2，电流 I_3 不穿过曲面 S。电流 I_1 的参考方向与环路绕行方向符合右手螺旋定则，而 I_2 的参考方向与环路绕行方向不符合右手螺旋定则。因此，有

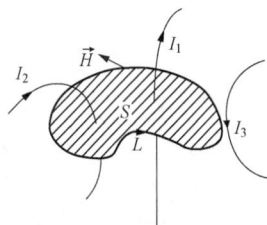

图 6-19　安培环路定理

$$\oint_L \vec{H} \cdot \mathrm{d}\vec{l} = I_1 - I_2$$

但在实际工程中遇到磁路因几何形状不同，又很复杂，用此公式计算很困难。为此常把磁路分成若干股，找出各段的平均磁场强度和各段平均长度，然后相乘，得出各段的磁压降（即磁势的消耗），最后将各段相加求和，得出总磁压降。

$$\sum_1^j H_n l_n = \sum I = IN \tag{6-26}$$

式中：H_n 为磁路里第 n 段的磁场强度，A/m；l_n 为磁路里第 n 段磁路的平均长度，m；IN 为作用在整个磁路的磁动势；N 为励磁线圈匝数。

二、铁磁性物质

在电器工程中，根据物质磁性的差异，把物质分成两类：一类是非铁磁物质，另一类是铁磁物质。前者如铜、铝、木材、橡胶等，其磁性质导磁能力很低，导磁率 μ 很小。后者如铁、镍、钴及其合金等，其磁性质是导磁率 μ 很大，可为前者的数十倍、数百倍甚至数千倍，因此是电工设备中构成磁路的主要材料。下面介绍铁磁物质的磁化性质。

1. 铁磁性物质的磁化

铁磁性物质的磁化，就是讨论对该物质激励磁场时磁场变化情况。将铁、镍、钴等铁磁物质放入磁场后，磁场将显著增强，铁磁物质呈现很强的磁性，这种现象称为铁磁物质的磁化。铁磁物质能表现强磁场，是因为在铁磁物质内部存在着许多很小的天然磁化区，称为磁畴。在图 6-20 中，这些磁畴用一些小磁铁来代表。在铁磁物质未放入磁场以前，这些磁畴杂乱无章地排列着，各磁畴的轴线方向不一致，磁效应互相抵消，故对外不呈现磁性，见图 6-20（a）；当铁磁物质放入磁场后，在外磁场的作用下磁畴的方向渐趋一致，形成一个附加磁场，与外磁场相叠加，从而使磁场大为增强，见图 6-20（b）。

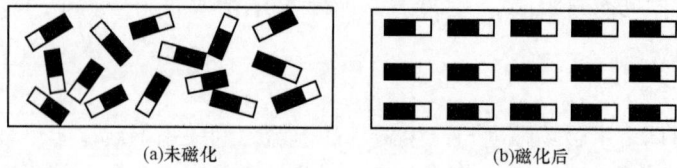

(a)未磁化　　　　　　　(b)磁化后

图 6-20　磁畴

2. 磁化曲线

铁磁物质的 B 随 H 而变化的曲线称为磁化曲线，又称 $B\text{-}H$ 曲线。图 6-21 所示给出了测定磁化曲线的实验电路。实验测得的 $B\text{-}H$ 曲线，就是磁化曲线，如图 6-22 所示。

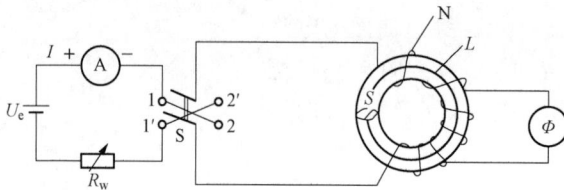

图 6-21　$B\text{-}H$ 曲线测量电路　　　　图 6-22　起始磁化曲线

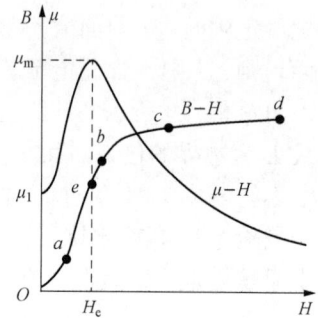

由图 6-22 可见，B 与 H 的关系是非线性的。由于铁磁物质导磁系数 $\mu = \dfrac{B}{H}$ 很大，而且 μ 常与所处的磁场的强弱及物质磁状态的历史有关，所以 μ 不是常数。

$B\text{-}H$ 曲线分为以下三段：

(1) 起始磁化段（曲线的 0~a 段）：当 H 从零值开始增大时，B 增加较慢。

(2) 直线段（曲线的 a~b 段）：随着 H 的增大，B 几乎是直线上升。

(3) 饱和段（曲线的 b~c 段）：随着 H 的增加，B 的上升又比较缓慢了。对于电机和变压器，通常都是工作在曲线的段 b~c（即接近饱和的地方）。到达 c 点之后，H 增大，B 几乎不再变化，这时介质的磁化达到了饱和状态。

由实验获得的 B 和 H 值可以求得对应的磁导率 $\mu = B/H$，从而找到 μ 与 H 的对应关系，这样便可画出 $\mu\text{-}H$ 曲线，如图 6-22 所示。$\mu\text{-}H$ 曲线称为磁导率曲线。μ 从起始磁导率 μ_l 开始增大；当 $H = H_e$ 时，μ 达到最大值 μ_m；若 H 继续增大，则 μ 急剧减小。

磁化曲线表示介质中磁感应强度 B 和磁场强度 H 的函数关系，不同的铁磁性物质，其磁化曲线的形状不同。图 6-23 所示为常用铁磁性物质的磁化曲线。

3. 磁滞回线

在交流电工设备中，铁芯常被交变地反复磁化，在这过程中的 $B\text{-}H$ 关系曲线是一种对称原点闭合的曲线，如图 6-24 所示。

(1) 剩磁。当 B 随 H 沿起始磁化曲线达到饱和值以后，逐渐减小 H 的数值，实验表明，这时 B 不是沿起始磁化曲线减小，而是沿另一条在它上面的曲线 ab 下降，如图 6-24 所示。当 H 减至零时，B 值不等于零，而是保留一定的值称为剩磁，用 B_r 表示。这种 B 的

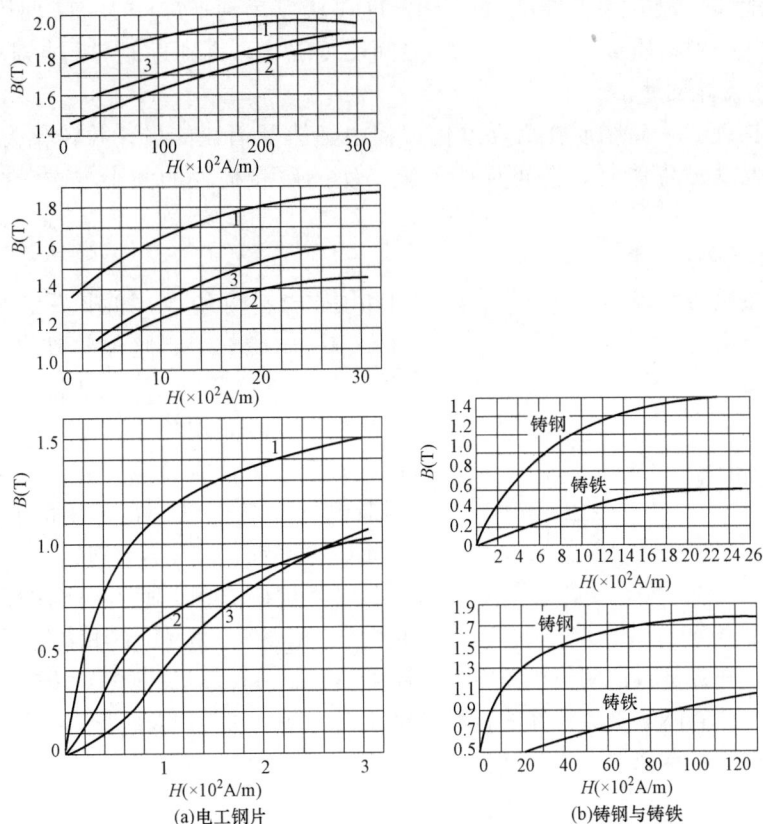

图 6-23 常用铁磁性物质的磁化曲线

1—DQ230—0.35 冷轧硅钢片；2—D41 热轧硅钢片；3—D11 热轧硅钢片

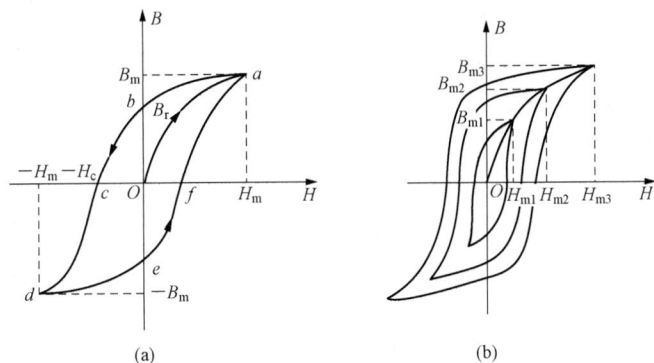

图 6-24 交变磁化（磁滞回线）

改变滞后 H 的改变的现象称为磁滞现象，简称磁滞。

（2）矫顽磁力。为了消除剩磁，必须外加反方向的磁场，当反向磁场增大到一定的值时，B 值变为零，剩磁完全消失。这时的 H 值是为克服剩磁所加的磁场强度，称为矫顽磁力，用 H_c 表示。

（3）磁滞回线的形成。当 $H = -H_m$ 时，铁磁物质反向磁化到达饱和点 d；然后 H 由

$-H_{\mathrm{m}}$回到O时，B-H关系曲线沿de变化，H再从O增到$+H_{\mathrm{m}}$，B-H曲线沿ea变化而完成一个循环。铁磁物质从$+H_{\mathrm{m}}$到$-H_{\mathrm{m}}$之间反复磁化，得到近似与原点对称的闭合曲线$abcdefa$就称为磁滞回线。

（4）磁滞损耗。铁磁物质在反复磁化过程中必然要消耗能量，并转化为热能而散掉，此种能量损耗称为磁滞损耗，并可证明反复一次的磁滞损耗的大小与磁滞回线的面积成正比。

4. 铁磁性物质的分类

铁磁物质按磁滞回线形状可分为软磁材料和硬磁材料两大类，如图 6-25 所示。

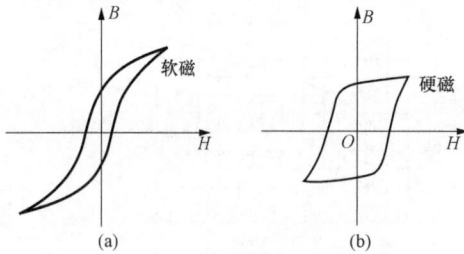

图 6-25　软磁和硬磁材料的磁滞回线

（1）软磁材料。此种材料的磁滞回线"瘦而长"，见图 6-25（a）。其特点是剩磁和矫顽力都很小，磁滞现象不严重，损耗小，易于磁化，易于退磁，磁导率 μ 高。软磁材料适用于制造电气设备的铁芯，常用的有纯铁、铸铁、铸钢、电工钢、坡莫合金等。

（2）硬磁材料。此种材料的磁滞回线"胖而矮"，见图 6-25（b）。其特点是当被磁化后，剩磁不易消失。硬磁材料适用作永久磁铁，还可用于制造计算机的磁芯、磁鼓、磁带及磁盘等，如锰、镁、铁氧体等。其具体的材料有铬、钨、钴、镍等以及它们合金等。

三、磁路与磁路定律

1. 磁路

磁路就是能使磁场集中起来通过的闭合路径。

在电机和变压器里，常把线圈套装在铁芯上。当线圈内通有电流时、在线圈周围的空间（包括铁芯内、外）就会形成磁场。由于铁芯的导磁性能比空气要好得多，所以绝大部分磁通将在铁芯内通过，并在能量传递或转换过程中起耦合场的作用，这部分磁通称为主磁通。围绕载流线圈、部分铁芯和铁芯周围的空间，还存在少量分散的磁通，这部分磁通称为漏磁通。主磁通和漏磁通所通过的路径分别构成主磁路和漏磁路。

由于制造和结构上的原因，磁路中常会含有空气隙。当空气隙很小时，气隙里的磁感应线大部分是平行而均匀的，只有极少数磁感应线扩散出去造成所谓的边缘效应，如图 6-26 所示。

常用电工设备中的磁路如图 6-27 所示。磁路按结构不同可分为有分支磁路和无分支磁路，有分支磁路又可以分为对称分支磁路和不对称分支磁路，如图 6-28 所示。

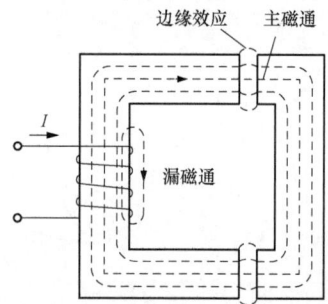

图 6-26　主磁通、漏磁通和边缘效应

2. 磁路的基尔霍夫定律

磁路的基尔霍夫定律是分析计算磁路的基础，它是根据磁通连续原理和安培环路定律而导出。

（1）磁路的基尔霍夫第一定律。磁路的基尔霍夫第一定律是用来确定在磁路分支点所连接各支路磁通之间关系的定律。磁路和电路相似，依据磁通连续性原理，若只计主磁通，则

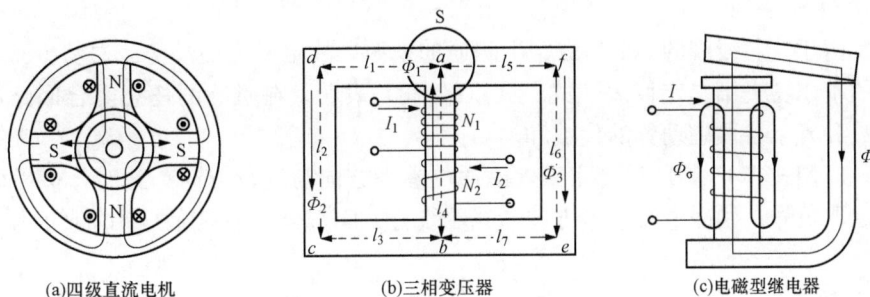

图 6 - 27 常用电工设备中的磁路

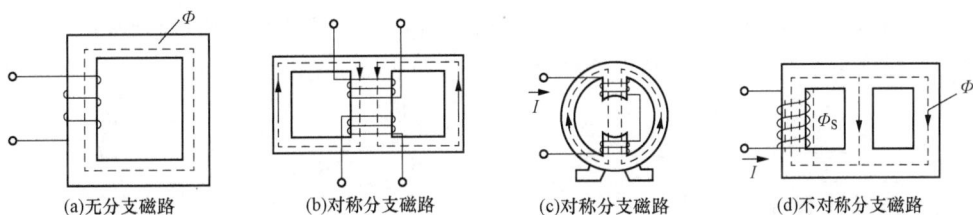

图 6 - 28 几种常见磁路

可认为全部磁通都在磁路内部穿过。在一条支路内各处的磁通是相同的。图 6 - 29 所示为有分支的磁路，在其分支点作闭合面。根据磁通连续性原理，穿过闭合面的磁通代数和应恒等于零。进入闭合面的磁通等于离开闭合面的磁通，即

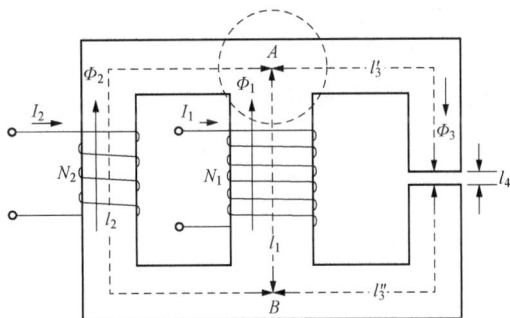

图 6 - 29 有分支的磁路

$$\Phi_1 + \Phi_2 = \Phi_3$$

或

$$-\Phi_1 - \Phi_2 + \Phi_3 = 0$$

所以

$$\sum \Phi = 0 \qquad\qquad (6 - 27)$$

从上述可见，若把分支处称为磁路的节点，两节点之间称为支路，那么磁路与电路完全相同。但在应用公式时必须注意参考方向，一般离开节点的为正，进入节点的为负。

（2）磁路的基尔霍夫第二定律。磁路的基尔霍夫第二定律用来确定连接在同一闭合回路中各段磁压降之间关系，以及研究磁路中磁压降和磁动势关系。一般磁路可分为截面积相等、材料相同的若干段，每段的磁场都应是均匀的。图 6 - 29 所示磁路平均长度为五段（l_1、l_2、l_3'、l_3''、l_4），每一段中的磁感应强度 B 和磁场强度 H 相同。应用安培环路定律，图中磁路右边由 $l_1 l_3' l_3'' l_4$ 组成回路，其左边由 $l_1 l_2$ 组成回路。在都选择顺时针方向为绕行方向时，则可得两回路各段磁压降代数和，即

$$H_1 l_1 + H_3' l_3 + H_4 l_4 + H_3'' l_3'' = N_1 I_1$$
$$-H_1 l_1 + H_2' l_2 = -N_1 I_1 + N_2 I_2$$

则

$$\sum(Hl) = \sum(NI) \qquad (6-28)$$

其中，由于铁芯线圈的 NI 是磁路中磁通的来源，故定义为磁动势或磁势。式（6-28）即为磁路的基尔霍夫第二定律表达式。式（6-28）表明，在磁路的任意闭合回路，各段磁压降的代数和等于各段磁动势的代数和。

同样，应用式（6-28）时要注意，磁通的参考方向与绕行方向一致时，该段磁压降取正号，反之取负号；励磁电流参考方向与线圈绕行方向符合右手螺旋关系时取正号，反之取负号。

3. 磁路的欧姆定律

磁路的欧姆定律是确定磁路中磁动势和磁通量约束关系的定律，并可以找出磁通大小和励磁电流、磁路的结构、材料、尺寸等关系。

图 6-30 所示为无分支磁路铁芯线圈及其等效磁路。假设铁芯线圈匝数为 N，通过恒定电流为 I，铁芯截面为 S，磁路平均长度为 l，在上面的每一分段中均有 $B = \mu H$，即 $\Phi/S = \mu H$，所以

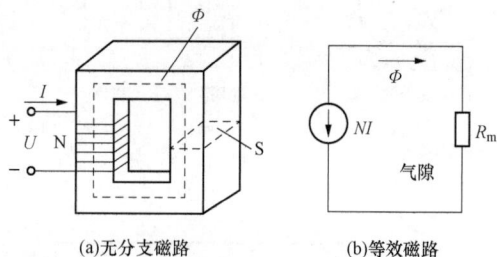

(a)无分支磁路　　(b)等效磁路

图 6-30　无分支磁路铁芯线圈及其导致磁路

$$\Phi = \mu H S = \frac{Hl}{\dfrac{l}{\mu S}} = \frac{NI}{\dfrac{l}{\mu S}} = \frac{U_m}{\dfrac{l}{\mu S}} = \frac{U_m}{R_m} \qquad (6-29)$$

磁阻

$$R_m = \frac{l}{\mu S} \qquad (6-30)$$

式（6-29）称为磁路的欧姆定律。其中，$U_m = Hl$ 是磁压降，在 SI 单位制中，U_m 的单位为 A，$U_m = NI$ 是磁动势，R_m 的 SI 单位为 $1/H$，则 Φ 的单位为 Wb。

由式（6-29）可知，磁路的磁通与磁动势成正比，与磁阻成反比，即磁通 $= \dfrac{磁动势}{磁阻}$，这和电路中的欧姆定律类似。

（1）磁势的大小与电路线圈的匝数 N 和通过电流有关，当匝数越多，磁势越大，同样当电流越大，磁势也越大。

（2）磁路磁阻 $R_m = \dfrac{l}{\mu S}$ 大小不但和磁路的长度有关，也和截面有关，就是和铁芯体积有关。

（3）当磁路的 l 和 S 一定时，磁阻的大小和材料的导磁率 μ 有关，μ 越大，R_m 越小，因此采用 μ 大的铁磁材料，可以降低 R_m 或减小铁芯的体积。

（4）如果磁路中有气隙，因为空气的 μ 很小，故磁阻很大，即使气隙很小，磁阻也会很大，这就是电工设备铁芯要采用铁磁材料的原因。

（5）一般情况下不能应用磁路的欧姆定律进行计算，因为铁磁性物质的磁导率不是常量，使得铁磁性物质的磁阻是非线性的。对磁路进行定性分析时，则可利用磁阻及磁导的概念。

由上述分析可知，磁路与电路有许多相似之处，见表 6-7。

表 6 - 7　　　　　　　　　　　　　**磁 路 与 电 路 比 较**

物理量和定律	磁路	电路
相似的物理量	磁通 Φ(Wb)	电流 I(A)
	磁压降 ΦR_m(A)	电压降 IR(V)
	磁动势 F(A)	电动势 E(V)
	磁阻 $R_m=\dfrac{l}{\mu S}$（H^{-1})	电阻 $R=\rho\dfrac{l}{S}$（Ω)
	磁通密度 B	电流密度 J
	磁导率 μ	电导率 γ
基尔霍夫第一定律	$\sum\Phi=0$	$\sum i=0$
基尔霍夫第二定律	$\sum WI=\sum Hl$	$\sum E=\sum U$
欧姆定律	$U_m=\Phi R_m$	$U=RI$

四、简单直流磁路的计算

直流磁路就是激磁电流大小和方向都不变化，在磁路中产生的磁通是恒定的，因此也称为恒定磁通磁路。

在计算磁路时有两种情况：①先给定磁通，再按照给定的磁通及磁路尺寸、材料求出磁通势，即已知 Φ 求 NI；②给定 NI，求各处磁通，即已知 NI 求 Φ。本节只讨论第一种情况。

已知磁通求磁通势时，对于无分支磁路，在忽略漏磁通的条件下，穿过磁路各截面的磁通是相同的。而磁路各部分的尺寸和材料可能不尽相同，所以各部分截面积和磁感应强度就不相同，因而各部分的磁场强度也不同。在计算时一般应按下列步骤进行：

(1) 按照磁路的材料和截面不同进行分段，把材料和截面相同的算作一段。

(2) 根据磁路尺寸计算出各段截面积 S 和平均长度 l。注意，在磁路存在空气隙时，磁路经过空气隙会产生边缘效应，截面积会加大。一般情况下，空气隙的长度 δ 很小，空气隙截面积可由经验公式近似计算，如图 6 - 31 所示。

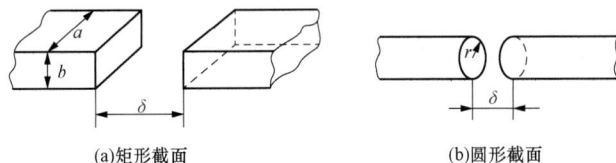

(a)矩形截面　　　　　　(b)圆形截面

图 6 - 31　空气隙有效面积计算

对于矩形截面
$$S_a=(a+\delta)(b+\delta)\approx ab+(a+b)\delta \tag{6-31}$$
对于圆形截面
$$S_b=\pi\left(r+\frac{\delta}{2}\right)^2\approx\pi r^2+\pi r\delta \tag{6-32}$$

(3) 由已知磁通 Φ，算出各段磁路的磁感应强度 $B=\Phi/S$。

(4) 根据每一段的磁感应强度求磁场强度，对于铁磁材料可查基本磁化曲线（见图 6 - 23）。

对于空气隙可用以下公式：

$$H_0 = \frac{B_0}{\mu_0} = \frac{B_0}{4\pi \times 10^{-7}} \approx 0.8 \times 10^6 B_0 (\text{A/m}) = 8 \times 10^3 B_0 (\text{A/cm}) \quad (6-33)$$

（5）根据每一段的磁场强度和平均长度求出 $H_1 l_1$、$H_2 l_2$、…。

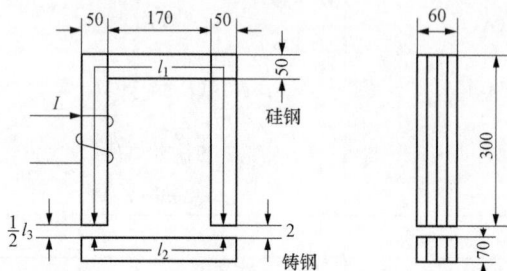

（6）根据基尔霍夫磁路第二定律，求出所需的磁通势。

$$NI = H_1 l_1 + H_2 l_2 + \cdots$$

【例 6-3】 已知磁路如图 6-32 所示，上段材料为硅钢片，下段材料是铸钢，求在该磁路中获得磁通 $\Phi = 2.0 \times 10^{-3}$ Wb 时，所需要的磁通势。若线圈的匝数为 1000 匝，激磁电流应为多大？

图 6-32 ［例 6-3］图

解 （1）按照截面和材料不同，将磁路分为三段 l_1、l_2、l_3。

（2）按已知磁路尺寸求出：

$$l_1 = 275 + 220 + 275 = 770 (\text{mm}) = 77 (\text{cm})$$
$$S_1 = 50 \times 60 = 3000 (\text{mm}^2) = 30 (\text{cm}^2)$$
$$l_2 = 35 + 220 + 35 = 290 (\text{mm}) = 29 (\text{cm})$$
$$S_2 = 60 \times 70 = 4200 (\text{mm}^2) = 42 (\text{cm}^2)$$
$$l_3 = 2 \times 2 = 4 (\text{mm}) = 0.4 (\text{cm})$$
$$S_3 \approx 60 \times 50 + (60 + 50) \times 2 = 3220 (\text{mm}^2) = 32.2 (\text{cm}^2)$$

（3）各段磁感应强度为

$$B_1 = \frac{\Phi}{S_1} = \frac{2.0 \times 10^{-3}}{30} = 0.667 \times 10^{-4} (\text{Wb/cm}^2) = 0.667 (\text{T})$$
$$B_2 = \frac{\Phi}{S_2} = \frac{2.0 \times 10^{-3}}{42} = 0.476 \times 10^{-4} (\text{Wb/cm}^2) = 0.476 (\text{T})$$
$$B_3 = \frac{\Phi}{S_3} = \frac{2.0 \times 10^{-3}}{32.2} - 0.621 \times 10^{-4} (\text{Wb/cm}^2) = 0.621 (\text{T})$$

（4）由图 6-23 所示硅钢片和铸钢的基本磁化曲线得

$$H_1 = 0.14 \times 10^3 \text{A/m} = 1.4 \text{A/cm}$$
$$H_2 = 0.15 \times 10^3 \text{A/m} = 1.5 \text{A/cm}$$

（5）每段的磁位差为

$$H_1 l_1 = 1.4 \times 77 = 107.8 (\text{A})$$
$$H_2 l_2 = 1.5 \times 29 = 43.5 (\text{A})$$
$$H_3 l_3 = 4942 \times 0.4 = 1976.8 (\text{A})$$

（6）所需的磁通势为

$$NI = H_1 l_1 + H_2 l_2 + H_3 l_3 = 107.8 + 43.5 + 1976.8 = 2128.1 (\text{A})$$

激磁电流为

$$I = \frac{NI}{N} = \frac{2128.1}{1000} \approx 2.1 (\text{A})$$

从以上计算可知，空气间隙虽很小，但空气隙的磁位差 $H_3 l_3$ 却占总磁势差的 93%，这是因为空气隙的磁导率比硅钢片和铸钢的磁导率小很多。

五、交流铁芯线圈

1. 电磁关系

如图 6-33 所示，铁芯线圈的匝数为 N，线圈电阻为 R。当线圈接到电压为 u 的交流电源上时，线圈中便有电流 i 流过，于是便产生变化的磁动势 Ni，建立交变的磁场。这一磁场的绝大部分磁感应线沿铁芯形成闭合回路，这部分磁感应线对应磁通为主磁通 Φ；另有一小部分磁感应线从铁芯中出来，经铁芯外部空间再回到铁芯中去，这部分磁感应线所对应的磁通为漏磁通 Φ_σ。主磁通在线圈中感应出电动势 e，这一电动势称为线圈的主磁电动势，可简称线圈电动势。漏磁通在线圈中感应出电动势 e_σ，此电动势称为线圈的漏磁电动势。此外，电流 i 通过线圈电阻 R，将产生电阻压降 Ri。上述电磁关系可表示如下：

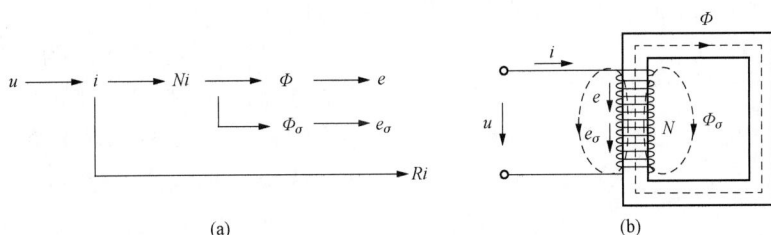

图 6-33　交流铁芯线圈

在图 6-33 所示的参考方向下，设主磁通 $\Phi = \Phi_m \sin\omega t$，根据电磁感应定律，可求得线圈感应电动势

$$e = -N\frac{\mathrm{d}\Phi}{\mathrm{d}t} = -N\omega\Phi_m\cos\omega t = E_m\sin(\omega t - 90°) \tag{6-34}$$

$$E_m = N\omega\Phi_m$$

线圈感应电动势的有效值为

$$E = \frac{E_m}{\sqrt{2}} = \frac{N\omega\Phi_m}{\sqrt{2}} = \frac{2\pi fN\Phi_m}{\sqrt{2}} = 4.44fN\Phi_m \tag{6-35}$$

由电磁感应定律，可求得线圈的漏磁电动势

$$e_\sigma = -N\frac{\mathrm{d}\Phi_\sigma}{\mathrm{d}t} = -L_\sigma\frac{\mathrm{d}i}{\mathrm{d}t} \tag{6-36}$$

$$L_\sigma = \frac{N\Phi_\sigma}{i}$$

式中：L_σ 为线圈漏电感，此为常数。

在图 6-33 所示的参考方向下，应用基尔霍夫电压定律，可列出交流铁芯线圈的电动势平衡方程式

$$u = -e - e_\sigma + Ri \tag{6-37}$$

由于线圈电阻 R 和漏磁通 Φ_σ 较小，因而电阻压降 Ri 及漏磁电动势 e_σ 也较小，相对于主磁电动势 e 而言，电阻压降和漏磁电动势均可忽略不计，于是有

$$u \approx -e \tag{6-38}$$

若主磁通 Φ 为正弦量，由式（6-38）可推导出电压有效值与主磁通最大值的关系：

$$U \approx E = 4.44fN\Phi_{\mathrm{m}} \tag{6-39}$$

式（6-39）表明，当电源频率和线圈匝数一定时，铁芯中主磁通的最大值与线圈电压的有效值成正比。这就意味着，对于确定的交流铁芯线圈，在电源频率和线圈匝数一定的情况下，铁芯中主磁通的大小只取决于线圈电压的大小。

2. 电压、电流及磁通的波形

（1）正弦电压作用下磁化电流波形。铁芯线圈在正弦电压的作用下，其线圈中的励磁电流的波形并不是正弦，而是具有尖顶的非正弦波，发生畸变是由于电流和磁通非线性关系所造成的。由前述可知，当电压的波形为正弦波时，则磁通也为正弦波。但是由于 $\Phi\text{-}i$ 曲线是非线性的，结果就造成了尖顶正弦波的电流，通过作图分析可以说明。

在略去磁滞和涡流的影响时，铁芯材料的 $B\text{-}H$ 曲线为基本磁化曲线。假设铁芯线圈磁路是均匀，则磁路中各处磁场强度和磁感应强度都是相同的，并且 H 和 Ni、B 和 Φ 都成正比关系。故可得 $B\text{-}H$ 曲线和 $\Phi\text{-}i$ 曲线是相似的，如图 6-34 所示。

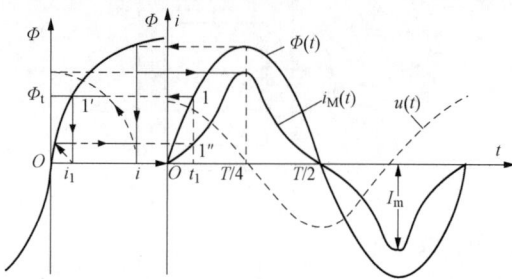

图 6-34　u 为正弦量时 Φ、i 波形

当图 6-34 所示 $\Phi(t)$ 为正弦时，则产生它的电流 $i_{\mathrm{M}}(t)$ 的波形可从 $\Phi\text{-}i$ 曲线逐点描绘得出。当 $t=t_1$ 时，则在 $\Phi(t)$ 曲线上找到 Φ_1，从 $\Phi\text{-}i$ 曲线找出对应横坐标 i_{M1}，此即 $t=t_1$ 时 $i_{\mathrm{M}}(t)$ 曲线的电流。用同样方法便可得到不同时间 t 的电流，最后连成 $i_{\mathrm{M}}(t)$ 的波形曲线。因为不计损耗而作出的 $i_{\mathrm{M}}(t)$ 曲线，线圈中的电流只用来产生磁通，故称其为磁化电流。

分析说明：

1）当电压波形为正弦时，则磁化电流波形为尖顶非正弦波，其原因在于磁路存在磁饱和现象，即 $\Phi\text{-}i$ 曲线为非线性。电压越高，磁通越大，饱和程度越重，电流波形变得更尖。若电压和磁通幅值较低，因为铁芯未饱和，则电流波可近似于正弦波。

2）非正弦波的电流可从谐波分析中得到一系列的谐波电流，其中图示 $i_{\mathrm{M}}(t)$ 波最为显著的是三次谐波。

3）由于不计磁滞和涡流影响，故电流 $i_{\mathrm{M}}(t)$ 滞后电压 90°，因此磁化电流 $i_{\mathrm{M}}(t)$ 只用来产生磁通。若计及磁滞和涡流影响，电流波形畸变更为显著。

（2）正弦电流作用下磁通的波形。在某些情况下，要求通过铁芯线圈的电流为正弦量，即 $i=\sqrt{2}I\sin\omega t$，则其磁通 $\Phi(t)$ 的波形也可用前述方法描绘出来，但得 $\Phi(t)$ 的波形即为平顶的非正弦波，而电压波形为尖顶波，它们都含有三次谐波，波形如图 6-35 所示。

分析说明，用谐波分析可以得出当磁通为平顶非正弦波时，则必然有三次谐波，它的存在将影响三相变压器电路的接法。

3. 铁芯损耗

在外磁场的作用下，磁畴就会按一定的方向规则地排列。在交变磁场的作用下，磁畴排列方向也要按磁场的方向交替变化。旋转变化的过程中，磁畴相互碰撞摩擦，就产生了损耗，这就是磁滞损耗。

欲减少磁滞损耗，应减小磁滞回线的面积。如果铁磁材料的剩磁 B_{r} 和矫顽力 H_{c} 都很小，则磁滞回线的面积一定较小。因此，减小 B_r 和 H_c，可以减少磁滞损耗。

圆柱形铁芯线圈通有交变电流时（见图 6-36），铁芯内部也将产生感应电流。可以把圆柱形铁芯看成是由一层层半径不同的圆筒状薄壳套装而成，每层薄壳各自形成一个闭合回路。当线圈中通有交变电流时，铁芯处在交变磁场中，穿过每层薄壳腔内的磁通量都在不断地变化。因此，每一层壳壁中都将产生感应电动势，在感应电动势的作用下，每层壳壁中都将产生感应电流。从铁芯的上端俯视，铁芯中电流的流线一环套一环，呈涡旋状，如图 6-36 所示，这种电流就是涡流。

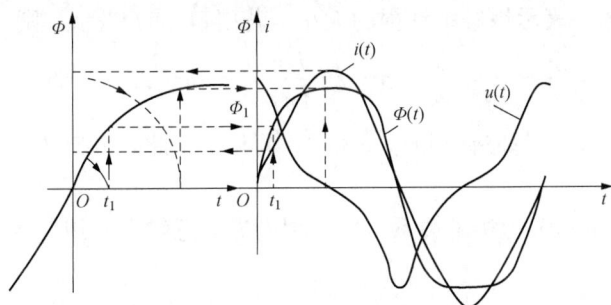

图 6-35 i 为正弦量时 Φ、u 的波形   图 6-36 涡流

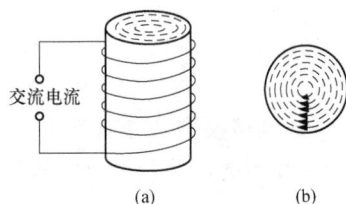

涡流在一些场合是有益的，是可以利用的；而在某些场合则是有害的，是要限制的。例如，变压器、电动机、发电机等电气设备正常运行时，铁芯中都将产生很大的涡流损耗。这种涡流损耗的存在，一方面会造成能量的浪费，降低设备的效率；另一方面会释放出大量热量，引起铁芯发热，缩短设备使用寿命，甚至烧毁设备。显然，在这种情况下，应该尽量减少涡流损耗。

减少涡流损耗的途径有两种：一是减小铁片厚度，通常采用表面通过绝缘处理的薄钢片叠装铁芯；二是提高铁芯材料的电阻率，通常采用掺杂的方法来提高材料的电阻率。例如，在铁中加入少量的硅，能使其电阻率大大提高。

理论和实践证明，铁芯的磁滞损耗 P_z 和涡流损耗 P_w（单位为 W）可分别计算如下：

$$P_z = K_z f B_m^n V \tag{6-40}$$

$$P_w = K_w f^2 B_m^2 V \tag{6-41}$$

式中：f 为磁场每秒交变的次数（即频率），Hz。

交流铁芯线圈的铁芯既存在磁滞损耗，又存在涡流损耗，在电机、电器的设计中，常把这两种损耗合称为铁损（铁耗）P_{Fe}，单位为 W，即

$$P_{Fe} = P_z + P_w \tag{6-42}$$

4. 交流铁芯线圈的等效电路

正弦交流电压作用在铁芯线圈电路上的工作情况，可以用电路模型来表示，如图 6-33（b）所示。

（1）在不计线圈电阻和漏磁通时的电路模型。

1）电流分析及其相量图。当正弦电压作用在线圈上，其线圈中电流实际上有两种。一种是磁化电流 $i_M(t)$，它不消耗有功功率，故滞后电压 90°，同时因为磁饱和，其波形畸变为尖顶的非正弦。这样必须用等效正弦波来代替，才能和正弦波的电压画在同一图中，如图 6-37

所示。I_M 为等效正弦电流的有效值，与磁通同相，滞后电压 $90°$。另一种是消耗有功率电流 $i_a(t)$，这是因为铁芯中存在铁损，一般说来其波形为正弦。相位和电压同相，大小 $I_a = \dfrac{P_{Fe}}{E}$，等效正弦电流的求取可参考有关书籍。

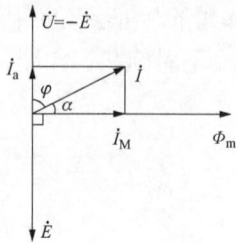

图 6-37 相量图

2）总的电流 $\dot{I}$。图 6-37 中的 $\dot{I}_a$ 和 $\dot{I}_M$ 之和即为线圈中总电流 $\dot{I}$，常称此电流为励磁电流，即

$$\dot{I} = \dot{I}_a + \dot{I}_M = \sqrt{I_a^2 + I_M^2} \angle \alpha \qquad (6-43)$$

α 为损耗角，表示铁芯中铁损的大小。若用 $\dot{U}$ 和 $\dot{I}$ 表示，则

$$\varphi = \frac{\pi}{2} - \alpha = \frac{\pi}{2} - \arctan \frac{I_a}{I_M} = \arctan \frac{I_M}{I_a} \qquad (6-44)$$

一般 α 很小，在忽略铁损时，$\dot{I}$ 和 $\dot{I}_M$ 同相位，此时电流 $\dot{I}$ 完全用来励磁。

3）电路模型（等效电路）。根据图 6-37 的相量关系，可以用电导、感纳并联组合为交流铁芯线圈的电路模型（等效电路），即

$$\dot{I} = \dot{I}_a + \dot{I}_M = (G_0 + jB_0)\dot{U} = Y_0 \dot{U} \qquad (6-45)$$

式中：G_0 为对应于铁损的励磁电导，$G_0 = \dfrac{I_a}{U} = \dfrac{P_{Fe}}{U^2}$；$B_0$ 为对应于磁化电流的感性电纳，$B_0 = -\dfrac{I_M}{U}$；Y_0 为励磁导纳，$Y_0 = G_0 + jB_0$。

根据式（6-45）可得并联的等效电路，如图 6-38（a）所示。并联的 G_0、B_0 也可以用等效变换为串联的 R_0、X_0，如图 6-38（b）所示。

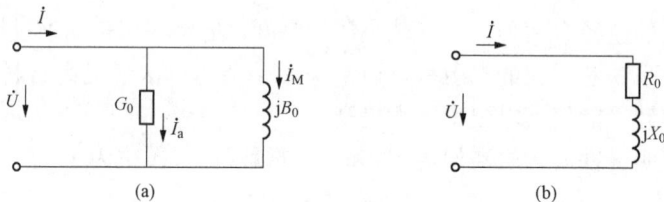

图 6-38 不考虑线圈电阻和漏磁通时的电路模型

等效电路中各参数一般不是常数，与电路中励磁电流和铁耗有关，其大小随电压作非线性变化。若电压保持不变也可认为其是常数。

（2）计及线圈电阻和漏磁时等效电路。铁芯线圈是有电阻 R 和漏磁的，它们的存在对等效电路有影响，不过漏磁通主要是通过空气而闭合，其电感 L_σ 是常数。因此，在电阻上的电压 $\dot{U}_R = R\dot{I}$，而漏磁通感应 $\dot{U}_\sigma = j\omega L_\sigma \dot{I}$，即磁化电流滞后电压 $90°$，于是线圈的端电压 $\dot{U}$ 应为

$$\dot{U}_1 = \dot{U}_R + \dot{U}_\sigma + \dot{U} = R\dot{I} + jX_\sigma \dot{I} - E \qquad (6-46)$$

根据式（6-46）即可画出它的相量图及等效电路，如图 6-39 所示。

说明：①通常情况下 $R\dot{I}$ 和 $jX_\sigma \dot{I}$ 很小，有时为计算方便可以略去；②R 是线圈电阻它也会造成损耗 $I^2 R$，因在线圈故为铜损耗，一般情况下它比铁损耗要小。

5. 伏安特性和等效电感

（1）伏安特性。交流铁芯线圈电压有效值与电流有效值之间的关系曲线，即U-I曲线称为铁芯线圈的伏安特性，该曲线与铁芯材料的基本磁化曲线相似，如图6-40所示。

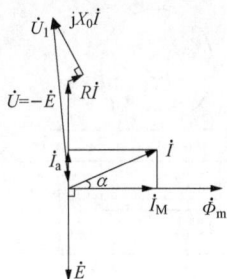

图6-39 考虑线圈电阻和漏磁时等效电路

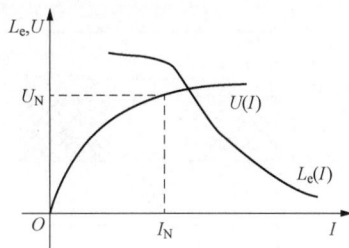

图6-40 交流铁芯线圈的伏安特性与等效电感

（2）等效电感。忽略铁芯线圈的功率损耗，就可以用一个电感作为它的电路模型，称为等效电感。

$$L_e = \frac{U}{\omega I} \tag{6-47}$$

L_e是非线性的，如图6-40所示。L_e的最大值在U-I曲线的膝点处，在电压较低时L_e近似于常量。

6. 电磁铁

用铁磁材料做成铁芯，在铁芯外面绕上线圈，当线圈中通以电流时即构成电磁铁。电磁铁具有动作迅速、灵敏、易控等优点，在生产设备中进行远距离操作，以及自动化或半自动化设备中，常用电磁铁代替人工完成各种任务。

电磁铁的分类可按电流的性质或用途不同来分类。图6-41所示为电磁铁原理图。它是由线圈、铁芯和衔铁三部分组成。当线圈中通入直流电后。则衔铁被吸向铁芯，此时吸引衔铁的力称为电磁铁的吸力，其计算公式为

图6-41 电磁铁原理图
1—线圈；2—铁芯；3—衔铁

$$F = \left(\frac{B_0}{5000}\right)^2 S \tag{6-48}$$

式中：F为磁铁的吸力；B_0为气隙的磁感应强度；S为铁芯磁极的总面积。

由式（6-48）可见，吸力的大小与（$B_0^2 S$）的乘积成正比，当增大B_0或S都可增大吸力F。另外衔铁与铁芯之间的气隙也影响吸力的大小。当衔铁吸合后，气隙逐渐减小，而磁路中的磁阻也逐渐减小，磁通增大，吸力也增大。衔铁可以牢牢被吸住。当断电后衔铁即落下。

若按用途分类，电磁铁可分为以下几种：

（1）起重电磁铁。用于起重机中搬运各种铁板、钢材及其制成品等，其结构原理见图6-42（a）。

（2）控制和保护电器中的电磁铁。用于接触器、继电器、电磁阀中等，控制电路的接通

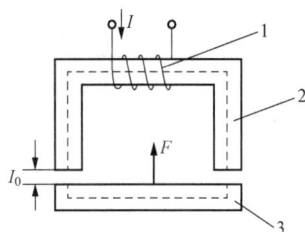

与断开或流量的有无，以及保护电气设备等。它们相当于一个开关元件，如图 6-42（b）所示。

（3）电磁吸盘。主要用于磨床，用于固定铁磁材料制成的工件，如图 6-42（c）所示。

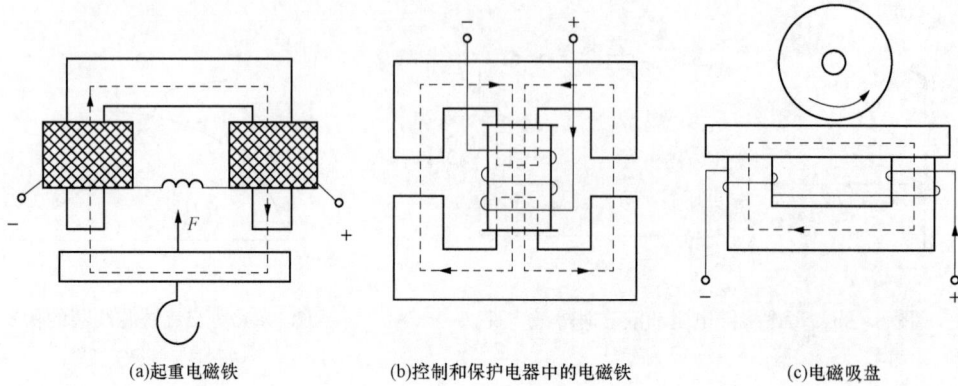

(a)起重电磁铁　　　　　　　(b)控制和保护电器中的电磁铁　　　　　　　(c)电磁吸盘

图 6-42　各种电磁铁

【例 6-4】 如图 6-43 所示的无分支磁路，其铁芯采用 0.05mm 厚的 D11 硅钢片叠成，励磁线圈为 400 匝，磁路各部分尺寸在图中已标出，单位为 mm。铁芯的叠装系数 $K = 0.91$，忽略气隙中的边缘效应（即认为气隙的截面积与邻近铁芯的截面积相等）。试求在磁路中产生磁通 $\Phi = 3 \times 10^{-3}\text{Wb}$ 时，所需的磁动势及励磁电流。

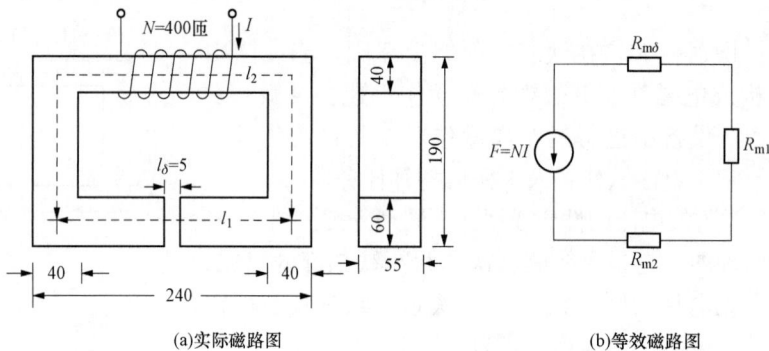

(a)实际磁路图　　　　　　　　　　　(b)等效磁路图

图 6-43　[例 6-4]图

解 以磁路中心线为准，可把磁路分为三段，即铁芯为 l_1、l_2 气隙为 l_δ，如图 6-43 所示。

（1）各段的长度。

$l_1 = 240 - 40/2 - 40/2 - 5 = 195(\text{mm}) = 0.195(\text{m})$

$l_2 = (240 - 40/2 - 40/2) + (190 - 40/2 - 60/2) \times 2 = 480(\text{mm}) = 0.48(\text{m})$

$l_\delta = 5\text{mm} = 0.005\text{m}$

（2）磁铁的有效厚度。

$$b = 55 \times 0.91 \approx 5(\text{mm}) = 0.05(\text{m})$$

（3）各段铁芯的面积。

$$S_1 = 0.05 \times 0.06 = 30 \times 10^{-4}(\text{m}^2)$$
$$S_2 = 0.05 \times 0.04 = 20 \times 10^{-4}(\text{m}^2)$$
$$S_\delta = 0.05 \times 0.06 = 30 \times 10^{-4}(\text{m}^2)$$

（4）各段的磁感应强度。
$$B_1 = \Phi/S_1 = 3 \times 10^{-3}/30 \times 10^{-4} = 1(\text{TWb/m}^2)$$
$$B_2 = \Phi/S_2 = 3 \times 10^{-3}/20 \times 10^{-4} = 1.5(\text{TWb/m}^2)$$
$$B_\delta = \Phi/S_\delta = 3 \times 10^{-3}/30 \times 10^{-4} = 1(\text{TWb/m}^2)$$

（5）各段的磁场强度。由于铁磁物质的磁导率不是常数，故只能从磁化曲线查出各段的 H，从而计算出 Hl 的值。

从图 6-25 中的 D_{11} 磁化曲线查出：
$$H_1 = 2.6 \times 10^2 \text{A/m}, \quad H_2 = 18 \times 10^2 \text{A/m}$$

对于气隙的 H_δ，由于空气的磁导率 μ_δ 为常数（$\mu_\delta = 4\pi \times 10^{-7}\text{H/m}$），可从下面的公式中计算出 H_δ 值，即
$$H_\delta = \frac{B_\delta}{\mu_\delta} = \frac{B_\delta}{4\pi \times 10^{-7}} = 7.96 \times 10^5 \text{A/m}$$

（6）总磁动势。
$$F = NI = H_1 l_1 + H_2 l_2 + H_\delta l_\delta = 2.6 \times 10^2 \times 0.195 + 18 \times 10^2 \times 0.48 + 7.96 \times 0.05$$
$$= 50.7 + 864 + 3980 = 4894.7(\text{A})$$

（7）励磁电流。
$$I = \frac{F}{N} = \frac{4894.7}{400} = 12.235(\text{A})$$

由［例6-4］可见，在各种电工设备中使用铁磁材料做铁芯的所在。因为 $\mu_\delta \ll \mu_{\text{Fe}}$，即使空气隙很小，其磁压降所占总磁动势的比例却很大。本例中，所占百分比为 $3980/4894.7 \times 100\% = 81.3\%$。

为减小励磁磁动势和励磁电流，在变压器磁路中不留气隙，在电机中应尽可能减小气隙。

【例6-5】 图6-44所示为一对称有分支磁路，其由 D41 硅钢片叠成。磁动势 $N_1 I_1 = N_2 I_2$，线圈绕向、电流方向以及各部分磁通方向均示于图中。磁路左右对称，其具体尺寸是 $S_1 = S_2 = 8\text{cm}^2$，$l_1 = l_2 = 30\text{cm}$，$S_3 = 20\text{cm}^2$，$l_3 = 10\text{cm}$，若 $\Phi_3 = 0.002\text{Wb}$。求两个线圈的磁动势及其和。若 $N_1 = 100$ 匝，$N_2 = 50$ 匝，求各线圈电流 I_1、I_2。

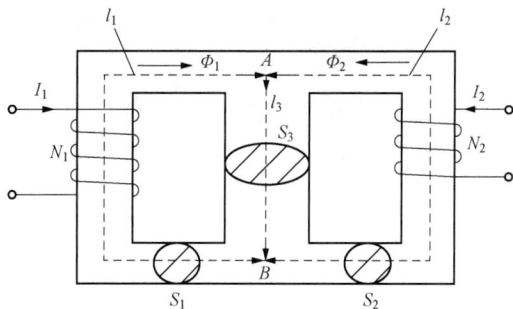

图 6-44 ［例6-5］图

解 根据磁路的基尔霍夫定律及图中所示磁通及电流方向可得
$$\Phi_3 - \Phi_1 - \Phi_2 = 0$$
$$H_1 l_1 + H_3 l_3 = N_1 I_1$$
$$H_2 l_2 + H_3 l_3 = N_2 I_2$$

已知 $N_1I_1 = N_2I_2$，则 $H_1l_1 = H_2l_2$，因 $l_1 = l_2$ 故 $H_1 = H_2$，$B_1 = B_2$，$\Phi_1 = \Phi_2$。可见对此种磁路的计算只需算出左边或右边的磁动势即可。

$$\Phi_1 = \Phi_2 = \frac{\Phi_3}{2} = \frac{0.002}{2} = 0.001(\text{Wb})$$

$$B_1 = \frac{\Phi_1}{S_1} = \frac{0.001}{8 \times 10^{-4}} = 1.25(\text{T})$$

$$B_3 = \frac{\Phi_3}{S_3} = \frac{0.002}{20 \times 10^{-4}} = 1(\text{T})$$

由 D41 硅钢片的 B-H 曲线查得

$$H_1 = 6\text{A/cm}, \quad H_3 = 3\text{A/cm}$$

所以　　　　　　$H_1l_1 = 6 \times 30 = 180(\text{A}), \quad H_3l_3 = 3 \times 10 = 30(\text{A})$

N_1、N_2 线圈的磁动势：

$$N_1I_1 = N_2I_2 = H_1l_1 + H_3l_3 = 180 + 30 = 210(\text{A})$$

总磁动势　　　　　　　　$210 \times 2 = 420\text{A}$

若 $N_1 = 100$ 匝，则　　　　$I_1 = 210/100 = 2.1(\text{A})$

若 $N_2 = 50$ 匝，则　　　　$I_2 = 210/50 = 4.2(\text{A})$

实践知识

一、变压器

变压器是根据电磁感应原理制成的一种电气设备，它具有变压、变流和变阻抗的作用，因而在各个工程领域获得广泛应用。变压器的种类很多，按交流电的相数不同，分为单相变压器和三相变压器；按用途不同，分为输配电用的电力变压器，调节电压用的自耦变压器，测量电路用的仪用互感器，以及电子设备中常用的电源变压器、耦合变压器、脉冲变压器等，如图 6-45 所示。

变压器由铁芯和绕组两个基本部分组成，另外还有油箱等辅助设备。

1. 铁芯

铁芯构成变压器的磁路部分。变压器的铁芯大多用 0.35～0.5mm 厚的硅钢片交错叠装而成，叠装之前，硅钢片上还需涂一层绝缘漆。交错叠装即将每层硅钢片的接缝错开，这样可以减小铁芯中的磁滞和涡流损耗。图6-46 所示为常见变压器的铁芯。

图 6-45　变压器实物图

2. 绕组

绕组构成变压器的电路部分。绕组通常用绝缘的铜线或铝线绕制，其中与电源相连的绕组称为一次绕组，与负载相连的绕组称为二次绕组。

一般小容量变压器的绕组用高强度漆包线绕制而成，大容量变压器可用绝缘扁铜线或铝线绕制。绕组的形状有筒型和盘型两种，如图 6-47 所示。筒型绕组又称同心式绕组，一、

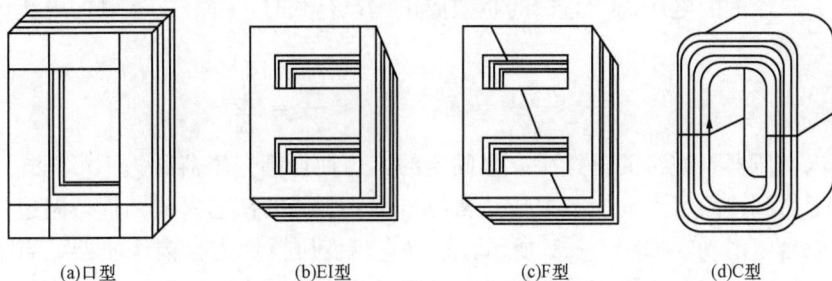

(a)口型　　　(b)EI型　　　(c)F型　　　(d)C型

图 6-46　常见变压器的铁芯

二次绕组套在一起，一般低压绕组在里面，高压绕组在外面，这样排列可降低绕组对铁芯的绝缘要求。盘型绕组又称交叠式绕组，一、二次绕组分层交叠在一起。

按铁芯和绕组的组合结构，通常又把变压器分为心式和壳式两种，如图 6-48 所示。心式变压器的绕组套在铁芯柱上，结构较简单，绕组的装配和绝缘都比较方便，且用铁量少，因此多用于容量较大的变压器，如电力变压器。壳式变压器的铁芯把绕组包围在中间，故不要专门的变压器外壳，但它的制造工艺复杂，用铁量较多，常用于小容量的变压器中，如电子线路中的变压器多采用壳式结构。

除了铁芯和绕组外，变压器还有其他一些部件。例如，电力变压器的铁芯和绕组通常浸在油箱中，变压器油有绝缘和散热作用，

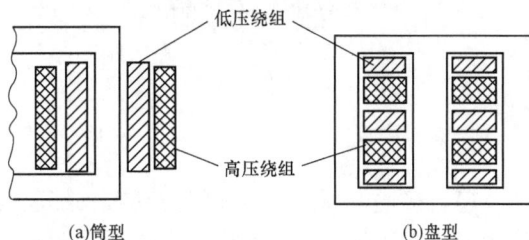

(a)筒型　　　　　(b)盘型

图 6-47　变压器的绕组

为增强散热作用，油箱外还装有散热油管；此外，油箱上还装有为引出高低压绕组而使用的高低压绝缘套管，以及防爆管、油枕、调压开关、温度计等附属部件。

3. 自耦变压器和调压器

前面介绍的双绕组变压器的一、二次绕组是相互绝缘的，它们之间只有磁的耦合而无电的直接关系。如果把两个绕组合二为一，使低压绕组成为高压绕组的一部分，如图 6-49 所示，这个绕组的总匝数为 N_1，一次绕组接电源，绕组的一部分匝数为 N_2，作为二次绕组接负载。这样，一、二次绕组不仅有磁的耦合，而且还有电的直接联系。

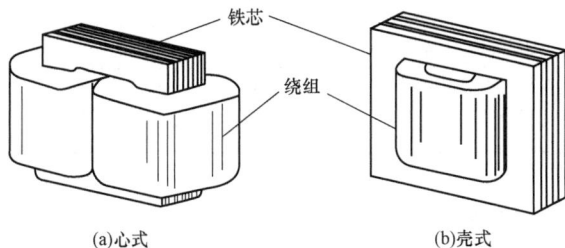

(a)心式　　　　　(b)壳式

图 6-48　变压器的结构形式

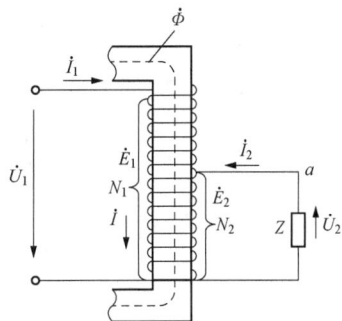

图 6-49　单相自耦变压器原理图

自耦变压器的工作原理与普通双绕组变压器基本相同。由于同一主磁通穿过一、二次绕

组，所以一、二次侧的电压仍与它们的匝数成正比；有载时，一、二次侧的电流仍与它们的匝数成反比，即

$$\frac{U_1}{U_2} \approx \frac{N_1}{N_2} = K, \quad \frac{I_1}{I_2} \approx \frac{I_2}{I_1} = \frac{1}{K}$$

上述自耦变压器副绕组的分接头 a 是固定的，这种自耦变压器称为不可调式。在生产和实践中，为了得到连续可调的交流电压，常将自耦变压器的铁芯做成圆形，副边抽头做成滑动触头，可以自由滑动，如图 6-50 所示，这种自耦变压器称为自耦调压器。当用手柄移动触头位置时，就改变了二次绕组的匝数，调节了输出电压的大小。

使用自耦调压器时应注意以下两点：

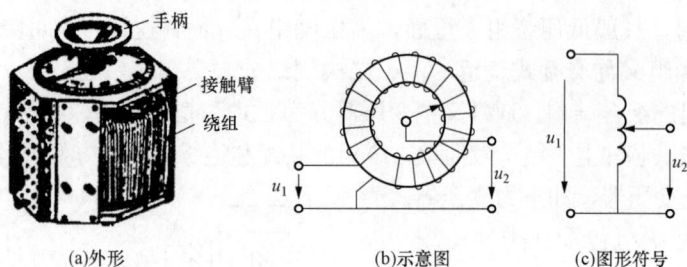

(a)外形　　　　　(b)示意图　　　　　(c)图形符号

图 6-50　自耦调压器

（1）接通电源前，应先将滑动触头旋至零位，接通电源后再逐渐转动手柄，将输出电压调到所需电压值。使用完毕，应将滑动触头再旋回零位。

（2）在使用时，一、二次绕组不能对调。如果把电源接到副绕组，可能会烧坏调压器或使电源短路。

二、交流铁芯线圈的伏安特性测试

1.任务目的

测试交流铁芯线圈的伏安特性，画出伏安特性曲线，并和磁化曲线进行比较。

2.任务内容及实施

（1）所需设备见表 6-8。

表 6-8　　　　　　　　　　　　　　设　　备

序号	名称	型号与规格	数量	备注
1	交流电压表	150	1	
2	交流电流表	1	2	
3	功率表	低功率因数功率表	1	
4	变压器	$S_e = 0.5 \sim 1\text{kV} \cdot \text{A}$	1	
5	调压器	输出 $U_2 > (1.1 \sim 1.2) \times 110 = 121 \sim 132\text{V}$	1	

（2）实验线路见图 6-51，线圈通过调压器接于电源。

（3）实验步骤。

1）调压器手柄置于输出电压为零的位置时开关 S。

2）调电压至 $U = U_{1N}$（电器的额定电压应符合电源的额定电压，一般单相电源的额定电压

为220V），记录 I、P 值。

3）调电压至 $U=1.2U_{1N}$，然后逐步降低电压，做 9 个测试点。记录 U、I 值，至 $U=0$ 时为止，填于表 6-9 中。

4）调压器手柄调至输出电压为零，拉开开关，从线路上取出仪表。

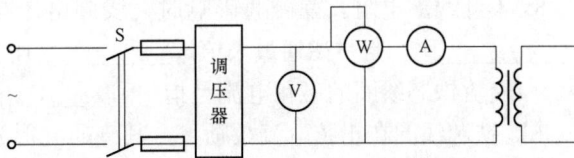

图 6-51 交流铁芯线圈的伏安特性线路图

表 6-9 交流铁芯线圈的伏安特性测试

名称	实验结果								
$U(V)$	$1.2U_{1N}$	$1U_{1N}$	$0.8U_{1N}$	$0.75U_{1N}$	$0.7U_{1N}$	$0.65U_{1N}$	$0.5U_{1N}$	$0.4U_{1N}$	0
$I(A)$									

3. 测试结果分析

(1) 当 $U=U_{1N}=$＿＿＿＿＿ V 时，$I=$＿＿＿＿＿ A，$P=$＿＿＿＿＿ W。

(2) 做出 $U=f(I)$ 曲线，并与磁化曲线进行比较。

【思考题】

1. 什么是基本磁化曲线？什么是起始磁化曲线？

2. 有一铁芯线圈，试分析铁芯中的磁感应强度、线圈中的电流和铜损 I^2R 在下列几种情况下将如何变化：

(1) 直流励磁——铁芯截面积加倍，线圈的电阻、匝数以及电源电压保持不变。

(2) 交流励磁——铁芯截面积加倍，线圈的电阻、匝数以及电源电压保持不变。

(3) 交流励磁——频率和电源电压的大小减半。

3. 为什么变压器的铁芯要用硅钢片制成？用整块的铁芯行不行？

4. 有两个相同材料的芯子（磁路无气隙），所绕的线圈匝数相同，通以相同的电流，磁路的平均长度 $l_1=l_2$，截面 $S_1<S_2$，试用磁路的基尔霍夫定律分析 B_1 与 B_2、Φ_1 与 Φ_2 的大小。

练 习 题

一、填空题

1. 设两个具有互感的线圈，自感分别是 L_1 和 L_2，顺向串联时，互感系数是 M，则等效电感是＿＿＿＿＿，反向串联的等效电感是＿＿＿＿＿。

2. 互感线圈的同名端的判断可以分成两类，分别是＿＿＿＿＿和＿＿＿＿＿。

3. 在日光灯电路中，点亮灯管时，镇流器起的作用是＿＿＿＿＿，灯管点亮后，镇流器起的作用是＿＿＿＿＿。

4. 磁滞是指磁材料在反复磁化过程中的＿＿＿＿＿的变化总是滞后于＿＿＿＿＿的变化现象。

5. 用铁磁材料作电动机及变压器铁芯，主要是利用其中的＿＿＿＿＿特性，制作永久磁铁是利用其中的＿＿＿＿＿特性。

6. 铁磁材料被磁化的外因是＿＿＿＿＿，内因是＿＿＿＿＿。

7. 交流铁芯线圈电流不仅与外加电压的有效值有关，还与＿＿＿＿＿有关。

8. 不计线圈电阻，漏磁通影响时，线圈电压与电源频率成＿＿＿＿＿＿比，与线圈匝数成＿＿＿＿＿＿比，与主磁通最大值成＿＿＿＿＿＿比。

9. 交流铁芯线圈的磁化电流是指＿＿＿＿＿＿。

10. 铁芯线圈在正弦电流激励下，其磁通波形为＿＿＿＿＿＿，电压波形为＿＿＿＿＿＿。

11. 铁芯损耗是指铁芯线圈中的＿＿＿＿＿＿与＿＿＿＿＿＿的总和。

12. 不计线圈内阻、漏磁通、交流铁芯线圈的电路模型可由＿＿＿＿＿＿组成串联模型。

二、选择题

1. 工程上常用耦合系数 k 表示两个线圈磁耦合的紧密程度，耦合系数的定义为（　　）。

A. $K=\dfrac{M}{\sqrt{L_1 L_2}}$　　B. $k=\dfrac{L_1+L_2}{M}$　　C. $k=\dfrac{M}{L_1+L_2}$　　D. $k=\dfrac{L_1+L_2}{\sqrt{M}}$

2. 以下哪种物质的磁导率与真空中的磁导率非常接近？（　　）

A. 铸铁　　　　　B. 坡莫合金　　　　C. 硅钢片　　　　D. 铝

3. 测量磁感应强度的仪器是（　　）。

A. 电压表　　　　B. 电流表　　　　C. 磁通计　　　　D. 晶体管毫伏表

4. 当耦合系数 k 的值接近于 1 时，称为（　　）。

A. 弱耦合　　　　B. 强耦合　　　　C. 全耦合　　　　D. 无耦合

5. 铁磁性物质的相对磁导率 μ_r（　　）。

A. 稍大于 1　　　B. 稍小于 1　　　C. 远大于 1　　　D. 远小于 1

6. 相同长度、相同截面积的两段磁路，a 段为气隙，b 段为铸钢，请比较它们的磁阻 R_{ma}、R_{mb}（　　）。

A. $R_{ma}=R_{mb}$　　B. $R_{ma}\ll R_{mb}$　　C. $R_{ma}\gg R_{mb}$　　D. 不确定

7. 一般不用磁路欧姆定律进行磁路定量计算，是因为（　　）。

A. 求不出磁动势

B. 不知道铁芯材料的种类

C. 铁芯的磁导率是随铁芯的磁化状况而变化

D. 磁路中有气隙存在

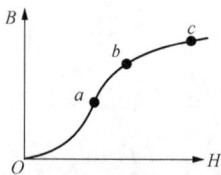

图 6-52

8. 如图 6-52 所示，铁磁材料磁化曲线 oa、ab、bc 三段中，磁导率 μ 相应的变化情况为（　　）。

A. 迅速增大→逐渐增大→急剧减小

B. 迅速增大→达最大值且基本不变→急剧减小

C. 逐渐增大→达最大且基本不变→逐渐减小

D. 最大且基本不变→逐渐减小→逐渐接近于 μ_o

9. 电磁感应定律通式 $e=-N(d\Phi/dt)$ 中，负号表示（　　）。

A. e 总是阻碍 Φ 的变化

B. 任何瞬间 e 与 i 的方向总是相同

C. 感应电流产生的磁通总是与原磁通的方向相反

D. 任何瞬间 e 与 i 的方向总是相反

10. 电感量一定的线圈，产生的自感电动势大，说明通过该线圈的电流（　　）。

A. 数值大　　　　B. 变化量大　　　　C. 时间长　　　　D. 变化率大

11. 穿过线圈的磁通在 0.1s 内从 0 变化到 $1.8×10^{-4}$ Wb，如果由于磁通变化而产生的感应电动势的大小为 3.6V，那么线圈的匝数为（　　）匝。

A. 200　　　　　　B. 20　　　　　　C. 2000　　　　　　D. 1

12. 变压器的主要作用是（　　）。

A. 变换电压　　　B. 变换频率　　　C. 变换功率　　　D. 变换能量

三、计算题

1. 已知两互感线圈的自感分别为 $L_1=9$H，$L_2=4$H。（1）若互感 $M=2$H，求耦合系数 k；（2）若两线圈全耦合，求互感 M。

2. 标出图 6-53 所示线圈的同名端。

3. 在图 6-54 所示的电路中，已知 $L_1=5$H，$L_2=2$H，$M=3$H，$i_1=2+5\sin(10t+30°)$A，线圈 2 开路，忽略线圈电阻，不考虑磁路材料内功率的损耗，试求两线圈的端电压 u_1 和 u_2。

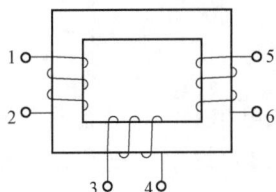

图 6-53

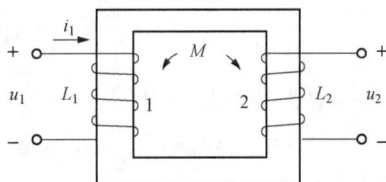

图 6-54

4. 在图 6-55 所示的电路中，已知 $i=\sqrt{3}\sin(1000t+30°)$A，$L_1=L_2=0.02$H，$M=0.01$H。（1）试求 $\dot{U}_{AB}$；（2）画出电压、电流相量图。

5. 两互感线圈正向串联起来接于正弦电源上，线圈参数为 $R_1=20\Omega$，$R_2=30\Omega$，$L_1=0.25$H，$L_2=0.3$H，$M=0.1$H，电源电压 $U=100$V，角频率 $\omega=100$rad/s。试求电路中电流，并作出电路中电压和电流的相量图。

6. 在图 6-56 所示的电路中，已知 $X_C=4\Omega$，$X_{L1}=2\Omega$，$X_{L2}=30\Omega$，$R_1=3\Omega$，$R_2=6\Omega$，$\omega M=5\Omega$，外加电压 $\dot{U}=10$V，求电路的输入阻抗和电流。

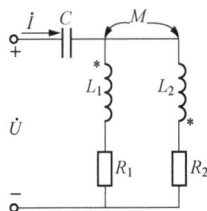

图 6-55

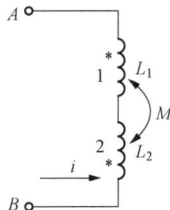

图 6-56

7. 有一匀强磁场，磁感应强度 $B=0.3$T，介质为空气，计算该磁场的磁场强度。

8. 某一匀强磁场，已知穿过磁极极面的磁通 $\Phi=3.84×10^{-5}$Wb，磁极的长与宽为 4cm 和 8cm，求磁极间磁感应强度 B。

9. 一个铁芯线圈接在有效值为 220V，频率为 50Hz 的正弦电压上，要使铁芯中产生最大值为 $0.225×10^{-3}$Wb 的磁通，试问线圈的匝数应为多少。

10. 如图 6-57 所示的磁路为不对称分支磁路，由 D41 硅钢片叠成，其铁芯的叠装系数 $K=0.9$，磁路的尺寸如图所示，单位为 cm。若要求空气隙的磁通 $\Phi_\delta=75\times10^{-4}$ Wb，试确定所需的磁动势。如果线圈流过的电流 I 为 50A，则线圈的匝数 N 应为多少匝？

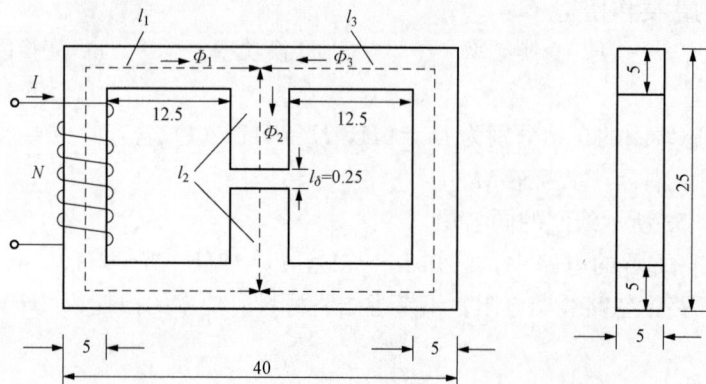

图 6-57

11. 将一个铁芯线圈接到电压 220V、频率 50Hz 的工频电源上，其电流为 10A，$\cos\varphi=0.2$。若不计线圈的电阻和漏磁，试求线圈的铁芯损耗，作出相量图，并求出串联形式的等效电路参数 R_m 及 X_m。

12. 有一交流铁芯线圈，电源电压 $U=220$V 电路中电流 $I=4$A，功率表读数 $P=100$W，频率 $f=50$Hz，漏磁通和线圈电阻上的电压降可忽略不计。试求：（1）铁芯线圈的功率因数；（2）铁芯线圈的等效电阻和感抗。

参 考 文 献

[1] 徐忠民，陈晶．电工技术基础．合肥：合肥工业大学出版社，2012.

[2] 王世才．电工基础．2版．北京：中国电力出版社，2011.

[3] 周晓鸣，李贞权，董武．新编电工技能手册．北京：中国电力出版社，2010.

[4] 陈学平．维修电工技能与实训．北京：中国电力出版社，2009.

[5] 白乃平．电工基础．5版．西安：西安电子科技大学出版社，2021.

[6] 申凤琴．电工电子技术及应用．3版．北京：机械工业出版社，2017.

[7] 邱关源，罗先觉．电路．6版．北京：高等教育出版社，2022.

[8] 刘玉成．电路原理实验指导书．北京：中国水利水电出版社，2008.

[9] 娄娟．电工学实验指导书．北京：中国电力出版社，2006.

[10] 李梅．电工基础．北京：机械工业出版社，2018.

[11] 唐民丽，吴恒玉．电路基础．北京：机械工业出版社，2017.